CONTEMPLATIONS

SCIENTIFIQUES

PAR

CAMILLE FLAMMARION

PARIS

ERNEST FLAMMARION, ÉDITEUR

26, RUE RACINE, 26

—

CONTEMPLATIONS

SCIENTIFIQUES

PRÉFACE

La nature est trop peu connue, trop peu aimée.
On ne la connaît pas, car on la juge sur des apparences frivoles ; on ne regarde que l'écorce des
arbres, sans pénétrer le mystère de leur vie ; on
respire le parfum des fleurs, sans étudier le secret
voluptueux qui frémit au fond de l'odorante corolle ; on rêve sous les étoiles, sans évoquer les
humanités étranges qui règnent sur les autres
mondes de l'espace. Et nous végétons sur cette
terre sans entrer en confidence avec la nature,
sans paraître nous douter qu'elle est la source profonde et inépuisable de toute jouissance, de tout
amour. Un brin d'herbe peut nous instruire aussi
bien et mieux peut-être que toute l'histoire de l'humanité et de ses guerres depuis le premier Ro-
mulus jusqu'au dernier César. Il n'y a point, dans
toutes les merveilles de la civilisation, de luxe si

riche que dans la parure d'une fleur des champs. Il n'y a pas, dans toutes les œuvres musicales des plus grands maîtres, un morceau de mélodie capable de rivaliser avec un lever de soleil. Il n'y a pas de salon si beau, dans tous nos palais parisiens, que la coupole d'une nuit étoilée. Aveugles volontaires que nous sommes, nous privons notre existence du bonheur le plus complet qu'il y ait en ce monde, en n'apprenant pas à vivre intellectuellement, à connaître l'univers inénarrable à travers lequel nous passons, et à jouir à chaque instant des spectacles variés qui se succèdent autour de nous pendant notre vie.

Ce livre des *Contemplations scientifiques* est une galerie de tableaux représentant les scènes principales de la nature vivante. En entrant dans cette galerie, le premier spectacle qui frappera nos regards sera celui des paysages, auquel succédera le monde des Plantes, monde silencieux et solitaire, composé d'êtres muets qui, semblables aux sphinx des anciens temples égyptiens, nous invitent au recueillement et à l'étude. En traversant ce monde des Plantes, notre sentiment intime ne pourra pas s'empêcher d'être surpris du mode d'existence des âmes végétales attachées au sol de notre planète.

Une excursion dans le monde des infiniment petits nous fera avancer d'un degré dans la contemplation de la vie terrestre, et nous découvrirons avec étonnement, dans ces limbes des animalcules microscopiques, des êtres singuliers dont l'organisme est absolument différent de celui des grands animaux. Un aspect particulier de la vie des insectes passera ensuite devant nos regards, et les métamorphoses symboliques, les mœurs et les aptitudes de ces créatures nous montreront qu'il y a autour de nous, sur notre planète même, des êtres animés aussi curieux peut-être par leurs différences avec nous que ceux de Mars ou d'Uranus. Les abeilles et les fourmis tiendront devant nos yeux de belles conférences sociales.

Continuant notre visite en cette galerie de la nature spécialement préparée pour notre instruction progressive, nous interrogerons l'âme des animaux supérieurs, nous reconnaîtrons l'esprit des bêtes, les témoignages d'intelligence, d'affection, de reconnaissance, donnés notamment par le chien, par l'éléphant, par le singe. Nous arriverons ensuite à nos ancêtres simiens.

L'homme à l'état sauvage et les barbares modernes nous offriront le type de l'humanité à son apparition sur la Terre. Une visite aux tribus inférieures de l'espèce humaine nous ouvrira des horizons nouveaux sur les pays lointains récemment visités par les infatigables missionnaires du progrès, par les savants voyageurs dont les relations consciencieuses nous permettent aujourd'hui de visiter le globe entier en restant, un livre en main, au coin du feu. Le spectacle qui s'offrira à nos yeux surpris sera la race humaine primitive elle-même, ressuscitée de ses cendres, pétrifiée encore au milieu des fossiles antédiluviens et qui, renaissant du fond de sa sépulture, nous montrera de son doigt décharné le berceau modeste de notre race aujourd'hui si glorieuse.

Ainsi sera complétée cette esquisse de la nature terrestre étudiée à la lumière des sciences positives.

J'espère que la lecture de ces descriptions, dans lesquelles je me suis efforcé de réunir tout ce qui pouvait mettre en relief chaque sujet sous son véritable jour, servira non-seulement à répandre des idées exactes et des connaissances réelles, mais encore à réveiller dans les âmes l'amour de la nature et l'admiration de ses splendeurs, à faire aimer la vérité, et à affranchir les consciences dans la lumière et la liberté. C'est le but que j'ai toujours eu en vue dans mes écrits. S'il y a une vive satisfaction pour l'esprit à constater que l'on sert en quelque chose au développement de la science et de l'instruction générale, il y a pour le cœur un bonheur plus sensible encore : c'est d'espérer que l'on fait du bien, et qu'en répandant l'amour de la nature, on prépare l'harmonie entre les hommes.

Un dernier mot avant d'entrer dans notre galerie.

Les pages qu'on va lire ne présenteront pas seulement des *actualités* scientifiques, quoique généralement elles aient été écrites à propos d'événements nouveaux appelant l'attention sur les divers sujets. Inspirées et dictées par des événements actuels, ces études invitent le lecteur à considérer de plus haut ces événements, et sollicitent de lui une attention plus soutenue que celle qu'il accorderait à une météore qui passe et disparaît. Dans l'histoire de la nature, chaque fait a non-seulement son importance particulière, mais encore son enseignement sur l'unité générale du monde dont il est une partie intégrante; dans le tableau de la création, chaque point de vue a non-seulement son intérêt propre, mais encore son utilité pour nous apprendre à bien connaître l'ensemble. Les œuvres de la nature sont reliées entre elles par une solidarité invisible, comme les différentes notes d'une partition. C'est au penseur à chercher à entendre le fond de la mélodie en même temps qu'il apprécie le motif de son observation particulière. L'univers n'est pas un mécanisme immense dont les ressorts agissent aveuglément, ou un dynamisme inconscient : c'est un poème et c'est une doctrine. La science qui se borne à l'examen matériel d'un point particulier est incomplète ; au lieu de féconder l'observation, elle la tue.

Ne croyons pas à l'antagonisme prétendu de la science et de la poésie. C'est la poésie qui anime la science ; celle-ci est la grande source de toute inspiration poétique. Associons sans crainte les réalités de la nature aux inspirations artistiques et esthétiques. Le beau est la forme du vrai ; le vrai est nécessairement beau, et nul n'est autorisé à nous en interdire l'admiration. Souvent, dans la littérature proprement dite, les écrivains parlent pour ne rien dire. Il me semble, au contraire, que l'on devrait surtout écrire dans un but d'instruction générale. Pourquoi un écrivain scientifique, un d'Alembert, un Laplace, un Arago, un Claude Bernard, un Poincaré, serait-il, par définition, inférieur à un écrivain purement littéraire, à un peintre de mœurs ou à un historien ? La littérature a trop longtemps célébré des fictions plus ou moins ingénieuses ; laissons-la aujourd'hui nous montrer le spectacle de l'univers, éternellement digne de notre enthousiasme! Et en pénétrant dans l'auguste sanctuaire de la vérité, ne nous étonnons point d'être émus parfois devant les révélations inattendues que peut offrir à nos pensées attentives l'être invisible caché dans le mystère des choses.

CONTEMPLATIONS

SCIENTIFIQUES

ŒUVRES DE CAMILLE FLAMMARION

OUVRAGES PHILOSOPHIQUES

La Pluralité des Mondes habités. 1 vol. in-12. 39° mille.	3 fr. 50
Les Mondes imaginaires et les Mondes réels. 1 vol. in-12. 23° mille. .	3 fr. 50
La Fin du Monde. 1 vol. in-12. 16° mille	3 fr. 50
Récits de l'Infini. Lumen. Histoire d'une Comète, etc. 1 vol. in-12. 14° mille	3 fr. 50
Lumen. Édition de luxe, illustrée par Lucien Rudaux. 1 beau vol. in-8°.	5 fr. »
Lumen. Édition populaire. 1 vol. in-18. 64° mille	0 fr. 60
Dieu dans la nature. 1 vol. in-12. 29° mille.	3 fr. 50
Les derniers jours d'un philosophe. de sir Humphry Davy	3 fr. 50
Uranie, roman sidéral. 1 vol. in-12. 34° mille	3 fr. 50
Stella. roman sidéral. 1 vol. in-12. 12° mille.	3 fr. 50
L'Inconnu et les problèmes psychiques. 1 vol. in-12. 20° mille. . .	3 fr. 50
Les Forces naturelles inconnues. 1 vol. in-12, avec photog. 12° mille.	4 fr. »

ASTRONOMIE PRATIQUE

La planète Mars et ses conditions d'habitabilité. Encyclopédie générale des observations martiennes. Tome I. de 1636 à 1890, avec 580 dessins télescopiques et 23 cartes aréographiques 1 vol. in-8°, 1892. .	12 fr. »
— Tome II. de 1890 à 1900, 426 dessins et 16 cartes 1 vol. in-8°, 1909 .	12 fr. »
La planète Vénus. Discussion générale des observations (94 dessins) .	1 fr. »
Les Étoiles doubles. Catalogue des étoiles multiples en mouvement.	8 fr. »
Les Éclipses du vingtième siècle visibles à Paris, 33 fig. et cartes.	1 fr. »
Le Pendule du Panthéon. 1 br. in-8°	0 fr. 50
Les Imperfections du Calendrier. 1 br. in-8°.	1 fr. »
Études sur l'Astronomie. Recherches sur diverses questions. 9 vol.	2 fr. 50
Grand Atlas céleste, contenant plus de cent mille étoiles. In-folio . .	45 fr. »
Grande Carte céleste, contenant toutes les étoiles visibles à l'œil nu. .	6 fr. »
Planisphère mobile, donnant la position des étoiles pour chaque jour.	8 fr. »
Carte générale de la Lune.	8 fr. »
Carte géographique de la planète Mars.	6 fr. »
Globes de la Lune et de la planète Mars	7 fr. »

ENSEIGNEMENT DE L'ASTRONOMIE

Astronomie populaire. Exposition des grandes découvertes de l'Astronomie. 1 vol. grand in-8° illustré. 125° mille.	12 fr. »
Les Étoiles et les Curiosités du Ciel. Supplément de l'*Astronomie populaire*. 1 vol. grand in-8° illustré. 55° mille	12 fr. »
Astronomie des Dames, 1 vol. in-12 illustré	3 fr. 50
Les Merveilles célestes. 1 vol. in-8° illustré. 57° mille	2 fr. 60
Initiation astronomique. 1 vol. in-12 illustré	2 fr. »
Qu'est-ce que le Ciel? Précis d'astronomie. 1 vol. in-18, illustré. . .	0 fr. 60
Copernic et la découverte du Système du monde. 1 vol in-18 . . .	0 fr. 60
Annuaires astronomiques. pour chaque année.	1 fr. 50

SCIENCES GÉNÉRALES

Le Monde avant la création de l'Homme. 1 vol. gr. in-8°, ill. 56° mille.	12 fr. »
L'Atmosphère. Météorologie populaire. 1 vol. grand in-8°, ill. 34° mille.	8 fr. »
Mes Voyages aériens. 1 vol. in-12. 7° mille	3 fr. 50
Contemplations scientifiques. 1 vol. in-12	3 fr. 50
Les Éruptions volcaniques et les Tremblements de terre, in-12 ill.	3 fr. 50
L'Éruption du Krakatoa. 1 vol. in-18	0 fr. 60
Curiosités de la Science. 1 vol. in-18.	0 fr. 60
Les Phénomènes de la Foudre. 1 vol. in-8°, illustré	4 fr. 50
Les Caprices de la Foudre. 1 vol. in-18	0 fr. 60

VARIÉTÉS LITTÉRAIRES

Dans le Ciel et sur la Terre. Tableaux et Harmonies. 1 vol. in-12. .	3 fr. 50
Rêves étoilés. 1 vol. in-18. 38° mille.	0 fr. 60
Clairs de Lune. 1 vol. in-18. 14° mille	0 fr. 60
Excursions dans le Ciel. 1 vol. in-18. 10° mille.	0 fr. 60

CONTEMPLATIONS SCIENTIFIQUES

I

LE MOUVEMENT DANS LA NATURE

J'étais assis à l'ombre des pins odoriférants et des eucalyptus embaumés qui décorent de leur verdure la pointe occidentale du cap d'Antibes. La mer bleue de la Côte d'Azur s'étendait comme un lac jusqu'au delà des îles de Lérins, encadrée dans les capricieux promontoires de l'Estérel, et l'on entendait les bruissements éternels des vagues venant s'évanouir sur les roches de bordure argentée, murmure lointain sur lequel perlaient par instants, au-dessus de nos têtes, les trilles du rossignol et le chant léger de la fauvette. La nature entière paraissait jouir d'elle-même, en pleine et calme intensité d'harmonie printanière, et je me disais que si l'astronomie nous apprend que la Terre est un astre du ciel, les voyages nous montrent que le voluptueux cap d'Antibes est véritablement un morceau du ciel apporté sur la Terre.

A mesure que le soleil descendait vers les montagnes de l'Estérel, dont les crêtes sombres commençaient à se dessiner en fines découpures, des nuées roses, reflétées par le miroir de la mer, vinrent jeter dans l'espace une lueur d'apothéose qui semblait une sorte d'hymne de reconnaissance de la terre, de la mer et du ciel à la fin d'un beau jour, pendant lequel les sèves des pins avaient éclaté, à côté des nids en préparation. Le bruit des vagues tout à l'heure agitées sur le rivage par le remous contre les rochers s'apaisa graduellement, les oiseaux firent silence, le soleil disparut, le ciel du couchant atténua ses flammes derrière les montagnes, et la nature entière parut s'endormir dans le plus doux des rêves.

*
**

Tout d'un coup, dans cette calme contemplation, une image aiguë traversa mon cerveau. Je reconnus que j'étais emporté sur une automobile lancée inexorablement dans l'abîme à la vitesse fantastique de 106.800 kilomètres à l'heure !

Et tout d'un coup aussi, cette image se substitua instantanément à la première et remplaça la tranquillité apparente de l'univers par la sensation d'un travail formidable auquel personne ne songe.

Car, vraiment, le globe terrestre autour duquel nous vivons est une automobile du poids de 5.957.930 quintillions de kilos et de 12.742.200 mètres de diamètre, qui parcourt en un an, autour du Soleil, un circuit mesurant 936 millions de kilomètres, ce qui l'oblige à une vitesse de 2.563.000 kilomètres par jour, ou 106.800 par heure, 1.780 par minute, ou encore 29.670 mètres par seconde.

Vitesse variable, d'ailleurs, car notre planète ne décrit pas une circonférence autour de l'astre vital, mais une ellipse, et son cours est un peu plus rapide en janvier qu'en juillet : le nombre précédent représente sa vitesse moyenne.

C'est là notre situation au sein du repos le plus apparent, de l'immobilité de tout ce qui nous entoure, et du silence le plus absolu. Et le mécanisme de l'univers est si admirablement organisé que nul de nos sens ne peut percevoir ce mouvement impitoyable.

Nuit et jour nous sommes ainsi emportés dans l'espace en une activité prodigieuse qui constitue la vie universelle des êtres et des choses.

Cette vitesse de notre planète tournant autour du Soleil, comme une pierre dans une fronde, est précisément, exactement, rigoureusement celle qui convient pour produire une force centrifuge égale et opposée à l'attraction de l'astre central. Si la Terre gravitait plus rapidement, elle s'éloignerait du Soleil pour aller se perdre dans les ténèbres glacées de l'immensité ; si elle ralentissait son mouvement, elle se rapprocherait graduellement de l'éblouissant foyer pour aller mourir dans les ardeurs comburantes d'une destructive fournaise.

Chacun sait que cette révolution annuelle de notre globe autour du Soleil n'est pas le seul mouvement dont la Terre soit animée, mais qu'elle tourne sur elle-même en vertu de sa rotation diurne, et qu'elle est le jouet de *douze* mouvements différents qu'il serait trop long de décrire ici, mais parmi lesquels nous ne pouvons manquer de signaler celui de la translation du système solaire vers la constellation d'Hercule. Ce mouvement général dont notre planète fait partie a pour résultat qu'elle ne décrit pas autour du Soleil une orbite fermée, mais une hélice résultant de la combinaison de la translation du Soleil dans l'espace et de notre révolution annuelle, de telle sorte que, depuis qu'elle existe, la Terre n'est jamais passée deux fois par le même chemin.

Et ainsi la réalité nous oblige à nous considérer comme emportés dans le vide éternel par un tourbillon dont nous pouvons à peine nous former une idée. Tandis que notre globe, jouet, comme nous le disions, de douze mouvements différents, se précipite ainsi en trajectoire hélicoïdale vers un point de l'immensité, notre soleil l'emporte avec une vitesse d'environ 20 kilomètres par seconde, ou 1.200 par minute, ou 7.200 à l'heure, vitesse qui se combine avec celle de notre révolution annuelle autour de l'astre du jour, pour produire le mouvement en hélice dont il s'agit. Nous pouvons, d'ailleurs, voyager ainsi sans fin. Les milliards de kilomètres parcourus de siècle en siècle ne nous avancent pas d'un pas dans l'infini.

Notre soleil est une étoile. Il nous paraît énorme, chaud, lumineux, éblouissant, parce que nous sommes tout près de lui. Chaque étoile est un soleil, et nous aurions la même impression en nous approchant de l'une quelconque d'entre elles. Or, chaque étoile est, comme notre soleil, animée d'un mouvement propre, et l'ensemble du système stellaire auquel notre soleil appartient est une sorte de tourbillon de millions d'atomes, dont chacun est un soleil. Le mouvement solaire dont nous venons de parler n'est donc encore lui-même qu'un mouvement relatif dans ce système stellaire qui se déplace lui-même à travers l'immensité infinie.

Tout est en mouvement. Tout est mouvement. Et il est même impossible de nous rendre compte des vitesses réelles, puisque nos mesures sont toutes rapportées à des points mobiles eux-mêmes. Nous connaissons des étoiles dont la vitesse est de cent, deux cents, trois cents, quatre cents kilomètres *par seconde!* Toutes les étoiles du ciel, qui nous semblent fixes et qui forment encore aujourd'hui des figures de constellations analogues à celles que les yeux d'Homère et de Pythagore ont contemplées, il y a des milliers d'années, sont lancées dans l'espace, dans toutes les directions, et leur immutabilité apparente ne provient que de leurs distances. Mais, en réalité, toutes les constellations se disloquent, les sept étoiles de la Grande-Ourse s'écartent lentement l'une de l'autre, les trois rois du baudrier d'Orion se séparent, Arcturus du Bouvier se précipite vers la Vierge, Sirius s'éloigne dans la direction de Canopus, l'étoile Alpha du Cygne arrive vers nous en ligne droite... Tous ces soleils, tous ces systèmes de mondes courent, volent, fuient, pleuvent comme des flocons de neige emportés par la tempête et constituent les molécules, les atomes d'un organisme prodigieux, vivant d'une vie inconnue, dans l'immensité de laquelle notre planète n'est qu'un rouage imperceptible, mais un rouage réel et réglé par des lois intelli-gentes en vertu desquelles le mécanisme marche et n'est ni un chaos ni un bloc.

Et sur notre globe aussi, tout est en mouvement. Constamment, la vapeur d'eau s'élève des mers, à l'état invisible, les nuages se forment dans les hau-teurs, la pluie tombe, les ruisseaux et les rivières cou-rent au sein des prairies, les fleuves ramènent l'eau à la mer, les champs, les bois, sont fertilisés, l'air circule perpétuellement partout, dans nos apparte-ments comme au dehors, le bois, le métal, le fer, tra-vaillent sans cesse, mouvements moléculaires, dilata-tions, condensations, la tour Eiffel est plus haute le soir que le matin, et l'été que l'hiver, les arbres doublent de volume au printemps, les nids sont construits, les oiseaux naissent, les fleurs se forment, les fruits mûrissent, partout un immense et inces-sant travail, auquel nous participons nous-mêmes sans y songer.

Le globe terrestre lui-même, tout entier, est en agitation moléculaire constante, et les tremblements de terre en sont la conséquence souvent désastreuse et terrible.

Ce même principe de mouvement, nous le retrou-vons en nous-mêmes. Incessamment, sans un ins-tant d'arrêt, nos poumons respirent, notre cœur bat, notre sang circule. Ce cœur qui bat a été monté pour donner environ cent mille pulsations par jour, ou 56 millions par an, ou 1.825 millions pour cinquante ans. Il doit battre un, deux, trois milliards de pul-sations, un nombre déterminé fixé par sa puissance, puis il s'arrêtera. Qui a remonté cette montre une fois pour toujours ? Le dynamisme, l'énergie vitale.

Qui soutient la Terre dans l'espace ? Le dynamisme. Partout l'énergie, partout la force invisible.

Toute molécule d'air, d'eau, de bois, de terre, de fer, de corps quelconque, est en mouvement perpétuel ; celles de l'hydrogène, par exemple, vibrent avec une amplitude de 2 000 mètres par second. Aucun atome n'est en repos, et l'énergie en œuvre est inimaginable.

Dans l'univers, dans la nature, dans la réalité, dans la justice, dans l'harmonie vivante des êtres et des choses, la loi du travail est la loi suprême.

II

LE MONDE DES PLANTES

Oui. Tout est mouvement, tout est vie.

La Vie n'est pas seulement représentée sur notre planète par les êtres animés qui marchent à la surface du globe, volent dans les airs, ou nagent dans les profondeurs de l'onde Composant un même ensemble, les animaux forment les gradins de la pyramide sur laquelle est assis l'Homme, ce résumé supérieur de la série zoologique ; ils sont reliés entre eux par les mêmes caractères : le mouvement, la respiration, l alimentation, les actes de la vie animale, l'instinct et même la pensée pour un grand nombre d'entre eux ; ils sont rattachés à l'homme par les lois générales de l'organisation, et nous sentons qu'ils appartiennent au même système d'existence auquel nous appartenons nous-mêmes. Mais il est sur la Terre une autre vie, bien différente de la précédente, quoiqu'elle en soit la base primitive et l'élément fondamental, une autre vie distincte de la nôtre, qui se perpétue parallèlement à la vie animale et semble se confiner dans une espèce d'isolement au milieu du reste du monde. C'est la vie des *Plantes*, de ces êtres mystérieux *qui nous ont précédés* dans cette création, et régnèrent longtemps en souverains sur les continents où nous avons établi depuis notre empire ; véritables racines de notre propre existence, par lesquelles nous suçons la sève nutritive de la Terre ; sources sans cesse renouvelées de la vie qui rayonne sur le front de la nature ; créations qui constituent un règne intermédiaire entre le minéral et l'animal et dont nous ne savons apprécier ni la valeur ni la réelle beauté.

C'est par le spectacle de ce monde silencieux et solitaire des *Plantes*, qu'il convient de continuer la galerie de ces *Contemplations scientifiques*. Elles nous instruiront en nous charmant, et, dans leur virginale beauté, nous introduiront au temple de la nature, temple bien différent des édifices humains, inaltérable et impérissable, où l'âme trouve toujours une paix bienfaisante et un plus grand amour du vrai et du bien.

« Naître, croître, paraître dans toute sa force, sa grâce et sa beauté, puis s'incliner, se faner et mourir, après s'être perpétuée par les germes de la reproduction, telle est la loi apparente à laquelle obéit l'échelle des espèces végétales, aussi bien que celle des espèces animales ; admirable phénomène dont l'origine mystérieuse reste cachée, comme celle de notre globe lui-même et de toutes les sphères suspendues dans l'immensité, au sein du principe inconnu des causes Ce phénomène, objet des constantes méditations de la science, se manifeste sous des formes si variées, malgré le cercle où les natura-

listes ont cru pouvoir renfermer les types primitifs,
que partout où l'observateur porte ses pas, il découvre
des individus nouveaux, sans que la fécondité de la
nature soit épuisée par cet incessant enfantement. Si
les animaux nous semblent innombrables, depuis le
plus énorme d'entre eux jusqu'au plus insaisissable
infusoire, combien le sont davantage les végétaux,
du cèdre gigantesque au plus petit brin de mousse!
Depuis la lisière des neiges éternelles qui couron-
nent les cimes alpestres, jusqu'aux plages sablon-
neuses que baigne la lame maritime; depuis la fêlure
du rocher sourcilleux où le vent, a jeté quelque
germe d'éclosion, jusque dans les rivières, dans les
ruisseaux, dans les fontaines, dont la transparence
cristalline donne à la verdure un éclat particulier;
jusque dans les eaux stagnantes, dans la goutte de
pluie qui creuse insensiblement sa coupe au sein du
granit pyrénéen; jusque dans l'abîme des océans
où l'algue prend naissance auprès du zoophyte; jusque dans l'écorce des arbres où la vie parasite se
superpose à la vie elle-même; jusqu'aux extrêmes
confins où les deux règnes paraissent s'allier et se
confondre : — la nature végétale domine comme
au milieu d'un empire qu'elle se serait la première
approprié, et où, de fait, elle a précédé la nature
animale, qui ne pouvait subsister sans elle. Humble,
à peine perceptible sur les rochers arides que cal-
cine un soleil torride et qu'elle recouvre d'une croûte
légère de lichens, elle va grandissant à mesure que
le milieu qu'elle habite lui devient plus favorable,
présentant ici de simples traces dont l'œil ne peut
distinguer l'existence qu'à l'aide du microscope, là
des plantes d'une structure complexe ou des espèces

géantes qui. dans les forêts vierges du nouveau
monde, semblent avoir assisté aux premiers âges
de notre terre et, comme le roc d'aspect indestructible, paraissent défier le temps *. »

Telles sont les pensées qui se révèlent au premier
aspect dans l'esprit du contemplateur de la nature.
Au second plan se présente l'intéressante loi d'unité
et de variété qui préside.à la succession toujours ra-
jeunie des saisons terrestres. Lorsque la tiède haleine
du printemps a délivré nos régions de la glace et du
froid, que le soleil a dissipé les vapeurs brumeuses
qui alourdissaient l'atmosphère, quelques fleurs
délicates viennent exposer leurs frêles corolles aux
derniers souffles de l'aquilon et annoncent le réveil
de la nature. Ces gracieuses avant-courrières d'une
nouvelle période d'évolution végétale disparaissent
dès que leur rôle est accompli, et l'été se présente
escorté d'un riche appareil floral. La terre se décore
de fleurs, l'air est embaumé de mille parfums ;
chaque être tressaille en une vibration mystérieuse
et se prépare à l'œuvre de la reproduction. Puis
vient l'automne, plus grave, qui mûrit le fruit fé-
condé par le soleil. Avant de rentrer dans le silence
de la tombe ou dans le repos, la nature, jalouse de
briller d'un dernier éclat, déploie les teintes les plus
riches et les plus variées, et tant que la glace n'a pas
solidifié la surface des eaux, on voit se succéder des
fleurs qui semblent un dernier effort de la vie contre
le froid glacé de la mort. L'être végétal est plus
intimement lié que nul autre à l'état du globe, et les

---

* Le *règne végétal*, par Dupuis, Gérard, Réveil et Hérincq,
t. I, Introduction.

phases par lesquelles il passe de métamorphose en métamorphose sont la manifestation extérieure de la puissance virtuelle de la planète terrestre.

C'est qu'il y a dans cette loi qui préside à la vie, à la mort et à la résurrection des plantes, un caractère de prévoyance, que la pensée humaine pressent sans pouvoir le saisir ; c'est qu'il y a dans ces êtres mystérieux qu'on appelle les *Plantes* un genre de vie latente et occulte qui étonne et remplit d'une étrange surprise l'esprit observateur (1) *.

Mais, en même temps, il y a entre cette vie et la nôtre une telle distance, une séparation si apparente, que nous nous croyons étrangers au monde des arbres et des fleurs, et que nous ne comprenons pas du premier coup l'intérêt qui s'attache à l'étude de leur existence. C'est plutôt dans ses rapports directs avec nous que nous voyons un trait d'union entre ce monde et le nôtre. Si des souvenirs d'enfance nous montrent une vieille avenue de tilleuls, ou quelque vénérable tronc d'arbre au pied duquel nous venions jouer, ou certain paysage que nos premières années ont bercé dans notre regard ; si nous nous souvenons des belles matinées du printemps fleuri, des chaudes journées de la moisson, de l'automne où l'on cueillait les fruits mûrs, des vendanges joyeuses et retentissantes ; si notre mémoire enfin nous retrace de douces heures passées dans les bois, ou bien sur

---

* Les numéros ainsi placés entre parenthèses renvoient à des notes correspondantes réunies à la fin du volume. Cet ensemble de notes constitue, d'une part, les pièces justificatives des faits ou des théories avancés dans le texte, et présente, d'autre part, les détails et les développements qui n'auraient pu prendre place dans le corps du livre sans nuire à son unité et à sa marche courante.

le versant des collines dorées par le soleil couchant :
alors un sentiment de sympathie nous rattache aux
fleurs, aux jardins, aux forêts, aux arbres silencieux,
qui furent témoins de nos joies ou même de nos
tristesses ; des tableaux se reforment dans notre
âme ; nous revoyons les lueurs empourprées du soir
et les silhouettes des vieux murs, nous entendons le
chant rêveur et harmonieux du rossignol (2), et nous
songeons encore à nos craintes d'enfants lorsqu'une
chauve-souris au vol lugubre venait traverser le
conte de la veillée. Mais ces souvenirs se rattachent
plus à nous qu'aux objets eux-mêmes ; ici encore se
trahit une tendance de notre égoïsme. Ce n'est pas
de ce genre de sympathie que je veux parler aujourd'hui. Au contraire, puisque l'inconnu nous
attire toujours de préférence au connu, essayons
d'entrevoir une partie de l'intérêt *personnel* que
méritent de nous inspirer les Plantes, abstraction
faite des rapports sociaux qu'elles peuvent d'ailleurs
avoir avec nous, et en dehors même du règne végétal considéré en lui-même.

Les plantes, les animaux, a dit un poète, sont les
rêves de la nature dont l'homme est le réveil. Cette
pensée profonde aura du retentissement dans notre
âme si nous consentons à descendre un instant de
la vie humaine, et même de la vie animale, à l'observation de la vie végétale.

Aux dernières limites de la vie, au bas de l'échelle
des existences, nous rencontrons des êtres qui semblent sommeiller aux limbes indécises des deux
règnes. Ces muettes créatures, qui flottent dans l'élément liquide, ces anémones, ces méduses, ces ma-
drépores, ces fucus, ces conserves, ces algues, tous

ces protophytes, ces zoosporées, ces zoophytes, —
dénominations qui témoignent à la fois du mystère
de ces existences et de l'indécision du naturaliste,
— que sont-ils? à quel règne appartiennent-ils? Ce
sont les plus anciens représentants de la vie sur la
Terre. Des millions de siècles avant que l'homme
apparût à la surface du globe, ces énigmes vivantes
rêvaient déjà endormies aux confins des mondes
inorganique et organique. Aujourd'hui nous les trouvons encore, marquant le premier pas chancelant de
la force qui devait aller sans cesse en se perfection-
nant, entre le minéral, le végétal et l'animal; et,
oscillant de l'un à l'autre, elles semblent se jouer
innocemment de nos investigations indiscrètes.

Mais suivons dans son expansion plus haute la
série végétale, et cherchons à deviner, sous ses
apparences surprenantes, l'ordre de vie qui régit
ces individualités étrangères, — dont les mœurs,
les affections, les tendances, les caprices, les solli-
tudes, le langage même sont si radicalement distincts des nôtres.

La Plante est un être qui personnifie, sous un type
spécial, la force inconnue à laquelle nous avons
donné le nom de VIE, force à la fois universelle et
individuelle, qui respire dans la création sidérale
tout entière; — dans les sphères inaccessibles de
l'espace projetant paisiblement leur douce lumière;
— dans l'ardent soleil dont le rayonnement matinal
féconde la terre; — dans la petite fleur des champs
qui penche son calice au ruisseau gazouillant; —
dans le lierre et les ronces dont la vieillesse s'endort au sommet des tours ruinées. Et ce type de

vie, quelque différent qu'il soit du type humain,
n'en est pas moins complet et plein d'intérêt par lui-
même.

La Plante respire, la Plante mange, la Plante boit,
la Plante sommeille. Elle respire, comme nous, l'air
atmosphérique qui enveloppe notre globe d'un duvet
d'azur, et sa respiration s'effectue à l'inverse de la
nôtre : elle consomme l'acide carbonique, élément
mortel pour nous, et a précisément pour rôle de réta-
blir sans cesse l'équilibre des principes de l'air.

Elle mange et boit ; ses aliments sont l'eau, le
carbone, l'ammoniaque, le soufre, le phosphore.
L'organisation merveilleuse de ses racines et de ses
feuilles lui permet de prendre et même d'aller chercher ses principes nutritifs dans l'air et dans le sol,
aussi loin que ses bras peuvent s'étendre. — Elle
sommeille : la plupart suivent docilement la nature
et dorment du coucher au lever du soleil ; mais
d'autres, belles paresseuses, veillent tard, osent à
peine se lever avant midi, et même ne s'éveillent
pas du tout s'il doit pleuvoir.

Un rapport secret relie la Plante à la lumière ;
l'heure de leur réveil et de leur épanouissement varie selon les familles ; il en est qui suivent les saisons et les fluctuations de la température ; d'autres
semblent se conformer, en filles plus soumises, à la
marche apparente du soleil et gardent des habitudes régulières. C'est sur celles-ci que Linné a construit une horloge de Flore (3).

La Plante jouit sans contredit de facultés élec-
tives, et sait apprécier la nourriture qui lui convient.
C'est un être, toutefois, qui diffère essentiellement
de l'être animal. Elle a des armes défensives,

mais n'a pas d'armes offensives. La rose a des épines, la fleur a des poisons léthargiques. Ces épines acérées n'ont-elles pas pour effet d'arrêter le papillon en ses larcins audacieux? Ces effluves vénéneux n'ont-ils pas pour effet d'assoupir les insectes toujours prêts à mordre, et à ravager comme des armées de Visigoths?

Et ne croyez pas qu'elle subisse aveuglément, comme un objet inerte, les conditions d'existence qui lui sont imposées. Non : elle choisit, elle refuse, elle cherche, elle travaille. Comme le remarque judicieusement M. Grimard dans son beau livre sur *la Plante*, elle a un instinct qui s'élève aux proportions d'une passion véritable : c'est le désir de son bien-être, le besoin impérieux de prospérer, la soif de la vie, en un mot, dans toute son invincible opiniâtreté. Elle se détourne des obstacles qui peuvent l'arrêter dans son développement et des voisinages qui peuvent lui nuire; elle recherche avec avidité l'air, la lumière, les terrains fertiles, l'eau, qu'elle devine même à distance et vers laquelle elle envoie ses racines avec une incompréhensible sagacité.

Écoutez, par exemple, cette histoire :

Sur les ruines de New-Abbey, dans le comté de Galloway, croissait un érable au milieu d'un vieux mur. Là, loin du sol au-dessus duquel le monceau de pierres s'élevait, notre pauvre érable mourait de faim, faim de Tantale, puisqu'au pied même du mur aride s'étendait la bonne et nourrissante terre.

Qui dira les sourds tressaillements de l'être végétal qui lutte contre la mort, ses tortures silencieuses et ses muettes langueurs galvanisées par la convoitise? Qui saura raconter ici en particulier ce qui se passa dans l'organisme de notre pauvre martyr ; quelles attractions s'établirent, quelles facultés s'aiguisèrent, quelles impérieuses lois se révélèrent, quelles vertus enfin furent créées ?... Toujours est-il que notre érable, érable énergique et aventureux s'il en fut, voulant vivre à tout prix et ne pouvant attirer la terre à lui, marcha, lui, l'immobile, l'enchaîné, vers cette terre lointaine, objet de ses ardents désirs.

Il marcha ? non ; mais il s'étira, s'allongea, tendit un bras désespéré. Une racine improvisée pour la circonstance fut émise, poussée au grand air, envoyée en reconnaissance, dirigée vers le sol, qu'elle atteignit... Avec quelle ivresse elle s'y enfonça ! L'arbre était sauvé désormais. Nourri, par cette racine nouvelle, il se déplaça, laissa mourir celles qui vainement plongeaient dans les décombres ; puis, se redressant peu à peu, il quitta les pierres du vieux mur et vécut sur l'organe libérateur, qui bientôt se transforma en un tronc véritable.

Que pensez vous de cette persistance ? Ne trouvez-vous pas que cet instinct ressemble fort à l'instinct animal, et même, osons l'avouer, à la volonté humaine ?

J'ai connu un orme qui, altéré dans un terrain sec insuffisant, a envoyé une forte racine vers un puits voisin, et a fini par desceller les pierres du puits pour se frayer passage et y aller boire. On s'en est aperçu par l'abaissement du niveau du puits qui fuyait.

Un de mes lecteurs m'écrit de Hanovre qu'un tilleul a commis un acte presque tragique. Dans le cimetière une tombe était fermée par une lourde dalle portant l'inscription suivante : CETTE TOMBE NE DEVRA JAMAIS ÊTRE OUVERTE. Or un tilleul voisin ayant allongé une de ses plus fortes racines à travers la tombe souleva la dalle et supprima l'ordre donné. On enleva le corps pour le transporter dans un autre tombeau.

Un ingénieux observateur du dix-huitième siècle, Duhamel, raconte qu'un jour il fit creuser un fossé entre une allée d'ormes et un champ fertile, afin d'intercepter le passage aux racines et d'en préserver le champ qu'elles rendaient stérile. Or, quelle décision prirent ces nobles végétaux auxquels on coupait ainsi les vivres ? Ils firent faire un détour aux racines qui n'avaient pas été tranchées ; elles descendirent le long du talus, passèrent *sous* le fossé et retournèrent à leur table permanente.

C'était à la fois pour retrouver leur aliment accoutumé et pour éviter la lumière ; car, remarque digne de l'intérêt du philosophe, il y a dans les plantes deux parties bien distinctes : l'une, terrestre, qui fuit la lumière ; l'autre, aérienne, qui la cherche, la réclame et la boit par tous ses pores.

De la lumière ! de la lumière ! s'écriait Gœthe au moment de rendre le dernier soupir. Ce cri de l'âme, cette aspiration d'un symbolisme sublime qui devrait rayonner sur le front de toutes les intelligences humaines, cette soif de lumière, c'est la supplication incessante de la plante aérienne, de la tige aux feuilles verdoyantes, de la fleur à la corolle parfumée.

Transportons une plante, un plant de capucines, dans l'intérieur d'une pièce éclairée par une seule fenêtre : nous verrons bientôt toutes les feuilles retourner leur face supérieure du côté de cette fenêtre.

Un grand nombre d'observateurs, — au nombre desquels j'aimerais me placer, si je ne préférais Uranie à Cérès, à Flore et à Pomone, — un grand nombre d'observateurs, dis-je, ont constaté ce grand fait de la *tendance vers la lumière*. On a répandu des graines sur du coton imbibé flottant à la surface d'un vase d'eau, et transporté ce vase en divers points d'une pièce éclairée seulement par une lanterne latérale : les petites racines se dirigeaient vers la partie obscure de la chambre, les tigelles s'infléchissaient, tendant leur front vers le pur baiser de la lumière.

Ces êtres primitifs, innocents et enveloppés d'une demi-somnolence, ne rappellent-ils pas les petits enfants au berceau, qui, distinguant à peine encore les couleurs et les objets, éblouis par la lumière, tournent cependant obstinément leur tête chercheuse vers le jour, et tendent leurs faibles bras vers la clarté, comme s'ils regardaient avec les mains, comme s'ils se souvenaient d'une destinée lumineuse voilée par un rêve ?...

Ah ! comme elles aiment la lumière, ces plantes aux sensations inconnues, et comme elles s'élèvent sans cesse pour la ravir ! C'est un singulier et admirable contraste que l'humilité de ces êtres et la splendeur de leur désir. N'avez-vous pas vu parfois, dans une cave obscure et humide, de misérables plantes languissantes et décolorées, des... pommes de terre, tout simplement, pâles et étirées, germer, lancer une tige opiniâtre et fervente, qui se dresse, monte, s'accroche à la muraille... et s'élève avec persévérance jusqu'au soupirail où l'attire le jour ?

On a vu une pauvre petite plante souterraine, dont

le nom est une humilité, la clandestine, parasite de
la famille des orobanchées, qui ne s'élève ordinairement qu'à quelques centimètres, se dresser et grandir
à la hauteur prodigieuse de quarante mètres, pour
franchir l'espace qui la séparait d'une lucarne au
fond d'une mine de Mansfeld.

Un observateur a constaté qu'un jasmin héroïque
traversa huit fois une planche trouée qui le séparait
de la lumière, et que l'on retournait vers l'obscurité
après chaque nouveau mouvement de la fleur pour
observer si à la fin celle-ci ne se lasserait pas.

Toutes ces tendances instinctives, tous ces efforts,
toutes ces actions nous surprennent sans nous toucher directement, parce qu'il y a une lacune entre
notre vie et celle des plantes. Nous nous demandons,
par exemple, par quelle secrète sympathie certaines
plantes regardent sans cesse le Soleil, tandis que
d'autres semblent préférer le nord (4). Mais à quel
degré s'élèvera notre attention, si nous ajoutons aux
considérations précédentes celles qui témoignent
plus vivement encore de la personnalité de ces êtres ;
si nous rappelons la fleur du *népenthès*, qui ouvre et
ferme alternativement l'urne élégante et remplie
d'une eau limpide qu'elle garde, dans les pays
chauds, pour le voyageur altéré ; — si nous présen-
tons la *desmodie oscillante*, qui, spontanément, balance ses folioles comme un pendule à secondes, et,
de fait, fut observée marquant, dans l'Inde, soixante
battements par minute ; — si nous interrogeons les
rossolis, ou la *dionée attrape-mouches*, dont la feuille
presque circulaire (formée de deux panneaux à char-
nières garnis de cils raides, allongés, et exudant un
miel qui attire les insectes) emprisonne, par l'entre-

croisement de ses cils, la mouche imprudente qui se laisse séduire, se referme, l'étouffe, et ne s'ouvre de nouveau qu'après la mort de l'insecte?... Que pensera-t-on surtout de la *sensitive*, que le plus léger attouchement suffit pour frapper de stupeur et abattre dans une sorte de léthargie?

« Sans cesse agitée par la délicatesse de ses organes et par son excessive sensibilité, écrivait à la fin du dix-huitième siècle Erasme Darwin, l'aïeul du grand naturaliste (*Amours des Plantes*), la chaste mimosa redoute le plus léger attouchement. Elle est alarmée lorsqu'un nuage passager lui dérobe les rayons du soleil. Au moindre vent, elle frémit et se cache par la crainte de l'orage. A l'approche de la nuit, elle abaisse ses paupières, et, lorsqu'un sommeil paisible a rafraîchi ses charmes, elle s'éveille et salue l'aurore... Ainsi vacille sans cesse sur son pivot l'aiguille aimantée qui, dans tous ses mouvements, se dirige vers son pôle chéri. »

Quelle délicatesse de sensation dans ces plantes ! On voit sous les tropiques des champs entiers de véritables sensitives. Le bruit des pas d'un cheval les fait contracter au loin comme si elles en étaient effrayées. Elles se baissent précipitamment à l'approche d'un homme; et l'on a vu une légère secousse se propager d'un trait comme un signal d'alarme dans des plaines de ces végétaux sensibles qu'un importun effarouchait. L'ombre d'un nuage suffit pour produire une animation manifeste au milieu de leurs groupes. Elle est presque nerveuse, la sensitive (5). Les narcotiques, selon la remarque de Pouchet, affaiblissent sa sensibilité comme ils affaiblissent la nôtre. Arrosée avec de l'opium, elle

s'endort et devient insensible. Une décharge électrique la tue. Et cependant, chose merveilleuse, on
parvient à l'apprivoiser ! Desfontaines en avait placé
une dans une voiture ; effrayée des cahots, elle se re-
plia d'abord craintivement sur elle-même, puis, peu
à peu, elle s'accoutuma et reprit sa tranquillité. Mais
si la voiture s'arrêtait, elle semblait s'étonner de
nouveau, avait peur et se contractait...

Quoique l'existence des nerfs soit encore paradoxale
dans les plantes, il n'en est pas moins vrai que
l'irritabilité qu'offre la sensitive semble absolument
sous l'empire d'organes analogues à ceux-ci, puisqu'elle se trouve impressionnée par les mêmes agents,
et de la même manière que le sont les animaux.

Il y a dans la vie des plantes des jours de bonheur
et de bien-être, des jours de souffrance et de tristesse, dont nous pouvons saisir la marque, non sur
les rides de leur visage, mais sur les cercles concentriques, pleins, uniformes, ou maigres, appau-
vris, qui dessinent les années sur la coupe horizon-
tale du tronc des arbres. Elles ont aussi des heures
de bonheur ; elles ont de mystérieuses amours et des
mariages que la loi civile ne prosaïse pas. Remarquez, par exemple, la *vallisnérie*. Les dames, coquettes et parées, épanouissent leurs charmes à la
surface de l'onde et sont rattachées au fond par un
ressort en spirale. Les maris, plus humbles, passent
leur vie à leurs pieds. Solitaires dans leur parure,
les fleurs de la surface attendent, inquiètes, l'heure
douce et charmante que la nature fait pressentir à
ses enfants ; il semble parfois qu'elles pâlissent
d'ennui et s'entretiennent ensemble de leurs in-
quiétudes. Mais l'heure désirée sonne au cadran du

ciel. Les fleurs masculines brisent soudain les chaînes qui les emprisonnaient au pied de leurs amies ; elles montent comme des papillons jusqu'à la surface et viennent envelopper de leurs ardentes corolles les fleurs palpitantes ; puis les spirales se raccourcissent, et, devenue mère, la *vallisnérie* descend dans la retraite, au fond des eaux, pour mûrir le fruit de ses amours.

Et ces heures sont fiévreuses et agitées ; on croirait que le sang court précipitamment dans leurs veines. La Plante ne sent-elle pas une douce jouissance pénétrer son être, aux heures où des milliers de fleurs masculines et féminines réunies sur le même pied (comme dans le pommier) mêlent à la fois leurs parfums et leurs sensations ? Certaines fleurs manifestent à l'époque de leur floraison un développement de chaleur considérable. La mère du naturaliste Hubert cherchait un jour en tâtonnant dans son jardin (car elle était aveugle) l'arum d'Italie. Quel ne fut pas son étonnement, en approchant sa main, de s'apercevoir que la plante était brûlante. Et, en effet, cette plante s'échauffe alors au point de s'élever à 24° centigrades. N'est-ce pas une fièvre d'un genre spécial que cet ardent tressaillement, surtout si nous ajoutons qu'à l'époque de la fécondation certaines fleurs deviennent même lumineuses, par exemple les rhizomorpha, la capucine, le souci et l'œillet. Quelques-unes, hélas ! ne s'éveillent à cette luxuriante expansion que pour s'évanouir aussitôt dans la mort (6) !

C'est de notre communication plus intime avec la Nature que dépendent les progrès de notre intelligence, et peut-être aussi ceux de notre cœur. L'étude

de son action universelle éclaire et élève graduellement notre esprit. Plus nous nous éloignerons d'elle,
plus nous nous en isolerons, et plus aussi nous per-
drons en valeur intellectuelle ; plus nous nous en
rapprocherons, mieux nous la comprendrons, et
plus nous grandirons dans le savoir, et plus nous
avancerons dans l'intuition de la Vérité.

III

DE LA PLANTE A L'ANIMAL

La grandeur et la beauté de la nature peuvent être étudiées dans toutes ses œuvres, car elles se manifestent jusque dans ses productions en apparence les plus insignifiantes. Sans doute, le spectacle imposant des révolutions célestes et des forces formidables qui sont en action dans le gouvernement des mondes nous étonne par son étendue et par la puissance des actions qu'il nous révèle; mais la surprise qui naît en nous à la vue des grandeurs célestes tient plutôt à la supériorité comparative de celles-ci sur les pensées habituelles de notre esprit.

Contempler la nature dans ses fleurs ou dans ses étoiles, c'est donc s'élever à la notion du vrai par des voies diverses, c'est s'initier aux mystères de l'infini par des expressions différentes, c'est étudier le monde sous des aspects variés, c'est s'instruire dans la science de la nature par deux maîtres distincts, mais de la même école.

La plus modeste d'entre les plantes, la fleur des champs qui se cache sous l'herbe épaisse, et celles, plus inconnues encore, qui appartiennent au monde microscopique, sont tout aussi merveilleuses que les splendides orchidées, les cèdres séculaires, les tremblantes sensitives, les arbres empoisonnés. Mais ici, comme en toutes choses, notre qualification se rapporte à nos impressions particulières. Par un effet de l'inertie de notre esprit, l'habitude a le don d'émousser notre sensibilité et de rendre moins vives les impressions qui se renouvellent fréquemment, de sorte que les objets qui, au premier abord, captivent le plus vivement notre attention et nous jettent dans la surprise la plus profonde, parviennent à la longue à passer inaperçus et ne réveillent plus notre attention endormie. C'est ce qui constitue pour nous le degré apparent du merveilleux. L'inconnu, le nouveau, nous frappera toujours et nous attirera sans cesse ; à mesure que les choses deviennent plus connues, plus familières, elles perdent le don de nous émerveiller. Cependant, au point de vue absolu, deux objets d'égale valeur ne sauraient évidemment subir de modification réelle, suivant qu'ils deviennent plus ou moins accessibles à l'observation humaine.

Si l'un de nous arrivait aujourd'hui pour la première fois sur la Terre, revenant d'un monde étranger au nôtre, quelle ne serait pas sa surprise, à son réveil, de voir se manifester autour de lui toutes ces actions nombreuses qui constituent l'ensemble de l'œuvre naturelle ! A l'aurore de l'année comme à l'aurore d'un beau jour, le printemps joyeux réveille les forces latentes et décore d'une nouvelle

parure le monde dépouillé par la main de l'hiver ;
le ciel renaît, son azur baigne au loin l'horizon
transparent, la brise aérienne caresse les bourgeons
naissants des plantes, le soleil verse du haut du
ciel son rayonnement fécond, la verdure renaît,
arbres et fleurs tressaillent sous le frémissement de
la vie nouvelle, et depuis les dernières zones de
la végétation sur les montagnes jusqu'aux plaines
verdoyantes, la joie et la lumière célèbrent en tous
lieux la renaissance de la vie. Quelle merveilleuse
transformation s'est opérée ! Ces arbres de nos vergers, ces forêts entières, qui n'offraient, il y a
quelques semaines, que des troncs décharnés, des
tiges dénudées, des objets immobiles et inertes,
que la mort semblait avoir exilés pour jamais du
cercle de la vie, les voilà qui reverdissent, se revêtent de feuilles nouvelles, et bientôt répandront leur
ombre et leur paix sur l'asile profond des retraites
champêtres. L'habitude de voir chaque année renouveler la même merveille nous empêche de l'apprécier
dans sa grandeur et de reconnaître en elle la manifestation des forces prodigieuses qui meuvent le monde.

Que serait-ce si, à la contemplation générale du
grand mouvement printanier et estival, nous faisions
succéder l'observation spéciale de chaque espèce
de végétaux ? Que serait-ce si nous nous appliquions
à suivre dans son mouvement individuel chacune
de ces plantes si diverses qui embellissent la surface
du globe ? Deux espèces différentes n'agissent pas
de la même manière, et, depuis la naissance des
premières feuilles jusqu'à la maturité de leurs fruits,
elles offrent chacune un spectacle différent. Telles
plantes portent humblement leurs fleurs cachées à

tous les regards et semblent oser à peine laisser voir
leur tige et leurs feuilles ; d'autres, au contraire, ne
paraissent nées que pour la coquetterie et la lumière,
et déploient aux regards éblouis la parure étince-
lante de leur richesse et de leur magnificence ;
d'autres encore semblent posséder un caractère plus
sérieux, et, dédaigneuses de la frivolité de leurs compagnes, ne révèlent leur existence qu'à l'époque où
les fruits mûrs consacrent leur utilité. Nous n'avons
pas encore ouvert le monde éclatant des couleurs.
Quel pinceau reproduira ces nuances variées qui
sont la parure des fleurs splendides ?

Mais les jeux merveilleux de la lumière solaire sur
le tissu des plantes, qui constituent leurs couleurs
et leurs nuances harmonieuses, ne sont-ils pas sur-
passés encore par la richesse des parfums dont les
fleurs gardent en leur sein les riches trésors ?
Ne semble-t-il pas ici que les fleurs sont les plus opu-
lentes des créatures, que la nature s'est plu à les
enrichir de ses dons les plus admirables, et qu'elle
les aime avec prédilection ? Brises embaumées du
soir, qui descendez des coteaux en fleurs, souffles
parfumés qui tombez des bois, de quelles propriétés
êtes-vous donc dépositaires, et quelle est votre influence sur l'âme agitée par les troubles du monde ?
Il semble que vous n'appartenez plus à la matière et
qu'il y a en vous certaine vertu spirituelle qui nous
fait songer au ciel.

Les actes de la plante ne sont pas simplement
mécaniques et physiques, c'est-à-dire produits par
une force aveugle, mais sont déterminés par un instinct clairvoyant, plus ou moins analogue à celui
qui gouverne les animaux.

Tous les êtres sont vraiment de la même famille ;
c'est le même Esprit qui ordonna la création universelle, ce sont les mêmes lois qui la régissent, ce sont
les mêmes forces qui la soutiennent : tous les enfants de la nature sont frères, et tous sont unis par
des liens indissolubles. Du minéral à l'homme, la
série monte par degrés imperceptibles ; tels caractères appartiennent à la fois aux trois règnes, minéral, végétal et animal, formant en vérité l'unité la
plus parfaite qui puisse être conçue.

Nous avons dit tout à l'heure que chez ces plantes
sensibles les mouvements se manifestent, soit dans
l'état normal, soit par des causes occasionnelles. La
desmodie est un type du premier genre ; voici un
type caractéristique du second : c'est la dionée attrape-mouches, qui, comme son nom l'indique, saisit
les insectes qui ont l'imprudence de se poser sur
elle, et les enferme dans ses cils vibratiles.

Le temps n'est pas encore bien éloigné où les naturalistes admettaient un antagonisme absolu entre
les deux grands règnes organiques.

L'aphorisme connu : *Vegetalia vivunt et crescunt,
animalia vivunt, crescunt et sentiunt*, n'était plus suffisant pour exprimer l'antithèse où l'on croyait renfermer une des grandes lois de la nature. On affirmait qu'à chaque fonction de l'animal correspondait
une fonction exactement inverse du végétal. C'était
là, croyait-on, le secret du merveilleux équilibre qui
résulte en chaque lieu des mutuels rapports des êtres
organisés, l'explication de l'immobilité au moins apparente du milieu dans lequel et par lequel s'accom-
plissent les phénomènes si éminemment variés de
la vie. Cependant, à mesure que les physiologistes

pénétraient plus avant dans la connaissance intime des êtres des deux règnes, le nombre des propriétés et des fonctions communes s'accroissait chaque jour. L'identité fondamentale de structure anatomique était d'abord mise hors de doute. L'animal, comme le végétal, n'était autre chose qu'une agrégation de cellules. Ces cellules elles-mêmes avaient dans les deux types la plus grande ressemblance, et leur contenu, le *protoplasma*, apparaissait déjà comme la substance vivante fondamentale, à peu de chose près la même chez tous les êtres organisés.

En présence de cette unité anatomique, pouvait-on continuer à admettre l'antagonisme absolu des propriétés physiologiques dans les deux règnes ? Évidemment non. L'idée contraire a fait de rapides progrès.

Aujourd'hui, l'antithèse des deux règnes apparaît non plus dans l'intimité des fonctions physiologiques, mais seulement dans ce que l'on peut appeler le résultat différentiel de leur activité.

Cherchez d'ailleurs ce que sont devenues toutes ces prétendues démarcations que l'on a voulu établir entre les deux règnes : — le mouvement ? il existe chez certaines plantes aussi nettement que chez les animaux ; — la sensibilité ? qui peut dire ce qu'elle est chez une éponge ? — la puissance calorifique ? certains animaux ne dégagent pour ainsi dire pas de chaleur, certaines plantes peuvent, au moins en certaines circonstances, en dégager beaucoup (exemple l'arum) : — la respiration ? toutes les plantes, même à la lumière, exhalent de l'acide carbonique comme les animaux. Il en serait de même pour tout le reste.

La nature des aliments a semblé longtemps être très différente dans les deux règnes : les animaux se nourrissent en général de matières organisées ; les plantes s'adressent au contraire au monde inorganique. C'est à l'état de gaz ou de sels minéraux solubles qu'elles absorbent ordinairement les substances à l'aide desquelles elles doivent former les composés complexes qu'elles préparent et où la machine animale va puiser ses combustibles. Exceptionnellement, quelques plantes sont bien capables de s'assimiler des matières végétales en décomposition ; mais il ne semblait pas qu'elles pussent s'élever jusqu'à l'assimilation des matières animales.

Cette barrière entre les deux règnes est elle-même ébranlée par les *plantes carnivores.*

Peut-être, en traversant des prairies marécageuses, avez-vous remarqué les touffes d'une plante ayant un peu l'apparence d'un pied de violettes et dont les feuilles arrondies, étalées en rosace, semblent constamment couvertes de perles de rosée que le plus ardent soleil ne suffit pas à évaporer ; de là le nom de *Rossolis* ou *Rosée du soleil* que l'on donne à ce curieux végétal. Les botanistes l'appellent le *Drosera rotundifolia.*

Essayez de toucher ces gouttelettes si admirablement transparentes, vous reconnaîtrez bien vite qu'elles ne sont pas constituées par de l'eau, mais par un liquide visqueux, collant aux doigts, se laissant tirer en fils, comme une solution de gomme. Chaque gouttelette est supportée par une sorte de poil d'un rouge vif, terminé par une petite sphère. Ces poils bordent la feuille et sont disséminés sur sa surface ; ils sont de plus en plus longs à mesure que

l'on s'éloigne du centre de la feuille et que l'on se
rapproche de ses bords.

Faites maintenant la petite expérience suivante :
déposez délicatement un moucheron sur la gouttelette transparente de l'un des poils des bords de la
feuille ; l'insecte essayera d'abord de se débattre,
mais le liquide gluant s'oppose aux mouvements de
ses pattes et de ses ailes. Pendant ce temps-là, le
poil auquel la pauvre victime demeure attachée ne
reste pas inactif. Peu à peu, il s'incline, entraînant
sa proie vers le centre de la feuille. Son extrémité
arrive à toucher celle des poils courts qui occupent
cette région et l'aident dès lors à maintenir l'insecte.

Quelques instants encore, et vous allez voir des
poils de toutes les parties de la feuille se courber
vers le point où le moucheron a été transporté :
tous viendront déposer sur lui leur gouttelette de
liqueur et, au bout de quelque temps, se relève·
ront, attendant un nouveau gibier.

D'ordinaire, les victimes sont de faibles mouche-
rons, des fourmis, mais quelquefois aussi des papillons tels que ces légères phalènes qui volent dans
les buissons, ou ces petits argus bleus si fréquents
dans la campagne par une belle journée de soleil.
On a vu même des *Drosera* capturer des libellules,
mais, dans ce cas, la feuille elle-même se replie sur
l'animal, et plusieurs feuilles unissent même parfois
leurs efforts pour mieux réussir.

Le suc gommeux sécrété par les poils de la plante
est non-seulement la glu qui retient le gibier, mais
aussi le suc gastrique qui le digère. Dès qu'une
proie a été saisie, les poils repliés sur elle sécrètent
ce suc en plus grande abondance ; le suc devient

lui-même acide ; sa composition semble alors se rapprocher de celle des sucs digestifs des animaux.

Les substances charnues sont dissoutes par lui ; les substances épidermiques ou cornées, telles que celles qui forment la carapace résistante des insectes, demeurent, au contraire, inaltérées et sont rejetées par la plante.

Quoi de plus nouveau dans la botanique, de plus étrange et de plus extraordinaire, que l'analyse de ces plantes qui mangent des animaux ?

La faculté de sentir étant, dans le règne animal, tout aussi intimement liée à la vie que la faculté de croître, de se nourrir, de se propager, ne commet-on pas une étrange inconséquence en refusant absolument cette faculté sensitive à la plante, à elle qui respire, qui croît, qui se propage, qui vit comme les animaux ?

Cette faculté ne laisse jamais l'être complètement passif. La manière dont la plante s'accroît manifeste cette initiative avec une grande évidence et une grande énergie.

Il résulte, en effet, de nombreuses et très précises observations, que la plante diversifie sa croissance suivant sa disposition, ses besoins, sa position, ses rapports avec les agents extérieurs. Tantôt elle l'accélère, tantôt elle la ralentit, mais surtout elle la dirige, ici pour trouver un appui, là pour atteindre à la lumière, pour plonger dans un terrain nourricier ou pour embrasser un autre végétal dans lequel elle puisera sa nourriture. La plante fait des efforts pour arriver à son but : elle essaye, elle tâtonne ; elle change, s'il le faut, plusieurs fois de direction ; elle modifie même ses organes. Ainsi, les plantes grimpantes font avorter leurs feuilles et leurs fleurs pour les transformer en vrilles ou mains.

En un mot, l'activité et la variabilité de croissance chez les plantes ne paraissent être ni l'effet du hasard, ni même toujours celui de la vitalité de l'individu ; mais plutôt le résultat d'une impulsion déterminée par une sorte de combinaison instinctive, offrant parfois les caractères de la spontanéité et de la volonté.

Peut-être devons-nous revenir à cette parole inscrite depuis des milliers d'années dans l'un des plus anciens livres qui existent, le recueil des Lois de Manou :

Les plantes et les animaux ont intérieurement le sentiment de leur existence ;
Et ils ont aussi leurs peines et leur bonheur.

Sous ces manifestations d'une vie inconnue, le philosophe ne peut s'empêcher de reconnaître dans le monde des plantes un chant du chœur universel (7). C'est un monde d'une réalité vivante, plus touchante qu'on n'est porté à le croire, que ce règne végétal, harmonique, doux et songeur, qui, sur les degrés inférieurs à l'animalité, semble rêver dans l'attente de la perfection entrevue. Sans doute il ne faut pas tomber dans l'excès d'une école de l'antiquité qui, sous l'autorité d'Empédocle, n'hésitait pas à accorder aux plantes des facultés d'élite, les avait humanisées et même divinisées, et regardait quelques-unes comme méchantes et vindicatives, témoin les merveilleuses *mandragores*, que l'on n'osait arracher qu'après avoir tracé trois cercles à la pointe d'une épée en regardant l'orient et en profé-

rant d'obscènes paroles. Non ; les plantes ne sont ni
des animaux ni des hommes : une distance immense
les sépare de nous ; mais elles vivent d'une vie que
nous ne savons pas apprécier. Non seulement elles
jouent le rôle le plus important dans l'harmonie de
la nature terrestre, mais encore la Plante, considérée
en soi, est un être actif, qui, au milieu de son apparent sommeil, travaille fort. Elle écrit un des chapitres
de la grande synthèse : *l'ascension graduelle de tous
les êtres vers un état supérieur.* Elle manifeste personnellement la destinée vers la lumière. Elle est à la fois
l'histoire et le poème de la nature ; l'aliment, le parfum
et la parure de la Terre. Elle vit pour tous et pour elle-
même sans doute, car n'attend-elle pas aussi la réalisation de quelque vague désir ? Elle *vit* enfin, et
nous serions bien étonnés s'il nous était permis d'entrer un instant dans les secrets du monde végétal,
et d'écouter ce que peuvent dire en leur langue les
petites fleurs et les grands arbres.

Et les plantes de la mer ? Les avez-vous jamais
contemplées ? Et les mollusques marins, les méduses, les anémones, les étoiles de mer, les poulpes,
les hippocampes, et toute la population marine que
l'on peut si facilement observer maintenant à travers les vitres des aquariums ? Ne sentons-nous pas
là une vie réelle, quoique confuse et latente, dont
tous les mouvements nous étonnent, nous troublent,
et nous laissent en pleine méditation sur cet inson-
dable mystère de LA VIE ?

IV

UNE EXCURSION DANS LE MONDE
DES INFINIMENT PETITS

Nous venons de voir, vivant à côté de nous sur la Terre, et se développant parallèlement à nous, un monde végétal bien distinct de notre vie par ses sensations élémentaires. Prenons maintenant un nouvel aspect de la vie de notre planète, un peu plus élevé que le précédent sur l'échelle organique, mais plus étonnant peut-être par son étendue et sa richesse. Il s'agit encore ici d'un monde auquel on ne songe pas assez, et dont l'observation est cependant pour nous une source intarissable d'étonnements et de plaisirs. Ah ! que la vie de l'homme est courte devant ces intéressantes études, dont chaque point bien examiné devient un microcosme prodigieux !

Placé pour la durée d'une vie éphémère à la surface du globe terrestre, l'homme qui a appris à connaître sa position relative au sein de l'immense nature se voit comme perdu au milieu des grandeurs qui l'environnent : — grandeurs dans l'infiniment petit et dans les merveilles inexprimables du monde invisible; — grandeurs dans l'infiniment grand et dans la structure gigantesque de l'univers sidéral, dont la Terre elle-même n'est-qu'un atome. Notre imagination est également confondue par l'infiniment petit et par l'infiniment grand.

En effet, les phénomènes de la création nous frappent de stupeur, soit que nos regards, en s'élevant, scrutent le mécanisme des cieux, soit qu'ils s'abaissent vers les plus infimes créatures d'ici-bas. L'immensité est partout! Elle se révèle, et sur le dôme azuré où resplendit une poussière d'étoiles, et sur l'atome vivant qui nous dérobe les merveilles de son organisme.

Quiconque contemple ce spectacle avec les yeux de l'âme sent la petitesse de l'homme comparativement à la grandeur de l'univers. Mais, s'il est vrai qu'un sentiment d'humilité nous subjugue en présence de l'immensité dans l'espace et de l'éternité dans le temps, si chaque pas que l'homme fait dans la carrière, si chaque ride qui sillonne son front lui dévoile sa débilité, sa faiblesse; son génie, cette émanation divine, le soutient dans sa marche en lui révélant, et sa puissance, et sa suprême destinée.

Cette belle pensée, nous venons de la rencontrer dans l'ouvrage de F.-A. Pouchet, directeur du Muséum de Rouen, sur *l'Univers*, dont le titre un peu gigantesque, puisqu'il n'y est question du monde céleste que pour mémoire, cache l'idée de l'universalité de la vie à la surface du globe, plutôt que celle de la contemplation de l'univers absolu, de l'univers sidéral.

Nous prenons occasion de ce panorama si sédui-

sant pour choisir, parmi tant de sujets de voyage à
travers la nature, une partie du monde encore peu
connue, une zone modeste et cachée, en laquelle se
déploient à notre insu d'immenses forces vitales et
de singulières destinées. Nous ferons avec l'auteur
une petite excursion dans le *monde des microzoaires*,
animalcules microscopiques, qui pullulent de toutes
parts dans l'eau, dans l'air, dans les plantes, dans
les corps animés, et pour lesquels notre personne
même est loin d'être sacrée.

C'est au naturaliste allemand Ehrenberg que l'on
doit la véritable étude de ces êtres microscopiques ;
c'est lui qui eut la patience étonnante de les examiner au microscope, de les surprendre dans leurs
mœurs les plus intimes, de les diviser en classes, en
familles et en genres ; c'est lui qui démontra le premier que ces êtres, malgré leur infime petitesse,
n'en ont pas moins une organisation interne qui parfois présente une surprenante complication ; c'est,
en un mot, à ses travaux que l'on doit la science des
infusoires, science dont il est le vrai créateur (8).

La forme des animalcules microscopiques est
aussi bien déterminée que celle des grands animaux ;
par exception seulement, quelques-uns en changent
à volonté et prennent cent aspects divers sous les
yeux étonnés de l'observateur : on ne les reconnaît
plus à cinq minutes de distance. A un moment
donné, ils sont globuleux ou triangulaires, et, un
instant après, on les voit prendre l'apparence d'une
étoile. Aussi ces êtres aux formes insaisissables ont-
ils reçu le nom de Protées, en souvenir de cet en-
chanteur qui savait se soustraire à tous les regards
par ses merveilleuses métamorphoses.

Le monde microscopique a lui-même ses extrêmes. Il y a autant de distance entre la taille du plus exigu de ses représentants, la monade crépusculaire, et celle de l'un de ses plus volumineux, le kolpode à capuchon, qu'il y en a entre un scarabée et un éléphant.

Et nous ne nous occupons pas ici des microbes.

Rien n'est plus merveilleux que l'organisation de ces êtres invisibles, et si d'attentives observations ne l'avaient mise hors de doute, on serait tenté de croire que les récits des naturalistes ne sont qu'une simple fiction ou qu'un audacieux mensonge.

Le luxe des appareils vitaux des microzoaires dépasse parfois, et de beaucoup, celui des grands animaux et de l'homme lui-même (8). Il en est qui possèdent jusqu'à *cent vingt estomacs*, et sur certaines espèces on en compte même davantage. Bien plus, chez quelques infusoires, à cette surabondance d'organes se joint un mécanisme curieux : l'un de ces estomacs est muni de dents d'une prodigieuse finesse, que l'on voit se mouvoir et broyer l'aliment à travers la transparence du corps. Chez un certain nombre d'entre eux, le système circulatoire a une telle ampleur relative, qu'on peut assurer sans exagération que ces êtres microscopiques ont proportionnellement le cœur cinquante fois plus volumineux et plus puissant que le bœuf ou le cheval.

Malgré l'extrême petitesse de ces êtres restés inconnus durant tant de siècles, la nature ne les a pas moins environnés de sa plus vive sollicitude. Il en est dont le corps est protégé par une cuirasse calcaire; et chez beaucoup même, leur carapace siliceuse est indestructible : c'est du silex.

D'après Ehrenberg, certains infusoires ont des yeux qui présentent l'apparence de prunelles d'un rouge flamboyant. Or, si l'on pouvait admettre que des organes d'une pareille ténuité possédassent un champ visuel d'une étendue telle qu'il fût possible à ces animalcules de nous apercevoir avec les instruments qui nous servent à les observer, quelle impression terrifiante ne subiraient-ils pas en se voyant de la sorte entre nos mains? C'est comme si un habitant de Sirius, prenant entre ses mains la Terre, Vénus et Mars pour jongler, nous apparaissait soudain dans l'espace, couvrant par la masse de son corps la moitié du firmament étoilé !

Si la merveilleuse organisation de ces corpuscules vivants a dépassé toutes nos prévisions, leur perpétuelle activité n'a pas moins lieu de nous surprendre. Tous les animaux doivent réparer par le sommeil la dépense de leurs forces, et nous-mêmes, hélas! nous passons le tiers de notre vie dans une mort anticipée. Les infusoires ne connaissent rien de semblable; léur vie est l'emblème d'une incessante agitation. Ehrenberg, en les observant à toutes les heures de la nuit, les a constamment trouvés en mouvement, et il en conclut qu'ils n'ont jamais de repos, jamais de sommeil! La plante elle-même s'endort à la fin de la journée; mais si nos petits invisibles dorment, leur sommeil ne dure que quelques secondes, — et si, comme nous, leur sommeil est entrecoupé de rêves bizarres, assurément ces rêves ne sont pas longs!

A mesure que la science s'est perfectionnée, l'horizon de la vie s'est élargi et un monde microscopique plein d'animation s'est révélé dans toutes les

régions où l'investigation humaine s'est portée; les
glaces polaires, les régions élevées de l'atmosphère
et les ténébreuses profondeurs de l'Océan sont peu-
plées d'organismes vivants; et partout leur prodigieuse concentration et l'infinie variété de leurs
formes nous émerveillent.

Ces créatures infimes, dont la ténuité échappe à
notre œil, possèdent cependant plus de résistance
vitale que les êtres les plus vigoureux! Là où la
rigueur du climat tue les plus robustes végétaux,
là où quelques rares animaux peuvent à peine subsister, la frêle organisation du microzoaire ne souffre
aucune atteinte du plus terrible froid que l'on connaisse *. Plus de cinquante espèces d'animalcules à
carapace siliceuse ont été trouvées par James Ross
sur les glaces qui flottent dans les mers polaires,
au 78e degré de latitude.

Les profondeurs de la mer, dans ces régions dé-
solées, nous offrent encore plus d'animation que sa
surface. Dans le golfe de l'Erèbe, la sonde enfoncée
à plus de 500 mètres a ramené soixante-dix-huit
espèces de microzoaires. On en a même découvert
à 3.000 mètres de profondeur, là où ces animalcules
avaient à supporter l'énorme pression de 375 atmos-
phères, pression capable de faire éclater un canon,
et à laquelle cependant résiste le corps gélatineux
d'un infusoire équilibré dans ce milieu.

Ces corpuscules vivants pullulent dans les eaux;

* Depuis l'époque où ces lignes ont été écrites, la science
a constaté qu'aucun froid ne peut tuer les microbes. Soumis
à une température de 200 degrés au-dessous de zéro, ils conservent leur vitalité intégrale. Ils pourraient traverser sans
périr les étendues glaciales qui séparent les mondes dans
l'immensité de l'espace.

sans nous en apercevoir, nous en engloutissons
chaque jour des myriades avec nos boissons. Si,
l'œil armé du microscope, nous scrutions tout ce
que contient parfois une seule goutte d'eau, nos
lèvres n'oseraient jamais s'ouvrir pour engloutir un
pareil monde.

Tous ceux qui, pendant la nuit, ont vogué sur la
mer ou en ont parcouru les rivages, connaissent le
phénomène de la *phosphorescence*, qui depuis si
longtemps exerce la sagacité des savants. Attribué à
des causes fort diverses, on sait aujourd'hui qu'il est
dû à une multitude d'animaux. Le plus souvent, ce
phénomène se manifeste dans les endroits où là mer
est en mouvement : chaque vague bondit en écume
lumineuse sur la proue du navire, et les flots res-
plendissent comme le ciel étoilé. Ces myriades de
points phosphorescents, qui rendent la mer scintil-
lante, ne sont que des microzoaires d'une infinie petitesse, mais dont l'éclat centuple le volume.

L'eau n'est pas le seul domaine des animalcules
microscopiques; on en rencontre aussi dans la terre
des amas dont la puissance dépasse toutes les sup-
putations du calcul. Certaines espèces, dont l'extrême
petitesse n'égale peut-être pas la quinze centième
partie d'un millimètre, constituent sous le sol de
certains endroits humides de véritables couches vivantes, qui ont parfois plusieurs mètres d'épaisseur.

Dans le nord de l'Amérique, on découvre de ces
assises animées offrant jusqu'à six mètres de profondeur; et parmi les bruyères de Lunebourg il en
existe plus de quarante. La ville de Berlin est bâtie
sur un de ces bancs d'animalcules qui dépasse même
trois fois ces derniers en puissance. Tout cela tient

du prodige. Les êtres microscopiques dont il est question ici sont d'une telle ténuité qu'on pourrait en aligner 10.000 sur une longueur de vingt-cinq millimètres; et le poids de chacun d'eux équivaut à peine à la millionième partie d'un milligramme, car on a calculé qu'il en faut 1.111.500.000 pour former un gramme.

Quant aux squelettes, aux carapaces de ces animalcules qui jadis ont vécu en si grand nombre, des terrains entiers sont formés de leurs myriades amoncelées!

Et nous-mêmes, nous ne nous doutons pas (fort heureusement) de la population invisible qui dévore nos tissus d'une manière incessante et finit parfois par les briser. On découvre toujours, dans l'intestin, des masses de vibrions, véritables anguillules imperceptibles. La bouche est perpétuellement habitée par des myriades d'animalcules, dont le tartre des dents négligées représente l'ossuaire microscopique, les incrustations de leur squelette calcaire.

Des vers intestinaux de la grosseur de la tête d'une épingle, en se rassemblant en colonies dans la tête des moutons, occasionnent fatalement leur mort. Ce sont eux qui causent cette maladie, connue dans nos campagnes sous le nom de *folie*, ou plus souvent de *tournis*, parce que les animaux qui en sont attaqués tournent continuellement sur eux-mêmes. Les innombrables légions d'un autre ver, encore plus petit, envahissent tous nos organes charnus. Celui-ci s'y multiplie parfois tellement, qu'on en a compté jusqu'à vingt-cinq dans l'un des muscles de l'intérieur de l'oreille, qui ne dépasse pas la grosseur d'un grain de millet. Ce petit parasite est la trichine, dont le porc est le séjour de prédilection.

Nous sommes rongés tout vivants par ces imperceptibles, et aucune puissance humaine ne peut en suspendre l'œuvre.

Non seulement les animalcules affluent dans toutes les cavités en communication avec l'extérieur, mais on en rencontre aussi dans les organes absolument clos. Nos artères et nos veines, quoique hermétiquement fermées de toutes parts, n'en renferment pas moins parfois des microzoaires mêlés aux globules sanguins, paraissant vivre à l'aise au milieu du tourbillon incessant de la circulation, et parcourant avec notre sang un circuit torrentiel, véritable traversée de cataractes pour d'aussi frêles natures.

Ainsi le domaine des microzoaires pénètre le monde vivant tout entier, et si nous entrons dans tous ces détails, parfois peu agréables, mais sans contredit fort instructifs, c'est pour nous convaincre tous de l'abondance, de l'universalité de la vie. Il y a là une grande loi de la nature.

Ajoutons quelques considérations encore.

Certains phénomènes météorologiques qui, jadis, furent l'aliment des superstitions et la terreur des faibles, sont dus à l'action de ces armées d'invisibles. Les pluies de sang, la teinte rouge que prennent certaines eaux en certaines circonstances, comme la mer Rouge par exemple, sont dues à des algues microscopiques, les trichodesmies. La. coloration rouge de la neige, déjà signalée par Aristote, est également due à une espèce microscopique, le discerœa, qui affronte sans péril les cimes glacées des montagnes et les latitudes désertes des régions polaires.

L'air lui-même est peuplé d'êtres. Comme le pan-
théisme antique, nos animalcules microscopiques
disséminent la vie sur la terre entière, sur chaque
atome de substance habitable et sur les êtres vivants
eux-mêmes.

Les invisibles populations d'organismes aériens
forment même, selon A. de Humboldt, une faune
toute spéciale. Mais, outre les infusoires météoriques et les microbes pullulant partout, l'atmosphère charrie une immense quantité d'animalcules
ordinaires, morts ou vivants, que ses courants enlèvent et transportent par tout le globe. Quelquefois
ils abondent tellement dans l'air, qu'ils interceptent
la lumière et suffoquent les voyageurs. En analysant
une fine pluie de poussière qui enveloppa d'un brouil-
lard épais des navires qui se trouvaient à 380 milles
de la côte d'Afrique, Ehrenberg y découvrit dix-huit
espèces d'animalcules à carapace siliceuse.

L'air est donc peuplé d'êtres innombrables. Il
l'est aussi de mille petits corps, vestiges de ceux
qui se trouvent à la surface du sol et que les mouvements de l'atmosphère soulèvent et mettent en
circulation. Tout le monde a remarqué comment un
rayon de soleil qui traverse une pièce obscure découvre à nos yeux toute cette armée flottante. En
pleine mer et sur les montagnes, en ballon surtout,
l'air est plus pur de ces petits corps étrangers. Mais
aussitôt qu'on abandonne les régions supérieures
pour descendre vers l'habitation des populations
humaines, on trouve l'air surchargé d'invisibles par-
ticules. Le catalogue de celles-ci n'est, en réalité,
que le sommaire de tout ce dont l'homme se sert
pour ses besoins ou ses plaisirs. Débris d'aliments,

débris de vêtements, débris de nos meubles et de nos demeures, tout s'y trouve représenté.

La farine de blé, qui constitue la base de notre alimentation, partout employée, est partout disséminée par l'air. A l'aide de ce fluide, elle pénètre dans les lieux les plus retirés de nos demeures et de nos monuments. Pouchet en a découvert dans les plus inaccessibles réduits de nos vieilles églises gothiques mêlée à de la poussière noircie par six à huit siècles d'ancienneté : il en a rencontré dans les palais et les hypogées de la Thébaïde, où elle datait peut-être de l'époque des Pharaons.

La croyance de ce naturaliste à la diffusion de la vie microscopique ne l'empêchait pas d'être l'apôtre le plus fervent de la génération spontanée.

On découvre aussi dans l'air des squelettes de différents infusoires. On y observe fréquemment des débris d'insectes, des filaments de laine, de soie ou de coton teints des couleurs les plus variées ; puis d'abondants débris du sol et même des parcelles de fumée rejetées par nos fabriques ou nos foyers. Comme autant de navires chargés de marchandises, les atomes de l'air transportent tout un microcosme sur leurs ailes.

Tous ces corpuscules atmosphériques pénètrent dans nos organes respiratoires. Aussi nos poumons renferment-ils toujours une certaine quantité de fécule. Le même naturaliste a même découvert des crustacés microscopiques vivants dans ceux d'un homme mort.

Lorsque nous nous promenons à travers les rues et les boulevards de Paris, nous aspirons, sans nous en douter, des légions d'animalcules microscopiques

fossiles, qui constituent la pierre à bâtir, et que les
constructions incessantes de la capitale mettént en
liberté dans l'atmosphère parisienne. La poussière
des démolitions pénètre dans notre gosier avec des
hécatombes de microzoaires antédiluviens.

Les os des oiseaux, au lieu d'être remplis de
moelle, sont absolument creux, et, à l'aide d'un
curieux mécanisme, ils communiquent avec les poumons et servent à la respiration; aussi ces os pneumatiques sont-ils très propres à retenir les corpuscules aériens qui parviennent dans leurs cavités.
Un paon élevé dans un château offrait dans ses os
d'abondants filaments de laine et de soie, teints des
plus magnifiques couleurs; c'étaient d'évidents vestiges des parures des nobles châtelaines du lieu, ou
de quelques ouvrages tissés par leurs mains délicates. Au contraire, des poules de l'humble maison
d'un boulanger avaient leurs cavités pneumatiques
presque uniquement bourrées de farine et de débris
de quelques vêtements grossiers; les poules d'un
charbonnier y offraient de nombreuses parcelles de
charbon. Les pies, qui n'habitent que les sites les
plus solitaires des forêts, n'ont leurs voies respiratoires envahies que par des débris de feuilles et
d'écorces. A l'opposé, les corneilles, dont la vie se
passe en partie sur les toits de nos demeures et en
partie dans les campagnes, ont leurs os remplis de
tout ce qui voltige dans les lieux variés qu'elles fré-
quentent. On y découvre des filaments multicolores
de laine et de coton, de la fécule et de la fumée,
qu'elles hument sur le faîte des édifices; puis de
fines parcelles végétales, qu'elles aspirent au milieu des bois, etc. Il est curieux de voir ainsi les

mœurs des animaux se traduire par l'examen de leurs voies respiratoires.

Rappelons-le en terminant cette étude : la vie microscopique est incomparablement *plus répandue* sur la terre que la vie visible à l'œil nu ; partout les êtres circulent, errent, respirent, rêvent peut-être, tandis que nous-mêmes nous accomplissons fatalement notre fonction sur cette planète, en nous imaginant que nous sommes seuls au monde et en ne voyant que nous !

Si, après cette excursion dans le monde des infiniment petits, nous passions d'un saut aux étoiles, nous nous apercevrions mieux encore combien est grande l'erreur qui nous suppose les rois de la création.

Ce n'est pas, en effet, l'une des moindres jouissances de l'esprit, de considérer que, après avoir admiré l'indescriptible perfection des organismes invisibles et la richesse incalculable de la vie terrestre, nous pouvons, en quittant la Terre, voir que cette planète n'est qu'un atome insignifiant de l'univers sidéral ; et contempler, par delà la splendeur des cieux, une succession infinie et éternelle de mondes servant de séjour à une infinité d'existences inconnues... C'est ainsi que nous apprenons à nous estimer à notre juste valeur, et à apprécier le rang relatif que nous occupons en ce point imperceptible et mobile de la scène de l'immense univers.

V

LA VIE DES INSECTES

Si le monde des plantes et celui des animaux microscopiques ont déjà présenté à notre curiosité studieuse un genre de vie bien différent du système auquel nous appartenons, il y a dans le règne animal une autre classe d'êtres singuliers, qui peuvent offrir à notre attention des particularités non moins surprenantes, dans lesquelles nous pourrons également saisir un mode d'existence tout à fait étranger au nôtre. C'est la classe des insectes, de ces êtres que leur constitution physique, aussi bien que leur forme extérieure, semblent placer en dehors du reste de l'animalité, et les rapprocher en quelque sorte des plantes. Comme celles-ci, en effet, ils suivent les phases des saisons et subissent des métamorphoses. Leur nourriture, au moins dans leur période adulte, se puise dans le sein des fleurs, en compagnie desquelles s'accomplit leur existence, et leur résidence diurne est aérienne, comme celle des parfums. L'éclat

de leurs ailes leur a fait donner le nom de fleurs animées. Privez un papillon de ses yeux, vous formez
une fleur mobile. Donnez les sens et le mouvement
à une fleur et vous formez un papillon.

Nous considérerons dans cette étude un aspect
particulier de l'histoire des insectes ; cet aspect sera
pour nous une nouvelle face de la vie universelle. Il
y a sur la terre seule bien des mondes distincts, et
si nous savions les apprécier, ils seraient sans doute
pour nous autant d'indices de vies analogues plus
complètement réalisées sur les autres astres.

Permettons donc à notre esprit de suivre un itiné-
raire d'observation entre la plante et l'homme, et
laissons-nous emporter par un petit voyage à travers
ce monde merveilleux.

C'est, en effet, un monde vraiment merveilleux que
celui des insectes ! Dans leur singulière existence,
tout excite notre attention et notre surprise. La nature agit de telle sorte dans ses œuvres, que plus
nous cherchons à les approfondir, plus elles nous
paraissent vastes et insondables. C'est là un singulier
contraste avec les œuvres humaines. Le plus délicat
tissu de soie se transforme au microscope en une
grossière toile d'emballage, et nous n'avons aucune
découverte à faire à son examen. Mais que nous exa-
minions l'aile du bombyx, ses yeux ou ses antennes,
et nous serons étonnés de découvrir de nouveaux
aspects à mesure que s'accroîtra le pouvoir amplifi-
cateur de l'instrument. Et remarquez que je ne choisis
pas ici le ver à soie à titre d'insecte riche et éclatant ;
ce grand ouvrier n'a, au contraire, que la modeste
blouse grise du labeur ; il reste privé de toute
parure, tandis qu'il tire de son sein la faculté de

donner à l'homme, plus frivole, le luxe et l'élégance
de ses tissus soyeux.

Avec quelle sympathie nous pénétrons dans ce
monde de l'insecte, infini vivant ! Monde immense,
plus riche en espèces à lui seul que tout le reste de
l'animalité terrestre, monde admirable dans ses métamorphoses, énigmatique et mystérieux, qui parfois
paraît être un symbole de la vie éternelle, qui nous
montre le même être existant sous les formes les
plus dissemblables en passant par des léthargies singulières ; qui peuple les eaux, les airs, le sol de travailleurs infatigables occupés sans cesse à purifier
le monde ; qui nous enveloppe, nous habite, nous
domine par le nombre et l'infatigable activité !

Leurs travaux, leurs mœurs, leurs langages, leurs
associations, leurs républiques, leurs amours, leurs
haines sont autant de sujets d'études et parfois
d'exemples pour le penseur. Il y a là des sociétés,
des villes, des nations entières régies par les lois
organiques d'un même code, et l'inégalité des conditions sociales y est presque aussi marquée que dans
notre espèce. Voyez les fourmis, leurs esclaves, leurs
guerres, leur émigration des cités souterraines,
leur langage antennal, leur étonnante finesse d'esprit ; voyez le peuple des abeilles, ses arts, son
architecture, sa géométrie, ses plans, ses constructions ; la patience, l'industrie de l'araignée, qui paraît
née pour mourir de faim ; les instruments de l'insecte
et ses énergies chimiques ; la métamorphose splendide du papillon sortant de sa chrysalide, et dites si le
monde de l'insecte n'est pas souverainement digne
de captiver notre attention, de charmer nos loisirs
et d'attirer notre pensée vers ces ébauches de la vie,

vers ces rêves de la nature dont l'homme est le réveil.

A ce grand drame de la vie préside une loi aussi harmonieuse que celle qui règle les mouvements des astres ; et si, à chaque heure, la mort enlève de cette scène des myriades d'êtres, à chaque heure aussi la vie fait surgir de nouvelles légions pour les remplacer. C'est un tourbillon, une chaîne sans fin.

La plupart des métiers sont parfaitement connus dans le règne animal. On trouve, en effet, parmi les animaux, des maçons, des charpentiers, des fabricants de papier, des tisserands, et l'on pourrait même dire des dentellières, qui tous travaillent pour eux d'abord, pour leur progéniture ensuite. Il y en a qui creusent le sol, étançonnent des voûtes, déblayent les terrains inutiles et consolident les travaux, comme nos mineurs d'Anzin ; d'autres bâtissent des huttes ou des palais selon toutes les règles de l'architecture ; d'autres encore connaissent d'emblée tous les secrets du fabricant de papier, de carton, de toiles ou de dentelles ; et leurs produits n'ont généralement rien à craindre de la comparaison avec le point de Venise ou de Bruxelles. Qui n'a pas admiré l'ingénieuse et savante construction des ruches d'abeilles et des nids de fourmis, la délicate et merveilleuse structure des filets de l'araignée !

La perfection des tissus de quelques-unes de ces fabriques est même si grande et si généralement appréciée que, quand, pour son télescope, l'astronome a besoin d'un fil mince et délicat, ce n'est pas aux artistes de Paris ou de Londres qu'il s'adresse, mais à une fabrique vivante, à une chétive araignée ! Quand le naturaliste a besoin de comparer le degré de perfection de son microscope ou d'une

mesure micrométrique pour les infiniment petits, il
consulte, non pas un millimètre taillé et divisé en
cent ou en mille parties, mais une simple carapace
de diatomée, si petite et si peu distincte qu'il en faudrait plusieurs millions réunies pour être visibles
à l'œil nu ! Et les meilleurs microscopes ne révèlent
pas encore toujours toute la délicatesse des dessins
qui ornent ces admirables organismes; c'est à peine
si les plus puissants instruments suffisent pour observer les infinitésimales fantaisies qui décorent ces
carapaces lilliputiennes.

Chaque espèce animale a ses parasites spéciaux,
et chaque animal peut en avoir même de différentes
sortes et de diverses catégories.

Mais d'où viennent-ils, ces êtres malencontreux,
qui vivent ainsi uniquement à nos dépens? Cette
petite puce si élégante et si admirablement armée,
par exemple, à quoi sert-elle, et pourquoi existe-
t-elle? Voilà un petit être de la plus haute. importance au point de vue philosophique, sérieusement,
et très sérieusement parlant.

Agassiz a posé cette question : « Le monde animal, conçu dès le principe, est-il le motif des changements physiques que notre globe a éprouvés, ou
les modifications des animaux sont-elles le résultat
des changements physiques; en d'autres termes, la
Terre est-elle faite et préparée pour les êtres vivants,
ou les êtres vivants se sont-ils développés comme
ils ont pu, selon les vicissitudes physiques de la planète qu'ils habitent? »

Chacun peut chercher la solution du grand problème. On fait généralement une réponse exclusive :
oui pour le premier cas et non pour le second, ou

non pour le premier cas et oui pour le second. Mais les deux ne pourraient-ils pas être vrais?

Que les êtres subissent les conditions de la planète, c'est un fait incontestable. Mais ces conditions de la planète terrestre — et des autres aussi — ne sont-elles pas développées suivant un plan universel?

Quand on voit le poulain, à peine né, gambader pour trouver le pis de sa mère; quand on voit, au sortir de l'œuf, le poussin chercher sa becquée et le caneton sa flaque d'eau, peut-on trouver ailleurs que dans l'instinct la cause de ces actes, et cet instinct, n'est-ce pas le libretto écrit par l'inconnaissable et mystérieux auteur qui n'a rien oublié?

Le statuaire, en malaxant l'argile pour en faire sortir une maquette, a conçu la statue qu'il va produire. Ainsi de l'artiste suprême. Son plan de toute éternité étant présent à sa pensée, il exécutera l'œuvre en un jour, en mille siècles. Pour lui, le temps n'est rien, l'œuvre est conçue; en ce sens, elle est créée, et chacune de ses parties n'est que la réalisation de la pensée créatrice, et son développement réglé dans le temps et dans l'espace.

Nous arrivons ainsi à la contemplation de *Dieu dans la nature;* mais ce n'est plus le petit dieu fait à l'image de l'homme inventé par les religions, et ce ne sont plus les causes finales humaines. Nous constatons l'existence d'une construction intelligente, d'un plan immense, d'un but général, en déclarant que ce plan et ce but, nous ne les connaissons pas, et que dans tous les cas ce n'est pas nous qui en formons le pivot, comme on nous l'enseignait.

C'est l'inconnaissable, mais c'est en même temps l'intelligence, l'esprit.

Il n'y a ni création spéciale d'espèces, ni création immédiate d'instincts, ni miracles d'aucune sorte. Il y a des lois qui lentement produisent ce que nous voyons et prouvent un esprit législateur dans la nature.

L'étude de la nature nous montre que la division du travail est le grand moyen employé pour constituer le progrès.

Dans les ateliers, dans les fabriques, dans les exploitations rurales, la répartition à des ouvriers différents des diverses parties de la tâche à accomplir est la première condition du succès. La division du travail a même une telle importance dans l'histoire des progrès de la civilisation, que l'on pourrait s'en servir pour apprécier, d'après le degré auquel elle est parvenue, l'état de développement des sociétés humaines. Les peuplades sauvages ne soupçonnent rien de cet ordre d'idées, en dehors de la diversité des occupations chez les deux sexes : aussi sont-elles restées au dernier degré de l'échelle anthropologique. D'autre part, il est permis de considérer les progrès gigantesques que nous avons réalisés pendant les cinquante dernières années, comme le produit de la division du travail telle qu'elle est mise en pratique aujourd'hui dans le domaine des sciences physiques et de leurs applications. La science moderne avec ses télescopes et ses microscopes, les voies de communication avec leurs chemins de fer et leurs télégraphes, le téléphone, le phonographe, la télégraphie sans fil, les rayons X, les conquêtes électriques, les moteurs puissants et légers, l'aviation : tout cela n'a été possible que grâce à la division infinie du travail, et parce que chaque instrument, chaque machine, chaque arme met en mouvement,

de diverses manières, des centaines de mains humaines. Que de nouvelles formes d'outils ont été in-
ventées de la sorte, tout récemment! Et quelles trans-
formations ces outils n'ont-ils pas fait subir aux
produits du travail et au caractère des travailleurs ?

On a considéré jusqu'ici les phénomènes vitaux
chez l'homme comme formant une classe à part en
dehors de la nature, et excluant toute comparaison
avec les manifestations biologiques analogues des
animaux. Toutefois, les progrès de la science démontrent l'unité de tous ces phénomènes, depuis la dernière monade jusqu'à l'homme. Ils font chaque jour
disparaître ces barrières artificielles et permettent à
l'observateur, qui compare sans parti pris, de reconnaître clairement que l'*homme*, physiquement parlant, s'il est un organisme privilégié et très développé, n'est cependant qu'un *organisme* dont la
structure et la composition, l'activité vitale et l'origine ne diffèrent pas de celles des autres êtres. Ces
lois naturelles, éternelles et invariables, qui domi-
nent la vie des plantes et des animaux, règlent aussi
toute la vie humaine dans son développement pro-
gressif.

Le phénomène de la division du travail est particulièrement propre à nous confirmer dans cette
manière de voir. Chez les animaux, comme chez
l'homme, le degré le plus élevé de perfection correspond au plus haut degré de la division du travail. Il
y a un grand nombre d'espèces animales chez lesquelles la répartition du travail entre les individus
réunis en société se borne, comme chez les peuples
primitifs les plus sauvages, à sa forme sociale la
plus simple, à la diversité d'occupations et de

fonctions des deux sexes, c'est-à-dire au mariage.

Dans d'autres espèces, la division du travail s'étend beaucoup plus loin et conduit à l'organisation de ces associations compliquées auxquelles on donne le nom de colonies.

La plus connue de ces colonies est l'état monarchique des abeilles. A la tête se trouve une reine qui est, dans le sens propre du mot, la mère de son peuple. Celui-ci se compose de 15.000 à 20.000 ouvrières et de 600 à 800 faux-bourdons ou abeilles mâles. Les ouvrières supportent toute la fatigue et toutes les charges : la récolte du pollen des fleurs, la préparation de la cire et du miel, la construction des cellules, les soins à donner aux nouveau-nés, etc. Les faux-bourdons, paresseux qui composent la cour de la reine, attendent que l'un d'entre eux soit choisi par la nature pour être le mari de la reine et mourir, ses collègues étant d'ailleurs ensuite assassinés comme inutiles.

Les gouvernements constitués par beaucoup d'autres espèces d'insectes et surtout par les fourmis et par les termites, que l'on appelle aussi fourmis blanches, pour être moins connus, n'en sont pas moins intéressants.

L'adaptation aux conditions immédiates de l'existence détermine les mœurs et les conditions sociales de l'animal, et ces mœurs, fortifiées par une longue habitude, deviennent une seconde nature. Elles s'enracinent dans l'espèce d'autant plus profondément que le nombre des générations à travers lesquelles elles se sont transmises par *hérédité* est plus grand. L'*adaptation* et l'*hérédité* dans leur influence réciproque permanente, *c'est-à-dire la sélec-*

tion naturelle par la lutte pour l'existence, sont les principales causes qui produisent l'infinie diversité de l'organisation.

D'où proviennent ces organes primitifs ou organes fondamentaux qui, en vertu des progrès de la division du travail, forment les divers organes et, par leur action simultanée, l'organisme complexe des animaux supérieurs? Ils sont eux-mêmes le produit composé de la réunion de petits individus organiques très nombreux et de la répartition des fonctions entre eux. Ces individus élémentaires, que l'on ne peut distinguer qu'avec l'aide du microscope, sont généralement désignés sous le nom de *cellules*. La forme, la structure et l'activité vitale de chaque organisme sont produites par la forme, la combinaison et la division du travail des cellules qui le composent. Tous les organismes, animaux et plantes, à l'exception des plus simples, les monères, sont composés de nombreuses cellules. L'unité vitale apparente de tout organisme multicellulaire est comme l'unité politique de tout gouvernement humain, le résultat complexe de la réunion de ces petits citoyens et de la division du travail entre eux.

Tout animal, au commencement de son existence, est un œuf simple, mais cet œuf, à son tour, n'est lui-même qu'une cellule.

Dès que l'œuf de tout mammifère commence à se développer pour former un nouvel individu, il se divise d'abord par segmentation en deux parties égales. C'est le noyau (vésicule germinative) qui se partage le premier en deux, puis la matière cellulaire (le vitellus) qui l'entoure. Chacune des deux cellules filles ainsi produites se divise à son tour en deux cellules. La segmentation de ces quatre cellules donne naissance à huit autres cellules, celles-ci à seize, etc. C'est ainsi qu'une cellule simple finit par produire un amas sphérique de cellules très petites et très nombreuses qui offrent l'aspect d'une *mûre*.

A l'origine, toutes ces nombreuses cellules sont exactement semblables de forme et de grosseur, mais bientôt elles commencent à se modifier en vue de leur organisation définitive. Il en est des cellules comme des colons qui veulent fonder un État bien organisé: elles se partagent le travail en conséquence. Les unes entreprennent de protéger l'organisme animal et revêtent les caractères des cellules de l'épiderme, les poils, les ongles et les griffes ; les autres forment la charpente solide du corps ; elles se transforment en cellules osseuses, cartilagineuses et conjonctives. Un troisième groupe s'allonge pour devenir les fibres striées transversalement qui composent la chair ou les muscles, et qui, grâce à leur contractilité particulière, déterminent les mouvements des membres; et d'autres enfin, mieux douées et privilégiées entre toutes, forment le système nerveux et se chargent par suite des fonctions les plus élevées, telles que la volonté, la sensibilité et l'intelligence. C'est ainsi que se produisent par multiplication répétée, par combinaison et division du travail de ces petits éléments anatomiques, les divers organes dont l'ensemble constitue le corps de l'animal adulte ; et, par des procédés analogues, ces organes produisent à leur tour le mécanisme compliqué de l'organisme, tel que nous le présente chaque individualité animale.

Tout ce qui vient d'être dit de la composition cel-

lulaire du corps de l'animal, ainsi que de la division
du travail des cellules et des organes, s'applique
textuellement au corps de l'homme. Notre corps,
comme celui de tout animal supérieur, est aussi une
sorte de petite république composée de millions de
cellules qui en sont les petits citoyens et qui mènent
jusqu'à un certain point une vie indépendante. Ils
forment diverses castes destinées à jouer des rôles
différents ; ce sont les systèmes organiques de notre
corps : le système nerveux, le système musculaire, etc. La vie de l'individu humain, qui paraît
extérieurement comme la simple émanation d'une
âme personnelle, est en réalité le résultat très complexe de l'activité vitale de tous ces petits citoyens,
les cellules, et des organes qu'ils ont formés par
division du travail. Lorsque quelques-uns d'entre
eux viennent à mal remplir leur office ou ne le rem-
plissent plus du tout, nous disons qu'il y a maladie,
et lorsque leur action commune, dont la résultante
unique constitue la vie, vient à s'interrompre, nous
disons qu'il y a mort. L'âme est une monade, une
force simple, qui régit tout cet ensemble.

En résumé donc, tout homme, comme tout animal,
au commencement de son existence individuelle,
est une cellule simple, un œuf. Lorsque cet œuf commence à se développer, ses cellules filles et leurs
descendantes ont à se diviser le travail. La série
des formes si variées que l'organisme de l'homme,
comme celui de l'animal, acquiert pendant le développement, depuis la sortie de l'œuf, nous offre encore un exemple des plus frappants de la puissance
de cette grande loi de la nature, à laquelle toutes les
créatures animées, végétaux et animaux, sont sou-

mises, qui a présidé à la naissance des innombrables espèces qui peuplent notre globe, et qui nous
donne enfin la clef de l'organisation physique aussi
bien que de l'organisation sociale du dernier venu
parmi les êtres, l'homme.

Atomes, molécules, cellules, plantes, animaux,
hommes, forment sur cette planète un immense État
dont l'étude est remplie d'intérêt et de charmes
pour l'esprit librement ouvert à la contemplation de
la nature.

Mais appliquons cette étude à suivre la voie que
nous avons projetée, et à nous rendre compte de la
différence qui sépare la vie des insectes du genre de
vie des animaux supérieurs et du nôtre.

Le caractère le plus extraordinaire, nous pourrions
presque dire le plus extra-humain de la vie des insectes, c'est, sans contredit, la succession de leurs
métamorphoses. En quoi se ressemblent en apparence *l'œuf*, le *ver*, la *chrysalide* et le *papillon* d'un
même être?

Dans le premier état, c'est un objet inerte où l'esprit le plus investigateur ne saurait reconnaître
l'élément de la vie ; c'est une sorte de grain de
sable, une graine d'herbe. A l'état de ver ou de chenille, c'est une misérable larve, molle, obscure,
lourde, grossière et vorace, qui glisse ses jours téné-
breux dans la fange ou parmi les herbes humides.
Le troisième état nous présente une momie entourée
de ses bandelettes, un enfant fortement emmailloté,
plus faible encore que dans la phase précédente,
incapable de se mouvoir et de se nourrir. Et pendant
que l'être mystérieux est plongé dans cette mort

apparente, voilà qu'un travail sourd, mais actif, s'opère en lui-même ; voilà que sa nature se transforme, et que sous les langes qui l'enveloppent, des aspirations latentes se révèlent...

Il attend une autre vie, inconnue, mais brillante sans doute. Les rayons du soleil lui parlent à travers son faible tombeau, et déjà il cherche la lumière nouvelle, le jour vaguement entrevu. Bientôt, par une chaude matinée de printemps, il se sent revivre d'une vie supérieure, lève la pierre de son sépulcre, et, dans un corps transfiguré, se laisse emporter par son ascension vers le ciel. Qu'est devenu l'œuf ? qu'est devenue la larve ? qu'est devenue la nymphe ? Brillant insecte, tu t'envoles dans la lumière ! Depuis bien des mois, depuis bien des années *, tu dormais dans l'attente de cette ère glorieuse. Que tes ailes se déploient dans l'atmosphère, que l'azur du ciel et les parfums des fleurs soient désormais ton monde ! Libre dans l'espace, tu te laisseras bercer sur les rayons de la lumière, et, dans ta céleste existence, tu pencheras pour la première fois tes lèvres à la coupe des voluptés ! Mais, hélas ! liberté et bonheur passent vite. Le soleil qui t'appela ce matin du sein des ombres descend déjà vers les régions de la nuit. Dépose vite aux pieds des plantes les œufs qui doivent éclore et donner naissance aux fils que tu ne connaîtras pas ; car les derniers rayons du jour vont chatoyer devant toi, et les ombres glacées de la nuit, alourdissant tes ailes, vont t'envelopper et t'endormir du dernier sommeil.

---

* Les *éphémères*, qui ne vivent en général que quelques heures à l'état adulte, vivent pendant trois ans à l'état de larve.

Ces métamorphoses sont bizarres et bien étrangères à l'ordre de vie auquel nous appartenons. « On nous raconterait un prodige, dit Réaumur à propos de la chrysalide de la mouche, si on nous apprenait qu'il y a un quadrupède de quelque espèce, de la grandeur d'un ours ou d'un bœuf, qui, dans un certain temps de l'année, à l'approche de l'hiver par exemple, se détache entièrement de sa peau pour s'en faire une espèce de boîte ; que non seulement il sait la rendre close de toutes parts, qu'il sait de plus lui donner une solidité qui le met à l'abri des injures de l'air et des insultes des autres animaux. Ce prodige, nous l'avons en petit dans la métamorphose de notre ver. Il se défait de sa peau pour s'en faire un logement solide et bien clos. »

Arrivons à l'un des caractères les plus curieux de la construction de l'insecte, à sa *force musculaire*, relativement bien supérieure à la nôtre et à celle des grands animaux (9).

Tout le monde connaît les *têtes de Turcs* et autres appareils dynamométriques employés à mesurer la force musculaire de l'homme. On a pu constater, à l'aide de ces appareils, que l'effort musculaire d'un homme tirant des deux mains est de 55 kilogrammes environ, et celui de la femme de 33. Nous ne tirons même pas l'équivalent de notre propre poids. Le cheval traîne moins encore : un cheval qui pèse 600 kilogrammes ne traîne que 500 kilogrammes environ.

Le hanneton est, sans comparaison, bien plus fort que nous. Il peut exercer un effort de traction égal à quatorze fois son propre corps.

Le *carabus auratus* tire dix-sept fois le poids de son corps, l'abeille vingt fois, le *donacia nymphea*

quarante-deux fois. Si donc le cheval avait la force
de ce dernier, ou si celui-ci atteignait la taille d'un
cheval sans perdre son énergie relative, ils pourraient traîner l'un et l'autre 25.000 kilogrammes.
Un ouvrier avait construit un carrosse à six chevaux
en ivoire. Sur le siège était un cocher avec un chien
entre ses jambes, un postillon, quatre personnes
dans la voiture, et deux laquais derrière. Tout cet
équipage était traîné par une puce. En 1825 *, on
montrait à Paris, sur la place de la Bourse, les *puces
savantes*. Deux puces étaient attelées à une berline
d'or à quatre roues avec un postillon. Une troisième,
assise sur le siège du cocher, tenait un fouet. Deux
autres traînaient une pièce de canon montée. Trente
puces faisaient l'exercice, etc.

Ce charmant et piquant petit parasite, dont la
taille n'excède pas 2 millimètres, fait des bonds
d'un mètre. Relativement, un lion devrait faire des
sauts d'un kilomètre.

Nous sommes quelquefois fiers d'avoir construit
les pyramides. La plus haute est égale à quatre-
vingt-dix fois la taille d'un homme ordinaire. Or, les
termites construisent des habitations douze fois plus
élevées : leurs nids ont mille fois leur taille. Et leur
solidité ne le cède en rien à leur élévation. Non seulement plusieurs hommes y montent sans les ébran-
ler, mais les taureaux sauvages, les buffles s'y établissent en vedette pour observer par-dessus les
hautes herbes de la plaine si le lion ou la panthère
ne les menace pas.

---

* Et plus récemment, en 1876, rue Vivienne. On en voit
aussi quelquefois dans les foires de Paris, mais ce ne sont là
que de pâles simulacres des deux exhibitions de 1825 et 1876.

La puissance destructive de ces petits êtres n'est pas inférieure à leur force. Les termites sont depuis longtemps occupés à miner Rochefort et la Rochelle, comme ils l'ont fait de Valencia dans la Nouvelle-Grenade. Leur œuvre destructive s'opère avec une étonnante rapidité. On en a vu percer en une seule nuit, de bas en haut, tout un pied de table, puis la table elle-même, et, continuant leur destruction, descendre par le pied opposé après avoir dévoré le contenu d'une malle placée sur la table minée.

Les sirex sont capables de perforer le plomb, comme le témoignent les cartouches et les balles percées pendant la guerre de Crimée. On peut les accuser d'être mal disposés envers les fastes militaires de la France. Longtemps avant la guerre de Crimée, ils avaient déjà détérioré les clichés servant à l'impression desdits *Fastes militaires*.

Dans un même groupe d'insectes, les plus forts sont toujours ceux qui sont les plus petits. Leur force pour la traction et la poussée est extraordinaire ; quant à la puissance du vol, elle est moins considérable, attendu qu'en général les insectes n'enlèvent pas même, un poids égal à celui de leur corps.

Les caractères qui précèdent établissent sous divers aspects la différence essentielle dont nous avons parlé en commençant. Mais il est un troisième point non moins intéressant que je n'aurai garde de passer sous silence.

Dans notre race, le féminin est, dit-on, plus parfait que le masculin. Il constitue le « beau sexe. » *Elles* sont belles, charmantes, exquises, tendres et dévouées. Or, c'est exactement le contraire dans la nature, je veux dire chez certains insectes, et je comprends maintenant pourquoi M. Babinet me soutenait toujours, dans le temps, que la plus belle moitié du genre humain n'était pas du tout... l'autre.

Ainsi, par exemple, chez les taons, qui choisissent l'air pour le théâtre de leurs amours et dédaignent les tapis du sol, les épouses sont guerrières, avides, portent partout l'instinct du sang et de la destruction. Les maris, de goûts plus pacifiques, se bercent dans l'atmosphère et vivent du suc aromatique des fleurs.

Autre point très caractéristique, toujours sous le rapport du contraste. Dès l'antiquité, Xenarchus, poète rhodien, s'écriait : « Heureuses les cigales, là les femelles sont privées de la voix! » C'était peu galant, mais c'était vrai. — On sait que l'appareil musical des cicadaires réside sous le ventre, et qu'il arriva à Réaumur, en examinant les muscles d'un individu mort depuis plusieurs mois, de le faire encore chanter.

Puisque nous parlons des cigales, remarquons la bizarrerie de la fable de La Fontaine, imitée d'Esope, qui l'avait tirée de l'Inde, et pas mal déformée le long de la route. Il suppose que, sans prévoyance et fort dépourvue, quand la bise est venue, elle va crier famine chez la fourmi, sa voisine ; tandis qu'en réalité, elle meurt avant l'hiver, ne mange jamais ni grains de blé, ni mouches, ni vermisseaux, ni rien d'ailleurs, n'a aucunement besoin des provisions de la fourmi et devient, au contraire, la pâture de celle-ci ou de ses collègues.

Certaines espèces champêtres, ordinairement fort paisibles, se mettent à faire grand bruit au printemps, par exemple, les grenouilles (10). Les habitants des campagnes en savent quelque chose.

Les grillons *, les sauterelles et les criquets ont la faculté de chanter — par le frottement de leurs élytres, — tandis que leurs compagnes sont condamnées au silence perpétuel. Au surplus, chez tous les insectes, le droit de faire du bruit est la prérogative du sexe fort. Il est juste d'ajouter que cette prérogative s'exerce dans l'intention non cachée de charmer ou d'attirer les épouses, muettes, mais non pas sourdes aux ardents appels.

Voyez la cochenille. Le genre masculin diffère tant du féminin, qu'on les prendrait pour deux espèces différentes. Le premier est beau ; sa compagne est laide. Le premier est vif, agile ; l'autre est lourde, épaisse. Le premier a des ailes transparentes et élégantes ; elle en est privée et ressemble à une larve. Les circonstances de leur naissance sont curieuses. Ils naissent dans le corps desséché de leur mère, et leur berceau c'est le squelette maternel.

Les driles, espèces de vers luisants, nous offrent le même contraste. Les sombres et lourdes fiancées, peu poétiques, sont près de quinze fois plus volumineuses que leurs époux, sont voraces, n'ont pas d'ailes et rampent à terre ; les seconds, au contraire, sont légers et alertes, volent sur les plantes et les broussailles.

Tandis que les lucioles de Provence et d'Italie sont ailées et phosphorescentes chez les deux sexes, qui donnent parfois de charmants spectacles de vols

---

* Les grillons sont les premiers êtres vivants qui ont fait entendre un bruit sur la Terre, jusqu'alors silencieuse. Voir mon petit livre *Clairs de lune*.

lumineux pendant les chaudes soirées de printemps, les vers luisants de nos climats nous montrent la femelle, lumineuse, se traînant sur le gazon, et les mâles ailés, mais obscurs, attirés de loin par ces pâles clartés. Les cucuyos du Mexique servent à rehausser la toilette des femmes créoles, qui n'hésitent pas à rehausser leurs jupes, leur ceinture et même leurs cheveux, de ces flammes vivantes. Leur carapace dorsale est très dure (j'en ai porté, en guise de boutons de manchettes, sans que cette carapace émeraude ait été altérée par l'usage).

Chez d'autres coléoptères (scarabées, cétoines, hannetons, etc), les différences sont également très marquées à l'extérieur. L'ornement distinctif du sexe masculin consiste particulièrement dans les cornes. On n'a jamais rencontré cet appendice sur la tête des dames, tandis qu'au contraire, surtout parmi les goliaths, on le rencontre pittoresquement planté comme un ornement glorieux sur le front de ces messieurs.

Parmi les *différences* qui séparent le monde des insectes du nôtre, il en est une assez curieuse à indiquer.

Un seul bombyx pond jusqu'à 700 œufs à la fois. Un seul couple de pucerons peut, à la huitième génération, en moins d'un an, donner naissance à 441 quatrillions 461 trillions 10 milliards d'individus de son espèce. La troisième génération de deux... poux, peut s'élever à 125.000. Un médecin portugais du seizième siècle, Amatus Lusitanus, raconte que ces parasites se multipliaient si rapidement sur la personne d'un riche seigneur affecté du phthiriasis, que deux domestiques avaient assez à

faire de les cueillir et de les emporter pour les jeter
à la mer.

Certaines espèces de poissons partagent au surplus cette colossale fécondité. La laitance d'une
morue contient 6.878.000 œufs ; celle d'un hareng,
117.000 ; celle d'une perche, 155.000 ; celle d'un
saumon, 19.000.

Il est sans doute fort heureux que notre espèce
ne soit pas douée d'une telle fécondité !

Un autre fait encore différencie leur existence de
la nôtre ; certains insectes se nourrissent de substances qui seraient mortelles pour nous, et vivent
dans une atmosphère empoisonnée. Il est des chenilles qui vivent et se délectent sur l'épurge, plante
dont le lait met la bouche en feu, si l'on en prend
même une seule goutte. Beaucoup dévorent avec
jouissance les poils urticants de l'ortie. Et quelles
mangeuses ! A-t-on jamais bien conçu la voracité
d'une chenille? Il n'est pas rare qu'elles absorbent
deux fois plus que leur poids et augmentent d'un
dixième en vingt-quatre heures. C'est comme si un
homme pesant 60 kilogrammes mangeait en un jour
240 livres et engraissait de 12.

Les œstres se développent dans l'estomac du
cheval, qui, en se léchant, les a saisis, et offre ainsi
lui même l'hospitalité à son ennemi le plus terrible.
Cette larve singulièrement logée, se nourrit de la
mucosité secrétée par la muqueuse stomacale. Elle
vit au sein d'une atmosphère gazeuse fort insalubre,
composée des gaz qui se dégagent pendant la digestion (azote, acide carbonique, hydrogène sulfureux),
et qui seraient mortels pour l'homme et pour
d'autres animaux.

Un certain nombre d'insectes ne peuvent, du reste, subir leurs métamorphoses sans changer d'hôtellerie. Le ténia ne se développe que dans l'estomac de l'homme. Les *trichines* doivent être absorbées par nous pour arriver à leur complet développement (11).

Les larves des tipules se contentent, pour tout aliment, de la terre; et leurs excréments ne sont que de la terre sèche, dont l'insecte a su tirer tout ce qu'elle contenait d'assimilable.

En somme, et sous quelque point de vue qu'on les considère, l'existence des insectes est si *différente* de la nôtre, que nous avons le droit de nous demander si, leurs sensations sur le temps et l'espace étant spéciales comme elles le sont, ces êtres ne se forment pas sur la nature une autre idée que nous, et ne vivent pas ici dans un monde bien différent du nôtre par la particularité de leur mode de sentir (12).

C'est un nouveau monde pour le penseur attentif, tout aussi bien que le monde des plantes dont nous avons apprécié plus haut la singularité. Que nous connaissons peu la nature! même celle de la Terre seule.

Cependant, cette connaissance est devenue le besoin intellectuel de notre époque. L'influence générale des sciences s'exerce même directement sur le progrès social. On se souvient des *pluies de sang* du moyen âge. Il y a longtemps, en Provence, des gouttes de sang parsemèrent le sol un beau matin. Quelques prêtres d'Aix, trompés ou désireux d'exploiter la crédulité du peuple, n'hésitèrent pas à voir dans cet événement des influences sataniques. Ce n'était pourtant que le liquide rougi que les vanesses répandent en quittant leur chrysalide.

L'apparition du sphinx tête de mort ayant coïncidé dans certains pays avec l'invasion d'une épidémie, on vit dans ce lugubre sylphe des nuits le messager de la mort. On le crut en rapport avec les sorcières, et les croyances superstitieuses le chargèrent des plus singuliers rôles. N'est-il pas meilleur de voir simplement en lui l'une des fleurs animées qui palpitent dans les transparences de l'air ?

Les sauterelles, ou pour mieux dire les criquets, s'abattent parfois comme des nuages orageux sur les contrées qu'ils dévorent. Le bruissement de leurs millions d'ailes est comparable au bruit d'une cataracte. Les branches cassent sous l'horrible essaim. En quelques heures, tout un canton est ravagé, et lorsque meurt cette troupe immense, la putréfaction d'une telle armée de cadavres donne naissance aux épidémies. En 1749, l'armée de Charles XII fut arrêtée par cette tempête. Lequel vaut mieux de voir écrit en hébreu sur leurs ailes *colère de Dieu*, comme en 1690, et d'adresser au ciel des prières pour les faire partir; ou bien de se mettre courageusement à en détruire en germe 5 milliards 250 millions, comme on le fit à Marseille sous Louis XIII?

Un voyageur du quatorzième siècle, le moine Alvarès, rapporte, avec une naïveté digne de renommée, qu'il exorcisa en Ethiopie ces insectes destructeurs. Il en fit prendre quelques-uns, « auxquels, dit-il, je fey une conjuration par moi composée la nuit précédente, les requérant, admonestant et excommuniant, puis les en chargey que dans trois heures eussent à vider de là et tirer à la voile de la mer, ou de prendre la route de la terre des Maures, abandonnant la terre des chrétiens. En refus de quoi j'adjurey tous les oyseaux du ciel, les animaux de la terre et les tempestes de l'air, à les dissiper, détruire et dévorer. — Prononcey ces paroles en leur présence, *afin qu'ils n'en ignorent*, puis les laissey allez pour avertir les autres. »

Il paraît que les sauterelles en question ne comprirent pas l'exorcisme; car elles restèrent là. Au surplus, elles eussent été bien embarrassées si, en arrivant chez les Maures, on les eût renvoyées chez les chrétiens.

Les hannetons furent exorcisés comme leurs cousines précédentes. En 1688, en Irlande, ils obscurcirent l'air dans l'espace d'une lieue et détruisirent entièrement la campagne. Leurs mâchoires voraces faisaient un bruit comparable à celui des scieurs de long, et le bourdonnement de leurs ailes ressemblait à des roulements lointains de tambours. En 1479, ils occasionnèrent une famine en Suisse, et furent cités devant le tribunal ecclésiastique de Lausanne, lequel, après mûre délibération, les condamna et les *bannit* du territoire. Mais comme les moyens d'exercer la sentence manquaient, les hannetons s'inquiétèrent peu de leur condamnation. Combien furent mieux inspirés les cultivateurs, plus laborieux que crédules, qui détruisirent en labourant 150.000 vers blancs dans un hectare. Ce travail vaut mieux que toutes les excommunications passées, présentes et futures.

L'abbé Lebœuf rapporte que les habitants d'Argenteuil regardèrent comme un fléau de Dieu les *pyrales* qui gâtaient leurs vignes, et que l'évêque de Paris ordonna des prières publiques et des exorcismes dans les églises.

Des prières et des processions furent de nouveau mises en jeu en 1629, 1717, 1723, pour arrêter les ravages de ces insectes dans les vignes de Colombes et d'Aï. On aura une idée des pertes occasionnées par la pyrale, en observant que dans une période de dix ans, les deux départements du Rhône et de Saône-et-Loire perdirent *trente-quatre millions*.

L'histoire des procès théologo-correctionnels faits aux animaux malfaisants est des plus curieuses, et montre sous un aspect formidable à quel point l'esprit humain sait divaguer quand il s'y met (13).

Mais revenons à la nature.

VI

CHEZ LES ABEILLES

Plus nous observons la nature avec attention et impartialité, affranchis de toute idée préconçue, et plus nous découvrons, en tout et partout, l'action d'un esprit universel se manifestant chez tous les êtres, depuis le minéral et la plante jusqu'à l'homme.

Longtemps nous avons cru tenir en privilège exclusif dans la race humaine le don de l'esprit et de l'intelligence. La philosophie de Descartes l'enseignait en principe absolu. Les animaux n'étaient que des machines. L'homme seul possédait le sentiment et la volonté. Il y a encore aujourd'hui des disciples de Descartes qui ne reconnaissent pas l'intelligence des animaux et la confondent avec l'instinct.

Cependant, il est difficile de vivre avec un chien, un chat, un cheval, ou de passer un été dans la campagne en observant les insectes, notamment les abeilles et les fourmis, sans être témoin d'actes parfaitement conscients, mettant en évidence les facultés intellectuelles les plus dignes d'attention.

Il n'y a pas fort longtemps, un éminent naturaliste, membre de l'Académie des sciences, M. Gaston Bonnier, a fait des observations fort curieuses sur la division du travail chez les abeilles.

Rappelons d'abord que suivant les circonstances, une même abeille allant à la récolte peut présenter deux allures différentes.

Lorsque, arrivant de la ruche, elle va droit au but, sur la substance à récolter, et qu'elle semble exécuter mécaniquement un travail déterminé d'avance, on dit que l'abeille est à l'état de *butineuse*. La même abeille exécute en général alors toujours la même besogne, recueillant exclusivement la même substance. Par exemple, si elle récolte du pollen, elle ne récoltera ni nectar, ni propolis, ni eau. Le plus souvent aussi, lorsqu'une butineuse récolte du nectar sur une même espèce suffisamment abondante, elle ne va que sur cette espèce pendant sa sortie de la ruche.

Lorsque l'abeille se dirige vers des plantes différentes ou vers les objets quelconques où elle peut espérer trouver des substances à récolter, on dit qu'elle est à l'état de *chercheuse*. L'abeille vole alors d'une manière différente que lorsqu'elle est à l'état de butineuse, et le son du vol est tout autre. Elle prend un peu l'allure d'une guêpe, car les guêpes, carnassières et omnivores, sont presque toujours à l'état de chercheuses. On peut voir une abeille chercheuse récolter à la fois du pollen et du nectar, se poser un instant sur un objet, sur une feuille ou sur une fleur qui ne contiennent aucune substance utile à récolter. C'est lorsque les abeilles sont dans cet état que les apiculteurs les désignent sous le nom de *rôdeuses*.

Une même abeille se transforme facilement de l'état de chercheuse à l'état de butineuse. Lorsqu'elle a découvert un endroit où se trouvent des substances à récolter, elle organise un va-et-vient de butineuses entre la ruche et cet endroit ; elle-même, passant à l'état de butineuse, fait partie du groupe d'abeilles destiné à cette récolte déterminée.

Par une belle journée très mellifère, les chercheuses sont beaucoup plus nombreuses au premier matin que dans le reste de la journée, et, généralement, dans l'après-midi, presque toutes les abeilles employées à la récolte sont à l'état de butineuses.

Au contraire, lorsque par suite d'une sécheresse excessive ou lorsqu'on se trouve à la fin de la saison, quand il n'y a, pour ainsi dire, aucune substance à récolter dehors, les abeilles qui sortent sont presque toutes à l'état de chercheuses : plusieurs d'entre elles rôdent autour des autres ruches dans l'espoir de s'y introduire par la porte ou par une fente quelconque, afin de piller le miel qui s'y trouve. C'est alors que les apiculteurs les nomment « pillardes. »

Lorsque les abeilles s'approvisionnent d'eau dans un bassin, afin de préparer la bouillie qui sert à nourrir les larves, on peut disposer sur des flotteurs des gouttes de sirop de sucre ou même du miel, sans que les butineuses occupées à la récolte de l'eau se dérangent de leur travail pour recueillir le liquide sucré ; on les voit passer sur les flotteurs où se trouvent les gouttes sucrées sans y faire la moindre attention ; on pourrait dire que, *commandées pour chercher de l'eau*, elles ne se détournent pas de leur travail pour en exécuter un autre, fût-ce pour prendre un liquide sucré dont elles paraissent si friandes.

M. Bonnier, qui avait fait ces constatations un certain été, a fait, l'été suivant, l'expérience inverse. Arrivant à la suite de la longue sécheresse de 1906, il ne restait que peu de plantes mellifères à la disposition des abeilles. Quelques-unes cependant produisaient encore beaucoup de nectar, par exemple un « lycium barbarum » qui se trouve dans son jardin, non loin des ruches. A ce moment, un grand nombre d'abeilles allaient au bassin pour récolter de l'eau, car il n'y avait plus dans sa ruche, en quantité suffisante, de miel encore aqueux. Il observa alors en détail les abeilles récoltant du nectar ou du pollen sur le lyciet.

Choisissant des branches pendantes à nombreuses fleurs visitées, il fixa au-dessous de chaque branche, vers le milieu de la journée, un récipient contenant de l'eau à la surface de laquelle flottent des bouchons plats. Ces bouchons, semblables à ceux qui sont à la surface du bassin, sont très commodes pour les abeilles en leur permettant de récolter l'eau sans se noyer*. L'extrémité des branches pendantes trempe dans l'eau et les dernières fleurs nectarifères touchent presque la surface.

Il observe alors les butineuses qui visitent les fleurs de ces branches pendant au-dessus de l'eau. La plu-

---

* Elles se noient, en effet, souvent en grand nombre. A mon observatoire de Juvisy, dans le potager, une ancienne auge de pierre contient toujours de l'eau de pluie en assez grande quantité, et j'y voyais noyées de nombreuses abeilles venues d'une propriété voisine y chercher de l'eau, jusqu'au jour où j'avisai d'y faire mettre par le jardinier de petites planchettes flottantes.

part récoltent du nectar dans les fleurs du lyciet ; quelques autres récoltent le pollen.

Or, pas une de ces butineuses ne s'est posée sur les bouchons pour récolter l'eau si proche des dernières fleurs visitées, malgré le grand besoin d'eau qui se manifestait dans les ruches ce jour-là, comme l'indiquait la présence de très nombreuses abeilles à la surface du bassin. Ce n'est que le surlendemain matin que les chercheuses avaient découvert ces récipients d'eau placés près des fleurs. Elles organisent alors un va-et-vient de butineuses pour chaque récipient. A mesure que les abeilles viennent pomper de l'eau, il les marque toutes successivement avec de la poudre blanche de talc, qui reste pendant plus de huit jours adhérente aux poils de leur corps. Au bout d'un certain temps, il n'est plus nécessaire de les marquer, car toutes les butineuses qui venaient chercher l'eau sur ces petits récipients étaient déjà marquées de blanc : c'étaient toujours les mêmes. De plus, en examinant les butineuses allant récolter le nectar sur les fleurs voisines des récipients, on n'en trouva pas une seule marquée de blanc. Les butineuses chargées d'aller pomper de l'eau n'étaient donc pas les mêmes que celles qui s'employaient à faire la récolte sur les fleurs.

Parmi de nombreuses expériences assez semblables entre elles, signalons la suivante, qui montre mieux encore que les précédentes comment s'organise la division du travail entre les abeilles d'une même ruche, et aussi une sorte d'entente tacite qui se manifeste entre abeilles de ruches différentes :

« Je détache six branches fleuries, écrit M. Bon-

nier, ayant chacune à peu près le même nombre de
fleurs. Je mets chaque branche dans le goulot d'une
bouteille pleine d'eau. En installant ces six bouteilles ainsi garnies à l'endroit même où je les avais
détachées, je constate d'abord que les butineuses
continuent à visiter les fleurs de ces branches mises
dans l'eau, aussi bien que celles des branches non
détachées de la plante. Ceci vérifié, je transporte
dans la journée les six bouteilles contenant les
branches dans le jardin fruitier, le 1er septembre,
loin de toute plante nectarifère, par conséquent à
une place nouvelle pour les abeilles. Je reste en observation constamment auprès de ces six bouteilles
d'eau portant les branches de lyciet. Aucune abeille
ne vient visiter les fleurs de ces branches. Le lendemain, je vois une première abeille, à l'état de chercheuse, qui les découvre. Elle inspecte toutes les
branches, prend du nectar et du pollen : je la marque
sur le dos avec une poudre de talc colorée en rouge.
Au bout de trois minutes, elle retourne à la ruche.

« Cinq minutes après, cette même première abeille
(je l'appelle A), que je reconnais à sa marque rouge,
revient accompagnée d'une autre, et les deux
abeilles, à l'état de butineuses, entreprennent la
visite méthodique des branches pour récolter l'une
le nectar et l'autre le pollen. J'appelle B la seconde
abeille et je la marque en blanc sur le dos. Dix minutes après, il y a trois abeilles visiteuses. Une nouvelle abeille, C, que je marque en vert sur le dos, est
venue se joindre aux deux premières et provenait
de la même ruche, comme j'ai pu le vérifier.

« Dès lors, les trois mêmes butineuses A, B et C,
A et C visitant toujours les fleurs pour le nectar et

B exclusivement pour le pollen, se remplacent assez régulièrement sur les branches fleuries en les visitant chaque fois dans le, même ordre. Toute la journée, le lendemain, ce sont ces trois mêmes abeilles A, B et C qui visitent les six branches fleuries placées en cet endroit.

« Le surlendemain, je n'en vois plus une seule et les mêmes abeilles A, B et C continuent à visiter tranquillement les six branches fleuries à peu près de la même manière, toujours A et C pour le nectar, B pour le pollen.

« Alors, je remplace le six branches fleuries de lyciet par douze branches qui me paraissent à peu près analogues. Au bout de vingt minutes, je vois arriver deux nouvelles recrues D et E, que je différencie avec des poudres colorées : dix minutes après en viennent deux autres F et G. A C, D, F, G visitent les fleurs pour le pollen. Il y avait sept abeilles visiteuses au lieu de trois. *Le nombre des branches fleuries ayant doublé, le nombre des butineuses avait suivi la même proportion.* »

Le même observateur signale encore une expérience faite sur une plus grande étendue.

Après la moisson, à environ trois cents mètres de ses ruches, se trouvait une bande de sarrasin en fleur. A partir d'une des deux extrémités du champ, il marque avec du talc blanc toutes les butineuses qui visitent les fleurs de sarrasin sur une longueur de cinq mètres. Le lendemain, retournant observer les abeilles sur les fleurs de ce champ, il ne vit que des abeilles marquées de blanc sur les fleurs, dans l'espace correspondant aux cinq mètres pris à partir de l'extrémité. Au delà, sur toute la bande fleurie de sarrasin, il n'observa aucune butineuse marquée de blanc, si ce n'est au voisinage de la limite. Ainsi donc, à un moment donné, ce sont les mêmes abeilles qui butinaient dans un espace déterminé où se trouvent des fleurs nectarifères en grande masse. Chaque butineuse a, pour ainsi dire, son aire de travail.

Le nombre des abeilles visitant un nombre déterminé de fleurs de la même espèce, dans les mêmes conditions extérieures, est sensiblement proportionnel au nombre de ces fleurs, sauf quand cette visite est troublée par l'arrivée d'hyménoptères mellifères sauvages assez nombreux.

Il résulte de ces observations que la division du travail est poussée à l'extrême dans la collectivité des abeilles.

On voit de plus comment, dans des circonstances déterminées, les butineuses, non seulement d'une même ruche, mais faisant partie de diverses ruches et tenant compte des mellifères sauvages, peuvent se distribuer sans lutte sur les plantes mellifères. Elles arrivent ainsi, dans l'ensemble, à récolter pour le mieux et dans le moins de temps possible, les substances nécessaires à toutes les colonies d'abeilles de la même région.

Ainsi, les abeilles pensent, observent, comparent, dirigent leur action suivant un but déterminé. Elles ne se mettent pas dix pour faire un travail qui n'en demande que trois. La justice et l'équité y règnent mieux que dans les arsenaux de notre marine nationale et dans nos ministères. C'est un enseignement philosophique — et c'est un exemple de véritable socialisme.

Ces petits êtres mettent en pratique le véritable socialisme, dirigent leurs actions dans un sentiment parfait de la justice et savent conduire la division du travail pour le résultat le plus productif et le meilleur. Il y a là un témoignage de la plus haute portée philosophique, nous montrant dans ces colonies d'insectes la manifestation d'un esprit recteur de leurs actions. Tout y est ordonné, au moins aussi bien que dans la république de Platon, si ce n'est mieux. Où réside cet esprit? Dans le cerveau de chaque abeille, semble-t-il. Cependant, nous sentons bien que l'intelligence d'une abeille n'a pas la même valeur que celle d'un homme, — d'un homme juste et intelligent, car il y a assurément, dans le genre humain, des brutes inférieures à ces insectes. Si l'esprit des abeilles pouvait être comparé à celui de Platon, de Pythagore, d'Archimède ou de Pascal, toutes nos idées métaphysiques seraient renversées. On ne voit pas une abeille occupée à déterminer la cause des saisons ou calculant la distance du Soleil. Elles ont résolu, dans la construction de leurs cellules hexagonales, un problème géométrique de maximum qu'elles n'ont certainement pas calculé. Les abeilles ne sont pas des hommes, et c'est ce qui nous déconcerte quand nous voulons nous rendre compte de leurs actions.

Reprenons encore les observations de M. Gaston Bonnier, continuées pendant plusieurs années.

On sait que les abeilles se distribuent autour de la ruche pour aller chercher les substances qui leur sont nécessaires, et en particulier le nectar des fleurs ou la miellée des feuilles, suivant une rigoureuse application de la division du travail.

Tout est combiné, non seulement par une ruche, mais par un ensemble de ruches sur l'étendue d'un cercle ayant le rucher pour centre et pouvant s'étendre jusqu'à 3 kilomètres, de façon à récolter dans le moins de temps possible la meilleure substance sucrée destinée à fabriquer le miel. Tous les apiculteurs ont constaté ce fait sans pouvoir s'expliquer de quelle manière il se produit.

Comment se fait-il que toutes les abeilles ne se précipitent pas ensemble sur les plantes à la fois les plus fournies et les plus proches? Pourquoi les butineuses commandées pour chercher de l'eau passent-elles auprès des fleurs les plus savoureuses sans en cueillir une lampée? Comment telle butineuse ne prend-elle que du nectar, telle autre du propolis, telle autre du pollen? Pourquoi les chercheuses ont-elles un autre travail que les butineuses? Comment le nombre des butineuses est-il ainsi réglé d'une manière proportionnelle dans cette distribution générale du travail?

Voici l'une des expériences de M. Bonnier :

Dix branches fleuries d'une même plante mellifère (lyciet), coupées et mises dans des bocaux remplis d'eau, ont été placées dans un jardin, à un endroit où ne se trouvait aucune plante visitée par les abeilles. Le lendemain matin, une abeille à l'état de chercheuse les avait découvertes. L'observateur marque cette abeille avec une poudre de couleur. Elle revient quelques minutes après, explore les branches fleuries, prend le rôle de butineuse et, après avoir pompé du nectar dans deux ou trois fleurs, revient accompagnée d'une seconde abeille, que l'on marque à son tour. Au bout de vingt minutes, cinq abeilles se trouvent sur les branches fleuries, et il n'en vient plus d'autres. Ces abeilles marquées vont et viennent des fleurs à la ruche; ce sont toujours les mêmes. Le lendemain, ces mêmes ouvrières sont encore à l'ouvrage : on les reconnaît à leurs marques coloriées qui, faites avec une poudre mêlée de talc, n'ont pas été effacées par le brossage que les ouvrières subissent à l'intérieur de la ruche.

Les autres abeilles ne s'arrêtèrent pas à ce bouquet, comme si elles s'étaient rendu compte qu'un nombre suffisant de butineuses était occupé à la récolte de ces dix branches fleuries.

Ces dix branches sont remplacées par vingt. Aux cinq butineuses précédentes s'en ajoutent six nouvelles. La proportion est calculée.

Autre exemple de raisonnement collectif :

Si l'on attache des morceaux de rayons de cire avec de la ficelle pour les placer dans les cadres d'une ruche, les abeilles soudent tous ces morceaux entre eux et reconstruisent des alvéoles dans les jonctions, de façon à ne former qu'un seul gâteau de cire par cadre. Mais, ceci fait, la colonie décide que les morceaux de ficelle qui attachaient les rayons primitivement ne doivent pas rester dans la ruche. Ordre est donné à une escouade d'ouvrières, en fonction de nettoyeuses, d'avoir à enlever cette ficelle inutile.

A cause de la faiblesse de leurs mandibules, il faut plusieurs jours à ces petits êtres pour pouvoir détacher successivement des bouts de ficelle en les mordillant à leurs deux extrémités. Lorsqu'un de ces fragments est détaché, il tombe au fond de la ruche;

cinq ou six nettoyeuses le tirent, le font sortir par
la porte, puis le disposent parallèlement au bord du
plateau de la ruche. Alors ces cinq ou six abeilles se
placent à peu près à égale distance les unes des
autres, prenant toutes la ficelle entre leurs mandibules. Et, sans qu'on puisse distinguer ni chef ni
commandement, elles s'envolent toutes ensemble,
laissent tomber l'encombrant colis, puis retournent
dans leur habitation pour s'occuper du fragment
suivant.

Autre expérience encore.

Au fond du jardin, on place sur une table des
morceaux de sucre ordinaire. Des abeilles y arrivent, mais ne peuvent mordre à ce sucre. Que faire ?
C'est pourtant du bon sucre. Elles vont chercher des
butineuses occupées au service de l'eau, et celles-ci,
arrivant du bassin-abreuvoir où elles se sont chargées
d'eau, déversent cette eau sur le sucre, en contrac-
tant leur jabot, et l'eau, au contact du sucre, le
transforme en sirop. Alors les butineuses aspirent
ce sirop avec leur trompe et le rapportent à la ruche.
A partir de ce moment il s'organise un triple trajet
de butineuses : 1° de la ruche au bassin pour aller
chercher de l'eau ; 2° du bassin aux morceaux de
sucre pour y transporter l'eau ; 3° de ce point à la
ruche pour rapporter un sirop dont la concentration
est assez analogue au nectar et au liquide sucré des
fleurs.

Voilà une série d'actes de raisonnement, de raisonnement tout à fait humain. Ces petits êtres observent, jugent, s'entretiennent entre eux, délibèrent
et agissent en conséquence. Et les hommes ne raisonnent pas toujours avec la même justesse, puisque

nous voyons, parmi tous les fonctionnaires, à quelque ordre qu'ils appartiennent, soit de l'État, soit d'une administration quelconque, un si grand nombre d'individus chercher à travailler le moins possible, se mettre dix pour un ouvrage que cinq peuvent faire et montrer ainsi qu'ils sont moins justes et moins honnêtes que les abeilles.

L'esprit n'est donc pas l'apanage exclusif de l'humanité. Dans tous ces exemples, ce n'est pas l'instinct qui est en jeu : c'est l'intelligence.

Un jour, le même apiculteur remplaça des gouttes de sirop de sucre que ses abeilles avaient pris l'habitude de venir chercher, par des gouttes de miel extrait d'une ruche. Étonnées, les abeilles s'agitèrent, puis revinrent en masse compacte et menaçante, cherchant de tout côté où pouvait être là ruche abandonnée, pénétrant dans les hangars par toutes les issues et jusque dans la cour, et si furieuses, si ardentes, que l'observateur ne put suivre leurs mouvements qu'en s'abritant hermétiquement contre les piqûres. Ici encore, elles partageaient toutes la même idée, semblant obéir à un mot d'ordre.

Chaque abeille est-elle douée d'une intelligence tout à fait personnelle? Peut-elle prendre seule une détermination? M. Gaston Bonnier est porté à conclure de ses observations que l'intelligence des abeilles est collective et qu'une décision nouvelle exige un certain temps avant d'être adoptée par la colonie. « C'est, dit-il, comme si la ruchée tout entière était assimilable à un être vivant dont les individus ne seraient que les éléments incessamment renouvelés, à un être vivant dont le cerveau virtuel serait d'une certaine lenteur. »

On peut se demander, d'autre part, si les ordres exécutés avec une si parfaite discipline ne proviendraient pas d'un chef consulté, et si ce chef ne serait pas la reine, mère de son peuple, et si cette mère féconde est exclusivement occupée à pondre, à enfanter ses vingt ou trente mille sujets, si elle n'a pas voix prépondérante dans les conseils de la cité.

Mais il ne le semble pas. L'esprit de la ruche est supérieur à la reine, et il la régit elle-même dans la fécondation, dans la ponte infatigable, dans l'assassinat des princesses superflues et des mâles, comme il régit la ruche tout entière.

C'est assurément là l'un des plus grands problèmes de la psychologie.

L'humanité n'a pas le monopole de l'intelligence. Il y a de l'esprit dans la nature, esprit universel auquel êtres et choses obéissent, dans un but qui nous reste absolument inconnaissable.

VII

CHEZ LES FOURMIS

Dans une prairie, astronome en vacances, je rencontrai hier une troupe de fourmis qui, en rangs serrés, traversait un sentier et se dirigeait vers un bosquet éloigné, à quinze minutes de marche environ. Elles pouvaient être au nombre de sept à huit cents, et ce qui me frappa tout d'abord, c'est qu'elles marchaient en colonne compacte et avec une très grande vitesse (plus d'un mètre par minute), et n'employèrent guère plus d'un quart d'heure pour parcourir une distance de 20 mètres. Là, dans le bosquet, il y avait une autre fourmilière. Le régiment s'engouffra dans l'intérieur de la cité. Une animation extraordinaire se manifesta aussitôt du côté de l'arrivée. Les fourmis surprises sortirent, et un combat acharné s'engagea sur un champ de bataille de plus de dix centimètres de longueur. Des morts et des blessés restèrent sur le carreau. Les assiégeants revinrent chez eux par le même chemin, chargés de butin, emportant des centaines de larves dans leurs mandibules et traversant tous les obstacles, les brins d'herbe, les racines, les rochers de sable, sans jamais abandonner leur proie.

Ce n'était pas la première fois qu'elles accomplissaient pareille expédition, car la fourmilière des vaincus était d'une tristesse navrante, jonchée aux alentours de débris et de cadavres, et les citoyens, tout en combattant avec courage, semblaient dès les premières secondes convaincus de leur défaite. Généralement, les deux combattants se prenaient à bras le corps, sans que les voisins de l'un ou de l'autre parti portassent secours à l'un ou à l'autre ; jamais plusieurs contre un, toujours combats singuliers, dans lesquels le vaincu restait sur place après avoir été fortement piqué par les mandibules et reçu une quinzaine de coups d'abdomen envenimé.

Les procédés de combat diffèrent beaucoup selon les espèces. La « formica exsecta » est d'une froide férocité ; elle s'attaque souvent à de beaucoup plus fortes qu'elle, et elle mord à droite et à gauche, en se jetant vivement de côté pour éviter d'être mordue elle-même. Elle saute sur le dos de son adversaire et se met à lui scier la tête. Dans les batailles entre cette espèce et la grosse « formica pratensis », il n'est pas rare d'en voir plusieurs sur lesquelles leur petit bourreau est accroché et inébranlablement occupé à lui scier la tête.

La célèbre fourmi à esclaves, ou fourmi amazone, combat d'une autre façon. Ses mâchoires sont très fortes et munies de pointes acérées. Elle a l'habitude de les écarter tant qu'elle peut et de mettre entre elles la tête de son adversaire. Puis elle les serre, et les pointes aiguës en s'enfonçant dans la cervelle de la victime, paralysent immédiatement son humeur belliqueuse. Une même fourmi amazone peut ainsi mettre hors de combat une dizaine d'ennemis et assurer la victoire à l'infériorité du nombre.

Ces fourmis amazones sont, du reste, particulièrement curieuses au point de vue social. Elles sont, de mère en fille, depuis si longtemps accoutumées à vivre en conquérantes et à se faire servir par les esclaves conquises, qu'elles sont absolument incapables de se nourrir elles-mêmes. Elles meurent de faim à côté des aliments les plus savoureux si des serviteurs dévoués ne viennent pas, littéralement, leur mettre le pain dans la bouche. Prenez, pour en faire l'expérience, une douzaine de ces fourmis, et mettez à leur disposition la table la mieux servie, notamment ce qu'elles aiment le mieux, du miel. Tout ce qu'elles pourront faire sera de s'engoncer, de se barbouiller, de s'empêtrer ; elles n'auront pas l'idée d'en manger et mourront de faim. Apportez une de leurs esclaves, une petite fourmi noire ; à elle seule elle commencera par les nettoyer, puis elle prendra du miel dans sa bouche et, les forçant à lever la tête, elle les nourrira toutes l'une après l'autre.

Malgré la bonté et l'activité de leurs esclaves, il leur en faut beaucoup, parce qu'elles sont d'une extrême paresse. On compte souvent dans leurs fourmilières six à sept fois plus d'esclaves que de maîtres ; comment se les procurent-elles ? Par leurs expéditions militaires, et c'est tout ce qu'elles savent faire. Elles ont l'habileté, toutefois, de ne pas se créer d'embarras et de ne pas essayer de réduire en esclavage, ou même seulement de s'annexer (et de se préparer pour ennemis) des êtres qui auraient goûté à la liberté. Elles vont piller les nymphes et les cocons, trente à quarante mille par an, et recommencent chaque année (très naturellement, d'ailleurs, puisque les fourmis ne vivent guère plus d'un an), et elles n'exterminent les parents que si ceux-ci tiennent trop à leurs enfants et défendent trop courageusement leur postérité. Nées dans la cité conquérante, les ouvrières écloses ne connaissent pas d'autre patrie et, obéissant à leur instinct, elles se mettent à construire et soignent les larves des amazones comme s'il s'agissait de leur propre espèce.

On sait que, contrairement aux abeilles, les fourmis ne reconnaissent pas de souverain, vivent dans l'état démocratique et se gouvernent elles-mêmes suivant les lois appropriées à chaque espèce, et même à chaque tribu et à chaque nation. Le peuple presque tout entier se compose de femelles arrêtées dans leur développement; elles sont par cela même neutres, étrangères à tout sentiment d'amour, et passent leur vie entière à travailler, les unes étant essentiellement préposées aux soins des bébés, les autres maçonnes, d'autres s'occupant d'aller chercher tous les jours la nourriture de la colonie, d'autres préférant l'état militaire, etc. Dans plusieurs espèces, on reconnaît leurs fonctions à leur taille, et à la grosseur de leur tête et de leurs armes. Les femelles sont occupées à pondre. Les mâles n'ont qu'une seule fonction à remplir, et ils s'en contentent.

Les noces, toutefois, ne durent pas longtemps, et ces messieurs n'ont qu'une vie éphémère. A l'époque venue, pendant les beaux jours de l'été, on voit éclore les fourmis sexuées, munies d'ailes, et c'est un mouvement bizarre dans toute la fourmilière. Mâles et femelles sont peu nombreux, mais à eux seuls ils agitent et rendent nerveuse toute la population. Pendant quatre ou cinq jours ils s'éveillent à la vie, grandissent, acquièrent l'âge et les désirs de la nubilité, se promènent au-dessus de la cité souterraine, cherchent la lumière et la liberté. Les neutres, qui semblent se douter de quelque événement grave, viennent se mêler à eux, les caressent de leurs antennes, leur offrent de la nourriture. L'atmosphère est chaude, ardente, énervante. Un orage se prépare-t-il dans les airs? Le soleil descend vers l'horizon. Tout à coup, l'essaim des fourmis s'envole. Ivresse effervescente! Rien d'humain n'est comparable. Ils s'envolent dans l'air tiède et parfumé, dans l'azur, se poursuivent en tourbillons vertigineux, semblent s'entre-dévorer et, comme un songe fantastique, roulent en folle furie dans l'atmosphère électrisante. Cependant, l'air n'offre pas de point d'appui solide pour satisfaire toute la passion grandissante. Le faîte d'une montagne, un clocher, un arbre élevé, un homme même, venu pour aspirer l'air du soir sur un plateau, sont pour la circonstance d'un secours inattendu et singulièrement apprécié.

J'ai, plus d'une fois, fait cette observation au sommet de la tour de Montlhéry, en y conduisant des amis certains après-midi d'été.

Brehm raconte qu'un jour une dame vêtue de

7

couleurs claires, visitant en nombreuse compagnie
une tour élevée qui dominait le plus beau paysage
du monde, fut plus que tous ses voisins importunée
par un tourbillon de fourmis, qui se livra sur elle
aux ébats les plus fantastiques. « Elles se posaient,
dit-il, sur la peau nue et pinçaient les chairs avec
une vigueur extraordinaire. » — J'ai raconté moi-
même, dans mon petit livre *Clairs de Lune*, les aventures d'une noce de fourmis sur la blanche cornette
d'une sœur de charité que je reconduisais, un beau
jour d'été, dans le parc de mon Observatoire de
Juvisy.

Aveugles dans leur passion, les couples aériens
obéissent brutalement au commandement dont parle
la Genèse et, sans souci du lendemain, s'épuisent
dans leur ardente frénésie. Bientôt, le jour même,
ils retombent absolument épuisés. L'idylle a été tragique pour les mâles; ils ne tardent pas à mourir,
et le soleil levant du lendemain matin n'éclaire
plus que des cadavres dont les oiseaux débarrasse-
ront la terre ; les femelles survivent à la fatigue de
la veille, mais elles s'arrachent les ailes, et pour
elles aussi l'amour n'a pas de lendemain.

Les quatre-vingt-dix-neuf centièmes des femelles,
tombant du ciel loin de leur nid, ne sont d'aucune
utilité pour la population de ce nid. Elles fondent de
nouvelles colonies. Celles qui, plus tardives ou plus
prudentes, ont connu la procréation sans s'éloigner
beaucoup de la fourmilière, y sont ramenées par les
fourmis qui les rencontrent. Si déjà la mariée n'a
pas eu le courage de s'arracher les ailes, les neutres
s'en chargent; elles les désarticulent méthodique-
ment, et la petite pondeuse, mise dans l'impossi-

bilité de s'envoler, est ramenée par la patte au bercail ét gardée à vue. Tous le œufs sont recueillis
avec avarice et emportés, comme tout le monde le
sait, dans des berceaux appropriés où les larves
seront soigneusement nourries, et changées d'appartement au fur et à mesure de leur croissance.

On sait comment ces larves sont nourries. Les
fourmis chargées de ce soin les couchent l'une à
côté de l'autre, en rangs, la tête en haut. Aux
heures des repas, elles passent l'inspection du dor-
toir-réfectoire. Les petites larves qui ont été bien
repues dorment généralement d'un sommeil calme
et satisfaisant. Celles qui commencent à avoir faim
s'agitent, inquiètes, se redressent et tendent en
avant leur bouche minuscule. A ce signal, la nourrice se penche sur le nourrisson, ouvre sa bouche et
lui dégorge quelques gouttes de liqueur nutritive,
avalées avec délices. (Tout cela a été scrupuleuse-
ment observé dans les fourmilières artificielles.)

Quant à la naissance de la nymphe, elle s'effectue
généralement toute seule. Mais, l'état de civilisation
des fourmis étant très avancé, c'est un peu comme
dans l'humanité, la nature a un peu perdu de sa
force primitive. Souvent les sages-femmes — nous
voulons dire les fourmis veilleuses — sont obligées
d'aider la nature en déchirant délicatement de leurs
mandibules le bout du tissu de soie du cocon et en
coupant les fils jusqu'à ce que la tête puisse passer.

Nous parlions tout à l'heure des batailles entre
fourmis. Les deux principales causes de guerre
sont les enlèvements d'esclaves et les enlèvements
de troupeaux. Ceux-ci, composés de pucerons,
habitent généralement les feuilles des arbres, par-

fois les racines. Dans un cas comme dans l'autre, l'existence d'un arbre à pucerons sur le territoire d'un pays est d'un prix inestimable. Aussi les frontières sont-elles bien gardées.

La nourriture des fourmis se compose, on le sait, de toute sorte de matières animales et végétales. Leurs mets de prédilection sont les jus sucrés, et parmi ces jus le mets national est un sirop analogue au miel, sécrété par les pucerons. Ces petits insectes ont sur le dos deux tubes d'où s'échappe la liqueur chère aux fourmis. Elles aspirent le miel des pucerons par ces tubes de la même manière que nous trayons le lait des vaches. Elles les caressent avec leurs antennes et déterminent ainsi l'émission du miel. Le fermier le plus adroit ne donne pas plus de soins à l'élève de ses troupeaux que les fourmis à leurs vaches en miniature. Lorsqu'une branche du buisson habité par les pucerons vient à se faner, les fourmis transportent tous ceux qui s'y trouvent sur un rameau vert. Elles construisent avec beaucoup d'art des galeries qui conduisent de la fourmilière au buisson. Elles transportent même les pucerons qui vivent sur les racines avec celles-ci dans leur fourmilière, et leur préparent des étables parquées pour avoir en tout temps à leur disposition leur précieux troupeau.

Tandis qu'une partie des ouvrières se livrent à l'élève du bétail et veillent à l'approvisionnement des autres denrées, d'autres s'occupent de l'entretien, des soins de propreté et de l'agrandissement de l'immense demeure dans laquelle habite la nation. Que sont nos grands palais, nos casernes, nos cloîtres et nos hôtels à côté de ces édifices dans les-

quels des milliers d'individus habitent paisiblement
les uns à côté des autres ! A l'extérieur, il est vrai,
les habitations de la plupart des espèces de fourmis
paraissent assez irrégulières, mais dans l'intérieur
se cache un labyrinthe formé de centaines de cou-
loirs enchevêtrés, de corridors et d'escaliers qui établissent des communications commodes entre des
milliers de salles et de chambres. Beaucoup d'entre
elles sont des chambres d'enfants ; c'est là qu'on
élève la jeunesse. Les soins de ces jeunes fourmis
et particulièrement des chrysalides, qui sont généralement connues sous le faux nom d'œufs de fourmis, incombent encore à une autre partie de la
nation. Ces nourrices, animées de l'amour le plus
tendre pour leurs nourrissons, les promènent au
dehors quand le soleil échauffe l'atmosphère ; mais,
aussitôt que la fraîcheur du soir se fait sentir, elles
les ramènent à la douce chaleur de la fourmilière.
Les soldats, bien que plus grands et plus forts, ne
prennent aucune part à tous ces travaux pénibles.

Il y a, du reste, aussi des espèces de fourmis chez
lesquelles toutes les ouvrières sont transformées en
soldats, et qui par conséquent ont déjà réalisé l'idéal
social assez bizarre de la civilisation humaine tel que
le conçoivent aujourd'hui la plupart des gouvernements : la nation armée. Ces gouvernements militaires sont forcés de laisser à des esclaves les
travaux domestiques : les bandes indisciplinées s'accoutument à vivre de rapines et de pillage. C'est ce
que font par exemple les célèbres fourmis guerrières
de l'Amérique du Sud. Là aussi, nous rencontrons
dans chaque espèce quatre formes différentes : le
mâle et la femelle ailés, et deux espèces d'ouvrières

sans ailes, de forme et de grandeur différentes. Les petites ouvrières, qui constituent la masse de la nation, sont toutes de simples soldats ; les grandes ouvrières, au contraire, qui se distinguent par la grosseur de leur tête et les dimensions de leurs mandibules, commandent l'armée et en sont les officiers. Il y a ordinairement un officier par compagnie de trente hommes... je veux dire de trente fourmis.

Pendant la marche, les chefs sont à leur place de bataille sur le flanc de la colonne, et escaladent souvent des monticules pour observer au loin et diriger le mouvement des troupes. Les ordres et les dépêches, comme en général toutes les communications intellectuelles, sont transmis, non point au moyen d'un langage phonétique, mais par un langage de signes. Ce sont surtout leurs antennes qui leur servent comme de télégraphe pour transmettre les signaux au loin et qui, par le contact immédiat, servent aussi à communiquer à leur entourage leurs volontés, leurs désirs, leurs impressions.

Les troupes errantes de ces fourmis guerrières dévastent, comme firent les Vandales et les Huns à l'époque des grandes invasions, toutes les contrées qu'elles traversent et sont avec raison très redoutées des Indiens du Brésil. Tous les êtres vivants qu'elles rencontrent sur leur chemin sont attaqués et égorgés sans pitié ni miséricorde. Les araignées et les insectes de tous les ordres, surtout les larves et les chrysalides, les nids d'oiseaux, les petits mammifères même succombent à leur attaque. L'homme qui, par malheur, vient tomber au milieu de cette armée en marche, est immédiatement entouré de noirs et épais bataillons qui, avec une furie et une

rapidité incroyables, s'élancent par milliers le long
de ses jambes et enfoncent dans ses chairs leurs
mâchoires puissantes. La seule chance de salut est
de courir aussi rapidement que possible à la queue
de la colonne et d'arracher au moins la partie postérieure du corps des assaillants. La tête et la mâchoire restent généralement dans la blessure et
occasionnent des abcès douloureux.

Autant ces hordes nomades sont terribles et sanguinaires dans leurs expéditions, autant elles paraissent joyeuses et gaies au bivouac, lorsque, rassa-
siées et de bonne humeur, elles s'abandonnent au
repos et aux amusements sous les rayons du soleil.
Elles se nettoient les antennes avec les pattes anté-
rieures ; elles se lèchent réciproquement les pattes
postérieures ; elles se livrent alors à de joyeux ébats
qui dégénèrent souvent en rixes et en pugilats. On
se croirait chez des hommes.

Les colonies à esclaves, comme on en rencontre
chez beaucoup de nos fourmis indigènes, la fourmi
rouge et la fourmi blonde, par exemple, sont encore
bien plus curieuses que les gouvernements militaires des écitons du Brésil. Chez ces insectes, nous
trouvons trois castes. A côté des mâles et des
femelles ailés, il n'y a qu'une caste d'ouvrières sans
ailes ; ces dernières ne travaillent pas elles-mêmes,
mais elles dérobent des chrysalides des fourmilières
d'autres espèces qui sont généralement plus petites
et noires. Elles les élèvent pour en faire des esclaves
qui seront chargés de tous les travaux de la fourmilière étrangère. Voici comment les fourmis amazones s'y prennent généralement pour capturer des
esclaves : elles attirent la population valide des

fourmis noires à un combat à découvert, et, pendant
la bataille, une petite troupe de voleurs pénètre chez
les fourmis noires et enlève les larves de la fourmilière abandonnée par ses défenseurs. Il est très intéressant d'observer les péripéties de cette lutte
acharnée. Les blessés et même les cadavres des
combattants sont retirés de la mêlée par leurs camarades, comme jadis pendant la guerre de Troie, et
sont mis en sûreté derrière la ligne de bataille. Le
plus curieux, c'est que les fourmis enlevées, une
fois qu'elles ont grandi dans l'esclavage, non seulement exécutent tous les travaux de la fourmilière,
tels que les constructions, l'approvisionnement des
vivres, les soins et l'éducation des enfants de leurs
maîtres, mais encore elles les soutiennent dans leurs
expéditions de brigandage et dressent elles-mêmes
la jeunesse volée de leur propre nation au métier
d'esclaves.

Nous parlions plus haut des pucerons traits par les
fourmis. Celles-ci, qui ont reconnu cette propriété
longtemps avant que l'humanité eût apprécié le lait
de la vache, sont, de temps immémorial, très
habiles à découvrir les colonies de pucerons et à les
traire. Nul spectacle n'est plus curieux que celui
d'une fourmi caressant un puceron pour le décider
à donner son lait. A l'aide des antennes, elles lui
fait comprendre son désir ; le puceron fait sortir la
petite perle liquide ; la fourmi s'en empare et va,
sans perdre de temps, demander une seconde goutte
à un second puceron, puis une troisième, etc., jusqu'à ce qu'elle soit rassasiée.

Mais ce n'est pas tout. Les fourmis ont domes-
tiqué ces troupeaux si précieux pour elles ; elles ont

construit des étables. « Nos petits pasteurs, écrit à
ce propos M. André, savent discerner les espèces les
plus appropriées à leur taille, à leurs habitudes et à
leur genre de vie. Le gros bétail est préféré par les
fourmis d'une certaine nature; les races naines
garnissent les étables des plus petites espèces; les
coureuses d'aventures ne se donnent pas la peine de
construire des abris. »

Certaines espèces de fourmis prennent tant de
soin de leurs troupeaux de pucerons qu'elles forti-
fient le tour des troncs d'arbres ou enveloppent les
rameaux de cases suspendues. Quelquefois, lorsque
la sécurité est menacée, elles ont toutes les peines
du monde à arracher leurs chers pucerons de l'écorce
dans laquelle leur trompe est engagée, et elles les
tirent de toutes leurs forces, au risque de les
estropier.

Les fourmis « lasius flavus », qui vivent en re-
cluses, n'ayant pas la ressource de la chasse et de la
maraude, se nourrissent uniquement du lait de
leurs troupeaux, qui mènent avec elles une vie complètement souterraine; elles se les sont attachés par
la persuasion. Peut-être, d'ailleurs, les pucerons
trouvent-ils eux-mêmes ces soins fort agréables.

Paris, vu du haut d'un ballon, donne absolument
l'idée d'une fourmilière; mais, si l'on entrait dans
tous les détails, l'analyse ne serait pas à l'avantage
de la cité humaine. Tous les habitants d'une fourmilière savent se reconnaître par le langage des antennes, quoique chacun ait bien son caractère individuel. On voit parfois des fourmis d'une même
tribu se rencontrer, se communiquer leurs impressions et bientôt jouer ensemble dans une gymnas-

tique singulière. Une fourmi à sa toilette est aussi amusante qu'une mouche ou un petit chat, et d'une propreté exquise. Elles entretiennent leurs villes avec un soin extrême et portent leurs morts dans des cimetières bien séparés de la ville. Les maîtres sont par les esclaves mis en rangs côte à côte, — sépultures de première classe ; — les esclaves, au contraire, sont simplement jetés en tas l'un sur l'autre, — fosse commune ; — quant aux victimes des guerres, on les abandonne sur le terrain ; si elles ne sont pas mortes, on prend le soin de leur arracher les pattes ou de leur couper la tête.

L'histoire des fourmis serait l'histoire de l'humanité (14). Il est probable pourtant qu'elles raisonnent moins sagement que nous, car chez elles la force prime encore le droit. Ayant étudié un peu le langage antennal de ces insectes, j'ai cru comprendre la conversation d'un petit groupe de celles que j'observais hier :

« Nous prendrons possession de votre fourmilière exotique, disait une rousse aux traits hérissés.

— Mais nous l'habitons depuis trois siècles, répliquait une brune aux yeux flamboyants.

— Qu'est-ce que ça nous fait ? Quand nous l'aurons prise, elle sera bien à nous.

— Et vous nous annexerez sans nous demander notre opinion ?

— Assurément. Ce n'est pas votre affaire. Il nous convient d'élargir nos frontières. Nous sommes des fourmis conquérantes.

VIII

L'ESPRIT ET LE CŒUR DES BÊTES. — LE CHIEN

Les insectes, les abeilles, les fourmis, nous ont offert des témoignages bien remarquables d'intelligence. Continuons notre contemplation.

La nature entière est construite sur le même plan, et manifeste l'expression permanente de la même Idée. La grande loi d'unité et de continuité se révèle non-seulement dans la forme plastique des êtres, mais encore dans la force qui les anime, depuis l'humble végétal jusqu'à l'homme le plus éminent. Dans la plante, une force organique groupe les cellules suivant le mode de chaque espèce, en s'approchant vers le type idéal du règne. Le cèdre au sommet du Liban, le saule au bord des rivières, les arbres des forêts profondes et les fleurs de nos jardins rêvent, assoupis aux limbes indécises de la vie. Chez un certain nombre de plantes, on constate des mouvements spontanés et des expressions qui paraissent révéler en elles quelque apparition rudi-

mentaire du système nerveux. Aux degrés inférieurs
du règne animal, les zoophytes qui habitent les
mobiles régions de l'Océan, semblent appartenir
sous certains aspects au monde des plantes. A
mesure qu'on s'élève sur l'échelle de la vie, l'*esprit*
affirme peu à peu une personnalité mieux déterminée, et atteint son plus haut développement dans
l'homme, dernier anneau de l'immense chaîne sur
notre planète.

Cette contemplation de la vie dans la nature embrasse sous une même conception l'ensemble des
êtres, et nous met en relations avec l'unité vivante
manifestée sous les formes terrestres et sidérales.
Inspirée et affirmée par les fécondes découvertes de
la science contemporaine, elle surpasse majestueusement les idées d'un autre âge, qui morcelaient la
création et ne laissaient subsister que l'homme sur
le trône de l'intelligence. Nous savons aujourd'hui
que l'homme n'est pas isolé dans l'univers ni sur la
terre ; il est rattaché aux autres mondes par les liens
de la vie universelle et éternelle, et à la population
terrestre par ceux de l'organisation commune des
habitants de notre planète. Il n'y a plus un abîme
infranchissable entre notre globe, Mars et Jupiter, ni
entre l'homme blanc et l'homme noir, ni entre
l'homme et le singe, le chien ou la plante. Tous les
êtres sont fils de la même loi, et tous tendent au
même but, la perfection.

La réaction théologique du dix-septième siècle
avait séparé rigoureusement l'homme de ses aînés
dans l'œuvre inexpliquée de la création. Descartes
représenta les animaux comme de simples machines
vivantes. D'interminables discussions s'élevèrent sur

la question de l'âme des bêtes, et de temps en temps, nous retrouvons aujourd'hui sur les quais les pièces variées de cet immense plaidoyer. Des nombreux traités écrits à cette époque sur ce sujet, nous citerons surtout celui du P. Daniel, disciple de Descartes, qui complète son voyage à la Lune, et celui de H. Boujeaut, qui prend le parti des bêtes,... et même leur trouve tant d'esprit qu'il finit par voir en elles l'incarnation terrestre des diables les plus malins.

Aristote avait cependant déjà mis en évidence la loi de gradation des êtres. « Le passage des êtres inanimés aux animaux, dit-il, se fait peu à peu : la continuité des gradations couvre les limites qui séparent ces deux classes d'êtres et soustrait à l'œil le point qui les divise... Il se trouve dans la plupart des bêtes, remarque t-il ensuite, des traces de ces affections de l'âme qui se montrent dans l'homme d'une manière plus marquée. On y distingue un caractère docile ou sauvage ; la douceur, la générosité, la férocité, la bassesse, la timidité, la confiance, la colère, la malice. On aperçoit même dans plusieurs quelque chose qui ressemble à la prudence réfléchie de l'homme. » Mettant plus loin en lumière les différences qui caractérisent les individus d'une même espèce, le fin naturaliste ajoute : « Le caractère de la femelle est plus doux ; elle s'apprivoise plus promptement, reçoit plus volontiers les caresses, est plus facile à se former... Ces caractères sont plus frappants dans l'espèce humaine, car sa nature est achevée... Ainsi, nous voyons la femme plus portée à la compassion que l'homme, plus sujette aux larmes, plus jalouse aussi et plus disposée à se

plaindre qu'on la méprise. Elle aime davantage à
médire ; elle se décourage et se désespère plus tôt.
On trompe les femmes plus facilement (??), mais
elles oublient plus difficilement. Elles sont plus
éveillées, quoique plus paresseuses, etc. »

Vous voyez qu'Aristote n'avait pas mal observé.
Pour en revenir à l'intelligence des animaux, et tout
en restant encore un instant avec nos bons aïeux les
antiques, écoutons le philosophe Plutarque. Il est
peu de critiques qui soient plus intéressantes et plus
fines que le dialogue qu'il établit entre Circé, Ulysse
et Gryllus. Circé, comme vous savez, avait le don de
changer les hommes en bêtes (ce qui, parfois, n'était
pas bien difficile). Ulysse vient lui demander en
grâce que les Grecs ainsi métamorphosés soient
rendus à la vie humaine. Circé lui répond qu'il sert
mal les intérêt de ses compatriotes, lesquels sont
beaucoup plus heureux dans leur nouvelle condition
que dans la première. Au surplus, pour qu'il puisse
juger lui-même de la différence, elle lui permet de
causer un instant avec Gryllus (pourceau), métamorphose d'un ancien Grec. « Tais-toi, Ulysse, lui répond
celui-ci, et n'en dis pas davantage. Nous avons tous
un souverain mépris pour vous. Ayant l'expérience
des deux genres de vie, j'ai de bonnes raisons de
préférer celle-ci... L'âme des animaux est plus parfaite, plus propre à produire la vertu, et cela naturellement, sans instruction, sans influence étrangère.
— Mais quelles sont donc, mon cher Gryllus, les vertus dont les animaux sont doués ? — Demande plutôt
s'il en est une seule qu'ils n'aient pas à un plus haut
degré que le plus sage des hommes ! Le *courage*,
pour vous, preneur de villes, n'est que ruse et per-

fidie, mensonge et fraude. Les animaux se battent
ouvertement, avec une pure confiance en leurs forces,
et s'ils marchent, ce n'est pas par la crainte d'être
punis en abandonnant leur poste, mais par vrai courage. A la dernière extrémité, ils s'élancent en fré-
missant et meurent en héros. On ne les voit point
demander grâce. Les femelles égalent le mâle en
énergie, tandis que ta Pénélope, pendant que tu fais
la guerre, se tient tranquillement chez elle au coin
de son feu... Au surplus, les poètes eux-mêmes ne
trouvent rien de mieux que de comparer votre courage au nôtre. — Certes, Gryllus, tu dois avoir été
un grand orateur,. puisque aujourd'hui, avec ton
groin de cochon, tu disputes si subtilement. Je voudrais bien te voir parler de la tempérance. — La
tempérance consiste à borner ses désirs, à réprimer
ceux qui sont superflus et étrangers à la nature, à
régler par une sage modération ceux qui sont nécessaires. Or, nous ne sommes épris ni de l'or, ni de
l'argent, ni de l'ivoire, ni des parures. La jalousie
ne nous trouble pas. Notre odorat respire sans frais
de bonnes odeurs, qui nous servent de plus à bien
connaître notre nourriture. Nous respirons les parfums de la création et non vos drogues que vous
achetez si cher. Ici, celles que nous aimons ne ca-
chent pas leurs désirs sous un refus affecté ou ne
vendent point leurs faveurs. Nous accomplissons le
but de la nature, et la volupté passionnée n'a pas de
prix pour nous. On ne voit point parmi nous de ces
amours infâmes. L'intempérance vous pousse aux
plus violents excès. Nous sommes satisfaits de
notre nourriture ordinaire. Vous cherchez toujours
de nouvelles superfluités pour votre insatiable glou-

tonnerie. Nous n'avons pas d'arts inutiles. Chacun de nous est son propre médecin. Observez enfin combien les chiens et d'autres animaux apprennent facilement une multitude de choses en dehors de leurs facultés habituelles. »

Ainsi parle le Grec, qui refuse de revenir à la vie humaine et convainc presque Ulysse de la supériorité des animaux sur l'homme. Nous ne suivrons pas plus loin cet ingénieux paradoxe. Montaigne, notre Plutarque, compare avec le même sentiment les animaux à l'homme : « Quand je joue avec ma chatte, dit-il, qui sait si elle passe son temps de moi plus que je ne fais d'elle? Nous nous entretenons de singeries réciproques ; si j'ai mon heure de commencer ou de refuser, aussi a-t-elle la sienne. »

Ainsi parlèrent autrefois Aristote, Plutarque et Montaigne. Arrivons maintenant à notre sujet pratique, et *constatons l'intelligence des animaux*, en rassemblant ici un choix significatif de faits sérieusement observés.

Les animaux sont doués de la faculté de penser; en eux réside une âme, différente de la nôtre (et peut-être si différente que nulle comparaison ne puisse être établie). La faculté de penser se montre en des degrés divers suivant les espèces, et là se cache la grande difficulté du sujet! Car en accordant une âme au chien, nous sommes conduits de proche en proche à en accorder une à l'huître, et si l'huître est animée par une monade spirituelle, en adoptant même la classification de Leibnitz, nous ne voyons pas pourquoi la sensitive, la rose, en seraient privées. Voici donc une série d'âmes en nombres incalculables, dont nous serions bien embarrassés si nous étions obligés de diriger leurs métempsychoses. Fort heureusement que la Nature ne nous a pas laissé cet embarras, tout en nous laissant la faculté de rêver et de conjecturer.

Parmi les animaux, le plus intelligent, et surtout le meilleur d'entre tous, est sans contredit le Chien. C'est en lui que nous trouvons au plus éminent degré des exemples d'affection constante, de dévouement sans bornes, de fidélité à toute épreuve, d'inébranlable observation du devoir. Si à ces qualités on joint le courage avec lequel ces animaux défendent la personne ou la propriété de leur maître, leurs dispositions généreuses, leur caractère aimable et facile, on ne s'étonnera pas que la plupart des hommes ayant quelque valeur aiment les chiens, et que quelques-uns qui, comme lord Byron, ont fait l'expérience du monde et n'y ont trouvé que mensonge, vanité, déception, envisagent la nature humaine à un triste point de vue et grandissent la vertu de la race canine aux dépens de celle de leur propre race. Burns voyait dans le chien non seulement un professeur de morale humaine, mais encore un professeur de morale religieuse prêchant d'exemple.

« L'homme, dit-il, est le dieu du chien. L'animal n'en connaît pas d'autre, n'en peut comprendre d'autre. Voyez quel culte il lui rend, comme il rampe à ses pieds, avec quel amour il le caresse, avec quelle humilité il le regarde, avec quel joyeux empressement il lui obéit! Toute son âme se concentre en son dieu; toutes les forces, toutes les facultés de sa nature sont employées à le servir.

L'Église enseigne qu'il doit en être ainsi des chrétiens envers Dieu ; mais combien le chien l'emporte sur ceux-ci et leur fait honte? »

L'auteur d'un important ouvrage sur les chiens de la Grande-Bretagne, Jesse, témoigne à l'égard de ses héros un sentiment analogue. « Prenez, dit-il, le chien dans le sens collectif, comparez ses qualités morales avec les vôtres, telles que la patience, la fidélité, le désintéressement (qui sont certainement de bien grandes vertus), et voyez combien la bête nous est supérieure ! »

Un grand nombre d'exemples viennent à l'appui de ces opinions sur l'âme du chien. Le précédent auteur rapporte entre autres que chez un rentier de Pembury, un gros terrier-bull avait pris l'habitude de saisir au passage les lièvres poursuivis par la meute des chassseurs. Il apportait sa proie à son maître ; mais lorsque les chasseurs passaient, le maître ne manquait jamais de leur en faire hommage. Le chien voyait chaque fois d'un fort mauvais œil cet acte de courtoisie. Pour l'éviter désormais, il prit un jour une résolution fort intelligente. Au moment où la meute se faisait entendre sur la montagne, il sortit sans bruit. La maîtresse de la maison, assise à la fenêtre, le vit ensuite venir à elle en agitant sa queue, sautant, gambadant, l'invitant muettement à le suivre. La dame se décide à descendre. Alors il la conduit en silence à un épais bosquet de lauriers, et là s'arrête court, le cou tendu et l'œil fixe. Le lièvre mort était là. Le chien se garda bien d'y toucher ; mais sa joie n'eut plus de bornes quand il vit sa maîtresse le ramasser et l'emporter. Cette fois le lièvre était bien pour la maison.

Et quand la meute arrivant ne trouva rien, notre héros manifesta les allures triomphantes les plus significatives, aboyant alors à pleins poumons : « Vous êtes refaits, mes beaux messieurs, semblait-il leur dire. Cherchez bien ! »

Le chien a l'esprit de justice. Qu'un maître se montre partial dans ses rapports avec ses chiens, ceux-ci manquent rarement de se rendre compte de son injustice et d'en concevoir du ressentiment. L'observation célèbre d'Arago peut être prise comme type de ce genre de manifestation. Se trouvant forcé par un orage de s'arrêter à une auberge de campagne, il était à se chauffer au feu de la cuisine lorsque son hôte vint mettre à la broche un poulet qu'il avait commandé pour son dîner. Cela fait, l'aubergiste voulut empoigner un basset qui se trouvait dans la salle, pour lui faire tourner la broche, mais l'animal se refusa à entrer dans la roue, et se réfugia sous la table en montrant ses dents. Comme Arago s'étonnait de la conduite du chien, on lui expliqua qu'il n'était pas tout à fait dans son tort, vu que ce n'était pas son tour de tourner la broche. Aussi envoya-t-on chercher l'autre basset, qui se mit à l'œuvre sans sourciller. Quand le poulet fut à moitié cuit, Arago jugea qu'il était temps de relever le tourne-broche, et cette fois ne se sentant plus sous le coup d'une injustice, le chien rébarbatif ne fit aucune difficulté et acheva l'opération (25).

L'hypocrisie est également un trait du caractère de la race canine dont il existe des exemples sans nombre ; le naturaliste Romanes cite le suivant d'après un de ses correspondants qui, après lui avoir raconté plusieurs supercheries de son épagneul king-charles, ajoute : « Il nous a joué encore d'autres tours et de propos tout aussi délibéré. Jugez plutôt. Ayant remarqué qu'à la suite d'une blessure qu'il s'était faite à la patte, on lui avait témoigné une sympathie toute particulière tant qu'il était demeuré boiteux, il n'imagina rien de mieux pendant plusieurs mois que de se mettre à boiter péniblement chaque fois qu'on le grondait. Mais quand il vit que cette supercherie ne trompait plus personne, il n'y persista pas ».

L'exemple suivant dû à l'observation du même naturaliste semble plus remarquable encore.

« Ce terrier aimait beaucoup à attraper les mouches contre les vitres des fenêtres, mais cela l'agaçait qu'on se moquât de lui quand il manquait son coup. Un jour, pour voir ce qu'il ferait, je fis exprès de rire d'une façon exagérée à chaque insuccès et, mon hilarité aidant, il se montra particulièrement maladroit. A la fin, son chagrin devint tel qu'en désespoir de cause il se mit à simuler une capture par des mouvements appropriés de sa langue et de ses lèvres et en frottant son cou contre le sol comme pour écraser sa victime, après quoi il me regarda d'un air de triomphe. Il avait si bien joué sa petite comédie qu'il m'en aurait certainement fait accroire si je ne m'étais aperçu que la mouche était toujours sur la fenêtre. J'attirai son attention sur ce fait, ainsi que sur l'absence de tout cadavre à terre, et lorsqu'il vit que son hypocrisie était dévoilée, il se retira tout honteux sous un meuble. »

Cette allusion à l'effet très réel du ridicule sur un chien fait penser à un autre sentiment, celui de la plaisanterie.

Le même terrier dont il vient d'être question avait

l'habitude de témoigner sa bonne humeur en s'acquittant de certains tours qu'il avait appris tout seul et dont le but était évidemment de faire rire. Il y en avait un, par exemple, qui consistait à se coucher sur le côté en faisant force grimaces, et à se mettre la patte dans la bouche. En pareil cas, rien ne lui faisait plus de plaisir que de voir sa plaisanterie appréciée, mais si elle passait inaperçue, il boudait. Par contre, rien ne le vexait plus qu'un rire intempestif. Le chien, dit Darwin, fait preuve de ce que l'on peut véritablement appeler un esprit de plaisanterie, esprit bien distinct de celui d'enjouement ; qu'on lui jette quelque objet, un bâton par exemple, il l'emporte à quelques pas de distance, le dépose à terre et se couche juste en face, puis, quand son maître approche pour le prendre, il le saisit de nouveau et l'emporte en triomphe, pour recommencer, un peu plus loin, le même manège, qui constitue à ses yeux une excellente plaisanterie.

Le lieutenant-général sir John Lefroy raconte que son terrier « Button » a l'habitude de déjeuner avec le lait d'une chèvre que la domestique de Mme Lefroy va traire chaque matin après avoir réveillé sa maîtresse. Or, un jour qu'elle était plus matinale que d'habitude, cette fille prit son ouvrage, au lieu d'aller droit à la chèvre, et se mit à travailler. Cela ne faisait pas l'affaire du chien, qui, après avoir essayé de tous les moyens pour attirer son attention et l'engager à sortir, finit par tirer le rideau d'un cabinet, où se trouvait la tasse dont elle se servait pour traire la chèvre, la prit entre ses dents et vint la déposer à ses pieds, et cela sans qu'on lui eût jamais appris à porter la tasse, ni la moindre des choses.

Un petit terrier écossais, appartenant à un officier
de l'armée de Bombay, avait inventé une méthode
aussi singulière qu'ingénieuse pour tuer les serpents.
Saisissant le reptile par la queue, il courait à toutes
jambes au milieu des pierres, et, par la rapidité de sa
course, empêchant l'ennemi de se retourner, il lui
cassait la tête sur les cailloux.

La sagacité du chien se montre surtout quand
l'animal a le sentiment d'un danger qu'il ne peut
connaître par expérience. Tel est, par exemple, ce fait
récemment observé : un convalescent faisant une
promenade à cheval, accompagné de son vieux
chien, se laissa désarçonner et tomba le pied pris
dans l'étrier. Il n'y avait personne à portée de la
voix ; le poney allait prendre le galop et mutiler le
cavalier, quand le pauvre vieux chien, comprenant le
péril, sauta à la bride du cheval et le tint immobile
jusqu'à ce que son maître eût dégagé son pied (15).

Tel est aussi le fait rapporté par Walter Scott
d'un griffon écossais, qui empêcha une servante
d'être brûlée. Le feu avait pris à la robe de laine de
cette fille endormie près du foyer, et la consumait
lentement sans flamber. Le chien de la maison, dans
sa ronde nocturne, remarqua ce qui se passait dans
la cuisine. Il dut traverser deux étages pour aller
réveiller son maître et l'attirer obstinément jusqu'à
la cuisine...

Tel est encore le sauvetage d'un M. Procter, de
Lydd. Celui-ci se débattait, mais loin du rivage,
contre les vagues furieuses, et avait déjà disparu
deux fois. Son chien appela du secours ; mais comme
personne n'apparaissait, il se jeta résolûment à
l'eau et essaya de saisir le noyé par le collet de son

vêtement. Malheureusement, les dents glissaient sur le manteau de caoutchouc. L'infortuné nageur allait disparaître une dernière fois, quand il crut entendre une voix qui lui criait : « Prenez la queue du chien ! » Il obéit à tout hasard. Aussitôt le sauveteur nagea vigoureusement, remorquant son maître presque inanimé. Le chien ne le quitta pas d'une minute pendant sa maladie, et désormais, quand son maître avait à passer l'eau, marcha en avant pour sonder le chemin.

Le Docteur Beattie raconte qu'un chasseur, en traversant la rivière Dee sur la glace, à quelque distance d'Aberdeen, était tombé dans l'eau à moitié chemin. Grâce à son fusil, qu'il mit en travers du trou, il avait trouvé moyen de se soutenir ; mais il n'en courait pas moins le plus grave danger. Son chien fit d'abord tous ses efforts pour l'aider à se dégager, mais comme il n'y réussissait pas, il courut à un village voisin et ayant rencontré un homme, il le tira par l'habit et se démena tant et si bien qu'il le décida à venir à l'endroit où il avait laissé son maître, juste à temps pour le sauver.

L'histoire du chien nous offre tant d'exemples de raisonnement, qu'il est impossible de ne pas admettre qu'un véritable travail intellectuel s'exécute en son cerveau comme dans le nôtre. On a vu à Airth, dans le Stirlingshire, une levrette chercher au village voisin une nourrice pour sa progéniture trop nombreuse pour elle seule. Combien d'exemples d'affection ne trouvons-nous pas en faveur du même animal ? On se rappelle que Napoléon Ier fut vivement ému en voyant, sur le champ de bataille de Bassano, un chien qui gardait le corps de son maître tué. Le même incident fut observé à Talavera. Les journaux américains ont rapporté que, pendant la guerre de la sécession, la veuve du lieutenant Pfieff, de l'Illinois, fut conduite par son chien à la fosse de son mari. Le chien était resté auprès de son maître tué, léchant ses blessures, et s'était établi sur la fosse où il était depuis douze jours, ne quittant que pour satisfaire sa faim et chercher sa maîtresse. Walter Scott et Wordsworth ont célébré le chien d'un touriste, qui veilla trois mois près du corps non inhumé. Un lévrier veilla sept années sur la tombe de son maître, et ne la quitta que pour aller querir la justice et lui désigner le meurtrier, comme le fameux chien de Montargis (16).

Qui n'a admiré les chiens de berger, chez lesquels l'affection pour le maître prend la ferveur d'un sentiment profond du devoir? Meyrick rapporte avoir observé, entre autres, dans les Highlands d'Ecosse, un colley gardant à lui seul un troupeau de moutons, dont il observait tous les mouvements du haut d'une éminence. La moindre tentative de maraude était immédiatement réprimée. Il restait la journée entière à son poste, et le soir, sur un coup de sifflet de son maître demeurant à près de deux kilomètres, ramenait le troupeau à la ferme.

Romanes raconte qu'un chien de berger, appartenant à un de ses amis, s'était égaré et avait élu domicile chez un fermier du voisinage. La seconde nuit après son arrivée, le fermier l'emmena avec lui à la prairie pour voir si le bétail était en sûreté, et trouvant la palissade, qui séparait son pré de celui de son voisin, abattue et les deux troupeaux mêlés ensemble, il requit les services de son compagnon pour l'aider à renvoyer chez elles les bêtes d'à côté, avant de réparer la brèche, au moins provisoirement. La nuit suivante, à l'heure de sa tournée, le chien étant absent, le fermier partit sans lui, mais quel ne fut pas son étonnement en arrivant au pré, de constater que l'intelligent animal l'avait précédé. Son étonnement se changea du reste bien vite en joyeuse approbation lorsqu'il le vit posté sur la brèche entre les deux prés, et tenant en respect le bétail des deux côtés. Dans l'intervalle entre les deux tournées, les bêtes avaient de nouveau abattu la palissade et les deux troupeaux s'étaient mêlés comme la première fois. Sur ces entrefaites, le chien était venu inspecter les lieux pour son compte et, trouvant les choses dans le même état que la veille, avait réussi tout seul à expulser les intrus, après quoi il s'était mis à monter la garde sur la brèche.

A quelque point de vue qu'on envisage les facultés intellectuelles de la race canine, on reconnaît qu'elles se rapprochent fort de celles de l'homme, et qu'en différents cas même l'affection, la sincérité, le courage, la fidélité, la religion du souvenir, sont mieux marqués chez certains chiens que chez certains hommes (17).

On a vu des chiens faire chaque dimanche leurs dévotions à l'église ; mais il est permis de croire qu'ils n'avaient pas exactement conscience de leurs actions. Signalons, en particulier, le grand limier d'un ministre protestant qui fut un jour chassé de l'église parce que son maître n'officiant pas, il avait aboyé contre son remplaçant, et qui, les dimanches suivants, assista désormais aux offices d'une autre église. Signalons encore un chien méthodiste qui fréquentait régulièrement la chapelle, malgré les verges. Son maître n'y venait jamais. Le puritain John Nelson soutient que la conduite du chien n'avait d'autre but que d'attirer son maître au service divin pour son salut, et comme le chien cessa de venir après la mort de son maître, qui s'était noyé étant ivre, il ajoute que ce chien avait compris que son exemple était désormais inutile.

Dans la paroisse de Saint-George, à Chichester, il y avait un docteur qui n'allait jamais à l'église sans un magnifique chien de Terre-Neuve, lequel n'était pas plus tôt arrivé à la porte de l'édifice sacré, qu'il prenait un air grave, baissait la tête d'un air recueilli, puis entrait derrière son maître à côté duquel il se plaçait. Chaque dimanche, ajoutait le journal de la localité, on peut voir cet intelligent animal se comporter, pendant le service, avec autant de dévotion que qui que ce soit d'entre nous.

On le voit, la variété de ces observations est sans fin. Que dirions-nous d'un chien qui, ayant eu la patte remise par un chirurgien, amènerait vers son sauveur ses frères auxquels le même accident serait arrivé ? C'est pourtant ce qu'on a observé.

Le peintre Doyen avait été chargé par le duc de Choiseul de restaurer ou plutôt de refaire presque en entier les peintures d'une partie de la coupole des Invalides, exécutées par Boullogne et complètement dégradées.

Un jour, Doyen, monté sur son échafaud, voulut juger de l'effet d'une figure qu'il venait d'esquisser : il se recula et arriva insensiblement à l'extrémité de la plate-forme. Là, manquant de point d'appui, il tomba d'une hauteur assez considérable et se fracassa une côte.

Il fut soigné et logé à l'hôtel des Invalides. Sa petite chienne, intelligente et affectueuse, ne quittait pas le bord de son lit. Une fois cependant, elle s'absenta et revint la patte cassée. Doyen pria le chirurgien qui le soignait de soigner aussi sa chienne ; celui-ci y consentit de bonne grâce. Au bout de quelques jours, l'animal était guéri.

Or un jour la petite chienne resta en promenade plus longtemps que d'habitude. Lorsqu'elle revint, elle courut immédiatement à l'appartement de Doyen, le caressa, puis se mit à japper d'une façon singulière en se tournant et en allant vers la porte. Le peintre, surpris, la suit et aperçoit alors une autre chienne qui avait la patte cassée. Il comprit sans peine ce que les deux bêtes désiraient.

Le chirurgien fut encore mandé et prié d'entreprendre cette nouvelle cure.

— Je le veux bien, dit-il en riant, mais ce sera la dernière ; car, si vous connaissiez comme moi l'instinct de la race canine, vous sauriez que votre chienne est capable d'amener ici tous les chiens estropiés qu'elle rencontrerait dans Paris (23).

Voici encore d'autres observations, d'un genre tout différent.

« Pendant un séjour à Londres en 1872, écrivait un correspondant, j'ai eu l'occasion d'examiner de près les talents d'une troupe de chiens savants que l'on exhibe actuellement dans la capitale de la Grande-Bretagne. Le sujet en lui-même paraîtra un peu puéril au premier abord, mais il touche cependant à des considérations très sérieuses sur l'intelligence des animaux et sur les rapports de l'homme avec ses frères dans la création, que Descartes considérait aveuglément comme des mécaniques.

« Les chiens dont nous parlons se composent de trois caniches et d'un lévrier. Le lévrier est remarquable par son agilité ; sur le moindre geste de son maître, il se tient en équilibre, comme les clowns, sur le dos de deux chaises. Il saute par-dessus la tête d'un homme ; il traverse des ronds de papier : c'est assurément un artiste très habile ; mais les talents des caniches ses confrères sont incomparablement supérieurs. Comme tous les animaux de leur race, ils font le *beau*, marchent sur leurs pattes de derrière ; mais, ce qui est moins commun, non seulement ils jouent aux dominos et à l'écarté, mais, à la façon du chien *Minos* que l'on a vu à Paris, ils savent reconnaître les portraits photographiques. J'avais déjà cherché à observer à Paris la façon dont s'exécutait ce tour curieux ; il m'a été donné de pouvoir l'étudier de plus près de l'autre côté de la Manche.

« Voici en quoi consiste cette remarquable expérience. Le montreur de chiens savants étale sur un tapis une trentaine de portraits-cartes photographiques, représentant les souverains, les grands personnages, les hommes célèbres de l'Europe. Il demande à l'un des assistants de nommer tout haut le nom d'un de ces personnages. Je m'offris à cet effet. J'avais sous les yeux les portraits de la reine d'Angleterre, du czar, de l'empereur d'Allemagne, de Bismarck, de M. Thiers et d'autres personnages. Je désignai à haute voix M. de Bismarck.

« Le montreur de chiens appela un de ses caniches, qui s'approcha de son maître, le regarda fixement et avec une attention soutenue.

« — Mon ami, lui dit-il, tu as entendu le nom que vient de prononcer monsieur ?

« Le chien inclina la tête.

« — Fais bien attention, continua son maître, regarde bien tous les portraits, et apporte-moi M. de Bismarck.

« Le caniche s'avança vers le tapis ; il regarda une à une les trente photographies, puis il s'arrêta à celle qui représentait le grand chancelier d'Allemagne ; il le prit dans sa gueule et l'apporta à son maître.

« L'expérience, renouvelée un grand nombre de fois, réussit toujours aussi bien.

« Je demandai après la séance, au propriétaire des chiens savants, comment il faisait cette expérience. Il m'affirma que le chien entendait le nom prononcé et qu'il savait reconnaître, d'après l'intonation, la carte qu'il devait prendre. Les photographies étaient toujours placées dans le même ordre. Le caniche ne reconnaissait pas les portraits ; mais je crois que suivant l'intonation de la voix de son maître, il savait qu'il fallait prendre la première, la deuxième ou la cinquième photographie, etc. Pendant l'expérience, le maître ne faisait aucun geste, aucun mouvement, aucun signe ; il se contentait de répéter très distinctement le nom du personnage désigné, et le caniche soulevait parfois les oreilles comme pour mieux entendre. J'ai cru intéressant de signaler ce fait à ceux qui ont médité sur l'intelligence des animaux. Si extraordinaire qu'il puisse paraître, il est d'accord avec d'autres faits de même genre, que des observateurs dignes de foi ont constatés. Le caniche a un grand pouvoir d'observation ; rien ne lui échappe : il arrive à comprendre non seulement la parole, mais encore les gestes et les regards de son maître. »

Un chien peut reconnaître un portrait. Un terrier

dont la maîtresse était morte jouait avec des enfants dans une chambre lorsqu'on apporta de la défunte une photographie agrandie qu'il n'avait jamais vue. « Bientôt les regards de l'animal rencontrèrent le portrait que l'on avait déposé à terre en l'appuyant contre le mur. A cette vue, il fut pris d'un tremblement de tout le corps, puis se traînant sur le plancher, il alla s'asseoir devant la photographie et se mit à aboyer fortement comme pour reprocher à sa maîtresse de ne pas lui parler. On essaya plusieurs fois de changer le portrait de place, mais chaque fois le chien s'établit en face de lui et recommença à aboyer. »

Ce fait, rapporté par le journal scientifique anglais *Nature*, a été suivi quelque temps après du récit suivant. Un autre observateur, M. Charles Peach, raconte comment, un jour qu'on lui avait apporté son portrait, son vieux chien qui se trouvait présent au moment où il en enlevait la couverture se mit à le regarder fixement sans qu'on lui eût dit un mot pour éveiller son attention. Bientôt il devint fort excité, gémissant, cherchant à lécher et à gratter, bref témoignant une telle émotion que ceux-là même qui connaissaient son intelligence, en étaient tous émerveillés. « Nous avions peine à croire qu'il eût reconnu mon image, mais une fois que le portrait eût été mis en place dans le salon il fallut bien nous rendre à l'évidence. Profitant de ce que l'on avait laissé la porte ouverte sans songer à lui, l'animal eut bientôt fait de se rendre compte de la position du tableau et reprit aussitôt ses manœuvres; si bien qu'attirés par le bruit qu'il faisait nous revîmes voir ce qui se passait et le trouvâmes juché sur une

chaise au moyen de laquelle il s'efforçait d'atteindre
le portrait, la salle étant basse. Redoutant des dégâts, je fixai le tableau à une plus grande hauteur.
Mais mon chien n'en continua pas moins à lui pro-
diguer ses attentions, car chaque fois que je m'absen-
tais, il passait la grande partie de son temps à le
contempler, et comme il semblait y trouver quelque
satisfaction, on lui faisait la faveur de laisser la porte
ouverte. Quand mon absence se prolongeait, il
accompagnait sa contemplation de faibles gémissements en manière de protestation. Il continua de se
comporter ainsi jusqu'à sa mort. »

Un autre correspondant de *Nature* ajoute encore
une observation du même ordre. « Il y a de cela
quelques années, lit-on dans cette relation, mon
mari fit faire son portrait, mais comme il était appelé
aux Indes, il le laissa à Londres pour qu'on achevât
de le monter et de l'encadrer. Environ deux ans
après on me l'apporta, et en attendant de le faire
placer, je le déposai sur le parquet en l'appuyant
contre le canapé du salon. Nous avions à cette
époque un magnifique chien couchant (gordon
setter) noir et fauve, dont nous faisons grand cas ;
sitôt qu'il entra dans le salon, il reconnut le portait
de son maître qu'il n'avait pas vu depuis deux ans,
et vint lui lécher la figure. Quand la chose fut
racontée au peintre, celui-ci déclara que c'était le
plus beau compliment qu'il eût encore reçu.

Nous n'en finirions pas, si nous voulions rapporter
ici toutes les observations qui témoignent des facultés intellectuelles et morales chez les animaux.
Nous terminerons en ajoutant qu'il y a plusieurs
exemples avérés de *chiens morts de chagrin*. L'un

des plus authentiques a été présenté par M. Henri Giraud, président du tribunal civil de Niort et de la Société centrale d'agriculture du département des Deux-Sèvres, à la Société protectrice des animaux. Il y signale le fait d'un chien mort de chagrin par suite du décès de son maître. « Ce fait, dit-il, est à ma connaissance personnelle et s'est passé sous mes yeux, dans ma famille. »

Le bulletin de la même Société a publié aussi le touchant récit du fait suivant, arrivé rue Notre-Dame-des-Champs, dans le quartier de l'Observatoire.

Bien que Finot ne fût qu'un chien, il était aimé de tous et méritait de l'être. Depuis plus de deux ans, il habitait le quartier. Finot appartenait à M. Charles Brencard, un jeune artiste peintre auquel la fortune n'avait point encore souri. Comme chez son maître la chère était loin d'être exquise, le chien demandait sa pitance aux voisins. Finot était philosophe et se contentait de peu. A sept heures, le soir, il venait s'installer devant la porte du logis, et il attendait son maître qui souvent avait moins bien dîné que lui.

Un jour, le malheur entra tout à fait chez l'artiste ; le maître de Finot fut atteint d'une pleurésie. On dut le transporter à l'hôpital de la Charité, où il mourut le surlendemain.

Finot resta seul ; il avait suivi le brancard sur lequel on emportait son maître, mais on le devine, il avait dû s'arrêter devant la porte de l'hôpital. Il était revenu au logis le soir. Là, refusant l'hospitalité que lui offrait le concierge, il avait attendu toute la nuit dans la rue.

Et ce fut, pour lui, le même manège cinq jours

durant. Finot demeurait planté devant la Charité, ne mangeant plus, buvant dans le ruisseau quand la soif le pressait par trop ; le soir, il revenait se coucher à la porte de la maison où avait demeuré son maître.

Le sixième jour, on trouva Finot étendu sans vie sur le trottoir. La pauvre bête était morte de faim et de froid, attendant toujours le retour de celui qu'elle aimait tant.

Trouverait-on dans les hommes de pareils exemples d'attachement? Ici, évidemment, le sentiment domine tout.

On connaît le chien de Mac Dowall Stuart, qui veilla sur son maître et le servit comme un domestique pendant sa longue maladie, fut pris de désespoir à sa mort et se coucha silencieusement aux pieds du lit pour y mourir la nuit suivante (18).

Enfin, comme si la race canine devait égaler la nôtre jusque dans ses extrémités les plus tragiques, on a vu des chiens se suicider avec préméditation. En 1866, tous les journaux ont raconté le suicide d'un chien, qui se donna volontairement la mort à la suite des mauvais traitements qu'il avait injustement subis. L'année précédente, le *Droit* avait enregistré la fin tragique d'un chien disgracié par son maître, et qui se jeta dans le canal Saint-Martin à Paris. Montaigne cite, après Plutarque, deux exemples du même genre : les chiens du roi Lysimachus et d'un certain Pyrrhus, qui se firent brûler dans le bûcher de leurs maîtres.

En 1908, non loin de l'Observatoire, un chien affolé de la mort de sa maîtresse qui habitait rue du Château, s'est précipité dans la rue, courant tout

droit devant lui, et s'est fait écraser sous l'autobus
de l'Odéon, place Saint-Sulpice. Préméditation? Non,
sans doute, il ne s'est pas fait écraser exprès par le
lourd véhicule. Mais désespoir, assurément : il se
serait aussi bien jeté dans la Seine si elle s'était
trouvée devant lui (19).

Francklin proclame, non sans une pointe de malice, peut-être, que l'homme a trois amis fidèles :
un vieux chien, une vieille femme, et de l'argent
comptant.

Cet ami sincère et dévoué est pourtant quelquefois la victime de traitements durs et barbares. Certains sont rancuniers comme les hommes (20) ; d'autres sont meilleurs. Dans le beau travail qu'il a
consacré à la gloire des animaux utiles *, M. Bla-
tin cite, entre autres exemples, un trait d'odieuse
férocité et de pardon sublime : « Un homme amène
son chien au bord du canal, lui lie une pierre au cou,
le soulève, et le lance à l'eau. La bête se débat, fait
détacher la pierre, nage et gagne le bord. L'homme
tend la main, et, quand le chien est à sa portée, il
lui assène sur la tête un coup de gaffe. Le chien à
demi mort coule au fond de l'eau. En frappant,
l'homme est tombé dans le canal ; il crie au secours ;
il s'enfonce ; il va périr. Un sauveteur se montre, le
saisit, le soulève, l'attire sur la berge : c'est son
chien ensanglanté. »

Il est remarquable que Maury fasse partager au
chien l'honneur de la souveraineté de l'homme sur
la Terre. « A l'homme seul, dit-il, à l'homme seul *et
au chien* son fidèle compagnon, la nature n'a point

_____

* *Nos crautés envers les animaux.*

tracé de frontières, et a ouvert la Terre d'un pôle à l'autre. Ils la parcourent ensemble et vont ensemble où ils désirent. Si le sol leur refuse des moyens de subsistance, ils unissent l'intelligence et l'instinct pour en trouver dans l'air, dans l'eau, en tout lieu où leurs recherches peuvent s'étendre. »

Un dernier mot, à propos de *l'odorat du chien*, sur lequel j'invite mes électeurs à méditer un instant.

C'est *l'odorat* qui domine dans l'organisation du chien et absorbe presque tous les autres sens. Dans l'homme, c'est la *vue* qui tient le premier rang. La plupart de nos sciences sont basées sur l'observation à l'aide de la vue ; la plupart de nos passions naissent également de la vue (et l'amour en particulier).

Si le chien faisait une classification de ses connaissances, l'odorat y jouerait son rôle permanent ; ce qui serait assurément fort singulier pour nous. Il n'aurait sans doute ni l'astronomie, ni la mécanique, mais la météorologie, la physiologie médicale, la connaissance des plantes, l'appréciation des espèces animales, etc., seraient fondées sur le jeu de l'odorat.

Ce n'est point par la vue qu'un chien reconnaît son maître, son ami, son ennemi, ou les qualités secrètes d'une beauté canine et d'une petite dame de son espèce, mais en les sentant.

Quel monde de sensations différentes des nôtres !

Il est incontestable que le chien a des facultés dont nous ignorons la nature. Un chien emmené de Paris à Londres a trouvé moyen de revenir chez son maître.

Les animaux d'ailleurs, et le chien en particulier, ont prouvé leur intelligence, comme leur instinct, de toutes les façons : on n'a que l'embarras du choix (21).

Cette étude n'aurait pas de bornes, si nous nous laissions aller à présenter ici tous les matériaux que nous avons sous la main en faveur de l'intelligence du chien. Nous ne pouvons que réléguer ces faits si nombreux aux notes complémentaires auxquelles nous renvoyons. Par l'amitié comme par la haine, par l'attachement singulier que des espèces différentes d'animaux se sont porté elles-mêmes (22), on est autorisé à admettre chez les animaux des facultés intellectuelles analogues aux nôtres. Cette question comporte l'un des plus curieux et des plus graves problèmes de la philosophie naturelle. Concluons en déclarant que la doctrine de Descartes sur l'automatisme des actions animales est une grave erreur, que Buffon s'est trompé en osant dire, après avoir exposé les actions raisonnées du pungo : « cependant le pungo ne pense point » ; et que le grand Leibnitz était également dans l'erreur lorsqu'il affirmait que « le plus stupide des hommes est incomparablement plus raisonnable et plus docile que la plus spirituelle des bêtes. » Il est certain qu'il y a de par le monde des hommes grossiers, bruts, plus méchants et moins intelligents que certaines bêtes de bonne nature (23).

IX

L'ESPRIT ET LE CŒUR DES BÊTES.
LA SOURIS; L'ÉLÉPHANT;
LE MORSE; LE CRAPAUD; LE PERROQUET.

— Étudions encore les facultés intellectuelles des animaux auxquels certains philosophes ont osé refuser les rudiments mêmes du raisonnement et du sentiment. Par cette observation faite librement, et sans idée préconçue, chez les espèces les plus diverses, nous apprenons à contempler la nature sous son véritable jour et à mieux connaître les rapports d'origine qui nous lient à l'ensemble de toute la création.

Voici, par exemple, un drame dans un buisson, qui nous est raconté par un témoin oculaire. La scène se passe en Afrique aux environs de Biskra, région des sables. Laissons la parole au conteur, M. de Béjan :

Je revenais de la chasse avec mon ordonnance,

fatigué par une demi-journée de marche, sous un soleil de plomb qui vous dessèche la gorge dans ce pays où l'on ne trouve pour se rafraîchir qu'une eau saumâtre et pourrie ; ma gourde était vide, quand enfin nous apparurent les premiers arbres d'une oasis et plus loin les tentes d'une tribu nomade : il était temps !

J'envoyai en toute hâte chercher du lait, et m'étendant à l'ombre d'un chêne-liège, j'attendis.

J'avais sous les yeux un paysage africain dans toute sa splendeur ; mais, je l'avoue, je ne songeais guère à l'admirer. Je regardais, avec ce vague regard de l'homme fatigué, un buisson d'aloès dont les branches semblaient caresser le pied d'un gigantesque palmier, quand soudain il me sembla, au milieu du buisson, voir apparaître une petite tête fine et deux yeux brillants.

Mon instinct d'observateur s'éveilla : j'oubliai ma soif et ma fatigue ; je pressentis quelque chose de curieux, et je concentrai toute mon attention sur le pied du palmier.

Après avoir minutieusement examiné les environs autour de lui, le petit animal sortit lentement de son trou et s'arrêta.

J'eus alors tout le temps de l'examiner.

C'était une souris blanche, à l'œil malin et futé comme un œil de grisette parisienne.

La petite bête regarda, sembla écouter, puis se mit à faire lentement le tour de l'arbre pour voir si elle était bien seule ; d'abord, elle se contenta d'en raser le tronc, puis insensiblement elle élargit son cercle, et, quand elle eut ainsi exploré un certain espace de terrain, elle s'arrêta de nouveau et elle avait l'air de se dire :

— Allons, tout est tranquille... nous ne risquerons rien !

Et, je vous le jure, on lisait tout cela dans ses yeux.

Tout à coup, après un dernier regard jeté autour d'elle, elle fila, trottinant en ligne droite jusqu'à son trou, où elle disparut avec une merveilleuse agilité.

J'eus de mauvaises pensées, j'en conviens : je crus à un rendez-vous d'amour.

— Voilà une gaillarde ? pensai-je. Pour prendre de telles précautions, elle ne doit pas en être à son début.

Eh bien ! c'était là une abominable idée, comme vous allez le voir.

Une ou deux minutes s'étaient à peine écoulées quand je vis reparaître la tête de mon animal.

Même jeu que la première fois : il regarde à droite, à gauche, rien de nouveau... Le voilà hors de sa retraite ; mais, cette fois, il n'était pas seul !

J'avais horriblement calomnié la pauvre bête, honnête mère de famille menant ses enfants à la promenade.

Les enfants ! Ils étaient cinq... tous mignons, le portrait de leur mère...

Et sages ! ils se tenaient en rang comme des soldats, à la file les uns des autres... Mais ce n'est qu'en regardant plus attentivement que je compris la cause de leur sagesse et de leur irréprochable alignement et en même temps l'esprit et la prudence de la souris.

Le premier des petits tenait dans sa bouche la queue de sa mère, le second la queue de son frère, ainsi de suite... De cette façon, en cas d'alerte, la famille était sûre de ne pas se perdre.

Pas de débandade à craindre.

La maman, après avoir jeté un rapide coup d'œil autour d'elle, fit entendre un petit cri, et, comme des collégiens au signal du maître d'étude, les bébés rompirent les rangs, puis, sous la surveillance de la mère aux aguets, se mirent à jouer et à courir de ci de là.

Gravement assise sur son derrière, la queue droite, — ce qui est un signe de vigilance, — la souris les regardait faire, l'œil humide de bonheur.

Quand la petite troupe eut bien joué, à un signal les gamins se groupèrent, se serrèrent les uns contre les autres, se pelotonnèrent comme des gens frileux, — cela devait être sans doute convenu d'avance, — et la mère, prenant dans sa bouche des feuilles sèches, les en couvrit peu à peu.

Ce travail terminé, elle recula de quelques pas pour examiner son ouvrage : elle fut probablement satisfaite, car, après s'être approchée de sa progéniture et lui avoir fait quelque recommandation, elle disparut dans un bouquet de bois voisin. Les petits étaient immobiles sous leurs couvertures de feuilles, et jamais on n'eût soupçonné là-dessous toute une génération de souris.

Dix minutes après environ, la maman revenait, et je compris alors la cause de son absence, qui m'avait fort intrigué. Elle tenait dans sa bouche une noisette dont la coquille était déjà à moitié rongée. Ce travail, je le supposai, devait avoir été fait par le mâle, qui, en bon père de famille, veille à la nourriture de ses enfants.

J'entendis ce cri qui m'avait déjà frappé, et immédiatement la cachette de feuillage s'écroula, et vers la mère accoururent les petits bandits : on aurait dit qu'ils devinaient que l'heure de la collation était arrivée.

Après quelques instants de labeur où les pattes et les dents jouèrent leur rôle, la noisette était sortie de sa coquille et divisée en cinq parts égales que grignotaient les enfants avec l'appétit de leur âge.

C'était charmant à voir que le spectacle de cette famille prenant son repas.

Quand le dernier fragment de noisette eut disparu, on se remit à courir... La mère ne s'y opposa point : tout était tranquille, et un peu d'exercice, après un bon repas, facilite la digestion.

Mais il n'y a pas de bonheur complet en ce monde.

Jusqu'alors, j'avais regardé ces diverses scènes avec intérêt ; la curiosité et mon rôle de traître y aidant, je résolus de troubler ces ébats pour savoir ce qu'il en adviendrait.

Je voulais voir comment la mère de famille se tirerait d'affaire si un danger se présentait, et je fis un mouvement un peu brusque.

C'est à peine si j'eus le temps de voir ce qui se passa : un des petits avait pris dans sa bouche la queue de sa mère, un autre la queue de son frère, et ainsi de suite ; en un clin d'œil, cette grappe de souris s'était reformée et avait disparu dans son trou.

Le drame s'était terminé, avec des émotions, mais sans encombre.

— Et l'on dit, murmurai-je, que les bêtes n'ont pas d'esprit et ne raisonnent pas !

C'est égal, au fond, j'éprouvais comme un remords d'avoir troublé la quiétude de ces animaux. Du

reste, j'allais être puni de ma mauvaise action : mon
ordonnance revenait, et, au lieu du lait frais sur
lequel je comptais, il n'avait pu se procurer qu'un
quart de tasse de lait caillé.

J'avalai cette affreuse chose comme une pénitence ;
mais, malgré ma fatigue, ma soif et les deux lieues
que j'avais encore à faire, je n'aurais pas donné ma
journée pour la meilleure chope de bière. J'avais un
argument de plus prouvant que les animaux ont de
l'esprit, et, ma foi ! l'esprit devient si rare parmi les
hommes que j'étais bien aise de me dire qu'il ne
disparaîtrait pas encore du monde, puisqu'on le re-
trouvait toujours chez les bêtes...

Si nous passions de la souris à l'éléphant, le contraste serait assurément complet, et pourtant écoutons le récit suivant rapporté par mon ami Jacolliot
d'un épisode des plus pittoresques de son séjour dans
les Indes :

A quelques lieues de Pondichéry, il existe une
pagode célèbre du nom de Willenoor, qui reçoit à
l'époque des grandes fêtes de mai une foule de cinq
à six mille pèlerins, accourus de tous les côtés de
l'Inde entière. Cette pagode possède un certain
nombre d'éléphants sacrés, et parmi eux un éléphant quêteur.

Deux fois la semaine, ce dernier se rend dans les
villages et à Pondichéry, accompagné de son cornac,
et quête au profit des brahmes de Willenoor. Que
de fois, travaillant sous la véranda, entouré de tattis
(rideaux de rétiver), du premier étage de ma maison, n'ai-je pas vu sa grosse trompe soulever le
rideau mobile et le balancer pour me demander une

pièce de monnaie neuve, qu'il aspirait de ma main dans sa trompe à dix centimètres de distance au moins.

Je ne manquais jamais de lui donner une petite pièce pour sa pagode, et pour une livre de pain que mon domestique trempait dans la mélasse, dont il était très friand, comme on le pense bien, nous étions devenus en peu de temps bons amis. Il ne m'avait jamais vu qu'en déshabillé, c'est-à-dire en mauresque légère de soie du pays, à travers les colonnettes du balcon de la véranda.

Un jour, j'eus à me rendre à Willenoor pour affaires. J'arrivai à midi : le soleil incendiait la terre, personne dans les rues ou sous les vérandas ; tout le monde faisait la sieste.

Ma voiture s'était arrêtée sur la place principale, sous un manguier, et j'allais me diriger vers la maison du thasildar, chef du village, lorsque tout à coup, de la pagode qui se trouvait en face, sort au galop un monstrueux éléphant noir. Il arrive sur nous, et, avant que j'aie eu le temps seulement de me reconnaître, il m'enlève, me place sur son cou et reprend à toute vitesse le chemin de la pagode : il me fait traverser la première enceinte, celle du grand étang des ablutions, et me conduit droit au quartier des éléphants.

Arrivé là, il me dépose à terre, au milieu de tous ses camarades ; c'était l'éléphant quêteur qui m'avait reconnu. Il poussait de petits cris, accompagnés de balancements de trompe et de battements d'oreilles, que sans doute ses amis traduisirent à mon avantage ; car, au moment où le thasildar, suivi de quelques brahmes de la pagode, accourait chercher l'explication de l'événement, ils purent me voir tranquille et complètement rassuré, au milieu de ces monstrueuses bêtes, qui me faisaient une véritable ovation.

— C'est extraordinaire, dit un des brahmes, je ne les ai jamais vus faire autant d'amitiés à personne.

Je lui expliquai mes petits cadeaux hebdomadaires à l'éléphant quêteur.

— Cela ne m'étonne plus, me répondit-il, il a déjà conté cela à toute la bande, et les gourmands vous font fête pour en obtenir autant.

— Se pourrait-il? fis-je avec étonnement.

— J'en suis parfaitement sûr. Voulez-vous en faire l'épreuve? Passez le bras autour de la trompe de votre ami, et faites-lui signe de sortir avec vous; ils vous suivront tous. Laissez-vous conduire, et vous allez voir où ils vont vous mener.

Je suivis de point en point la recommandation : l'éléphant quêteur et moi, nous prîmes les devants; les neuf autres emboîtèrent immédiatement le pas, échangeant entre eux des cris de contentement. Nous franchîmes la porte de la pagode, et ils me conduisirent tout droit chez un boulanger indigène. J'eusse été stupéfié d'étonnement, si je n'eusse déjà connu la merveilleuse intelligence de ces animaux. Arrivé là, on comprend que je dus m'exécuter, et je leur fis cadeau à chacun d'un pain enduit de ce précieux sirop de canne dont ils font leurs délices.

Le brahme avec qui j'avais déjà lié conversation, et qui était professeur de philosophie au temple de Willenoor, m'apprit que de temps en temps l'éléphant quêteur échappait à leur surveillance et allait quêter pour son compte jusqu'à Pondichéry;

et, comme il connaissait parfaitement le bazar où il allait à la provision à son tour, il s'y rendait, déposait tout l'argent qui remplissait sa trompe sur la table d'un marchand de fruits, et mangeait des cannes à sucre, des ananas, des bananes, des mangues et du jagre autant que l'Indou voulait lui en donner.

Le fait suivant s'est également passé sous les yeux du même voyageur.

Chacun sait que l'on parvient à habituer l'éléphant à exécuter les travaux les plus variés.

Dans les habitations, on fait en général boire les bestiaux dans de grandes auges en bois remplies avec de l'eau de puits à l'aide d'une pompe. On en use ainsi pour que l'animal désaltéré ne touche pas à l'eau stagnante et putréfiée des étangs.

Et c'est d'ordinaire un éléphant qui, de bon matin, pompe, pendant près d'une heure, pour remplir ces auges monumentales. Inutile de dire que, habitué à ce service, il n'a pas besoin d'être commandé, et que tous les matins, une heure avant le lever du soleil, il est à sa besogne avec l'exactitude d'un réveille-matin... qui marche.

J'étais un jour à Trichnapoli, chez un négociant de mes amis qui possédait une magnifique habitation à quelques lieues de la ville ; le soleil se levait ; mon domestique venait de m'éveiller pour le bain. En passant dans la cour, j'aperçus un gros éléphant blanc qui pompait mélancoliquement en fermant les yeux, ayant l'air de se distraire, par la pensée, de cette ennuyeuse besogne. Il salue ma présence par un joyeux battement d'oreilles, — car, depuis deux jours que j'étais arrivé, je lui avais donné force friandises, — mais il ne se dérangea pas de son travail : avant d'être libre, il devait remplir l'auge.

J'allais passer en le caressant de la main, lorsque je remarquai qu'un des deux troncs d'arbres qui soutenaient l'auge par chaque bout ayant glissé de côté, il arrivait que l'auge, continuant à être supportée d'un bout par l'autre tronc, allait se vider sans qu'il fût possible de la remplir, dès que l'eau serait au niveau du bord qui se trouvait en contre-bas.

Je m'arrêtai pour observer ce qui allait se passer. En voyant tomber l'eau par le bord inférieur, l'éléphant allait-il abandonner sa besogne, la croyant terminée, ou bien, s'apercevant qu'il s'en fallait de plus d'un pied que l'auge ne fût pleine de l'autre bord, s'obstinerait-il à pomper jusqu'à ce qu'elle fût pleine des deux côtés, ce qui ne devait jamais arriver ?

Au bout de quelques minutes, l'eau, en effet, commença à s'écouler par le côté qui avait perdu son soutien. L'éléphant, voyant cela, commença à donner quelques signes d'inquiétude; mais comme il s'en fallait de beaucoup que l'autre bord plus rapproché de lui fût plein, il continua à pomper.

Voyant que l'eau continuait à s'en aller, il abandonna le manche de la pompe et vint observer de près le phénomène, dont il ne paraissait point se rendre compte facilement; trois fois il retourna pomper, trois fois il revint observer l'auge. J'étais tout yeux et impatient de voir comment cela allait finir. Bientôt un fort battement d'oreilles sembla indiquer que la lumière se faisait dans son intelligence.

Il vint flairer le tronc d'arbre qui avait glissé de

dessous l'auge ; un moment, je crus qu'il allait le
remettre en place ; mais ce n'était pas, je le compris,
le côté qui débordait, qui l'inquiétait, mais bien le
côté qui ne voulait pas se remplir. Dès qu'il eut
bien saisi la difficulté qui le préoccupait, il ne fut
pas long à trouver le moyen d'en sortir. Soulevant
l'auge, qu'il appuya pour un instant sur une de ses
grosses pattes, il arracha le second tronc d'arbre
avec sa trompe et laissa retomber l'auge, qui, repo-
sant alors de tous côtés sur le sol, put se remplir
aisément.

A cette preuve d'intelligence raisonnée, que j'attendais cependant, tout en ne la prévoyant point
aussi complète, il se passa en moi quelque chose
d'étrange et que je ne saurais expliquer : les larmes
me montèrent aux yeux, et je fus pendant quelques
instants absorbé par une foule de pensées sur cet
éternel problème de l'âme et de la vie, constamment
agité et toujours insoluble. Cet éléphant ne venait-il
pas de me démontrer qu'il était mille fois plus au-
dessus du ver de terre rampant que je ne pouvais
avoir moi-même la prétention d'être au-dessus de
lui ?

Et alors...

Cet être si intelligent et si bon est l'ami, le serviteur et le protecteur de la famille. Il faut le voir conduisant à la promenade les enfants de son maître :
on n'a rien à craindre, ni des serpents ni des fauves,
ni des tourbières ni des étangs ; il veille avec plus de
sollicitude que le domestique le plus zélé.

Il s'en va à pas comptés, le long des petits chemins, réglant sa marche sur celle des bambins, leur

cueillant des fleurs, des fruits sur les arbres, marau-
dant des cannes à sucre ; sur un geste, cassant une
branche pour ceux qui veulent se faire des fouets
ou des bâtons. Il faut entendre toute la bande
joyeuse : — Tomy par ci ! Tomy par-là !

— Moi, je veux manger cette grosse mangue qui
est là-haut.

Et Tomy cueille la mangue.

— Moi, je veux ce papillon.

Et Tomy de s'approcher doucement de la pauvre
bête et de l'attirer dans sa trompe par aspiration.

— Moi, je veux cette belle fleur jaune qui est là
au milieu de l'étang.

Et Tomy d'aller dans l'eau jusqu'au cou pour aller
chercher la fleur.

Au moindre bruit dont il ne se rend pas bien
compte, s'il aperçoit au loin dans le fourré un chacal
ou une hyène, vite il rassemble toute une nichée
entre ses pieds de devant, sous la protection de sa
trompe : il commence à mugir de colère, et malheur
à qui essayerait de lui enlever un de ses enfants ;
tigre, lion ou homme seraient en un instant broyés
contre terre.

Dans les saunderbounds du Gange, pays plat, ma-
récageux, couvert de jungles et de rivières, vraie
patrie du tigre royal de Bengale, les combats entre
ce fauve et l'éléphant, protégeant les troupeaux, les
serviteurs ou les enfants de son maître, sont presque
journaliers.

Les tigres de cette espèce sont tellement féroces,
qu'ils ne refusent jamais la lutte, dont le résultat est
invariablement pour eux d'être broyés sous les pieds
de leur terrible adversaire.

Autant l'éléphant est impitoyable dans ses combats avec le tigre, l'ours, le rhinocéros, à qui il ne fait jamais grâce, autant il est doux, bon, humain avec les animaux inoffensifs. C'est à un point que, quel que soit l'empire que vous puissiez avoir sur lui, vous ne parviendrez pas à lui faire écraser un insecte.

On connaît ces petits animaux que les enfants appellent des *bêtes à bon Dieu;* la même espèce existe dans l'Inde, quoiqu'à peu près de moitié plus grosse. J'ai souvent vu, à titre d'expérience, écrit encore Jacolliot, prendre un de ces insectes, le placer sur une surface plane, les dalles d'une cour par exemple, et commander à un éléphant de l'écraser en lui posant le pied dessus; ni son maître, ni son cornac, ne parvenaient jamais à l'empêcher de lever fortement le pied en passant sur la petite bête, dans l'intention bien évidente de ne lui faire aucun mal. Si, au contraire, vous lui commandiez de vous l'apporter, il la prenait délicatement au bout de sa trompe et vous la mettait dans les mains, sans lu avoir même froissé les ailes.

Mais l'intelligence et la bonté de l'éléphant sont connues depuis si longtemps que personne n'en devrait être surpris ni se montrer sceptique (24).

Tout à l'heure je relisais un livre de Plutarque et y lisais que le roi Porus ayant été percé de coups dans un combat contre Alexandre, l'éléphant qui le portait lui enleva, à l'aide de sa trompe, plusieurs traits qui l'avaient mortellement blessé, et quoiqu'il s'aperçut que son maître, qui avait perdu une grande quantité de sang était prêt à s'évanouir. Mais, dans la crainte qu'il ne tombât, il se baissa

très doucement, afin que le roi put se poser sur le
sol sans trop souffrir. Cet éléphant se nommait
Ajax, et Alexandre le consacra au Soleil avec cette
inscription : *Alexander Jovis filius Ajacem Soli.*
« Alexandre, fils de Jupiter, voue Ajax au Soleil ».

Ce sont là autant de faits qui mettent en évidence
l'*intelligence* des animaux, faculté qu'il ne faut pas
confondre avec l'*instinct*. Cette intelligence fait-elle
des progrès, comme celle de l'humanité ? On a longtemps nié ces progrès, comme on a longtemps nié
cette intelligence elle-même. Cependant il y a des
faits qui paraissent témoigner en faveur de ces progrès, pour tout esprit observateur qui étudie la nature sans idée préconçue.

La Terre, en suivant son cours dans l'espace, s'élève
de siècle en siècle vers une destinée supérieure. En
vain, les apôtres du passé ont-ils prétendu créer le
monde parfait et le faire ensuite tomber dans la
déchéance : la vérité naturelle est qu'à leur origine
les planètes préparèrent pendant de longues périodes l'établissement de la vie à leur surface, que les
premières plantes étaient sans feuilles et sans fleurs,
que les premiers animaux étaient informes et dépourvus des sens qui ne furent produits que plus
tard, et que l'humanité elle-même vécut pendant des
siècles à l'état barbare de l'animalité inconsciente.

Il est évident que le genre de vie de certains animaux, loin d'être stable, s'est, au contraire, trans-
formé avec les diverses phases de la Terre, et que les
mœurs de beaucoup d'entre eux ne sont pas aujour-
d'hui ce qu'elles étaient il y a quelques siècles.

La chasse et la pêche, notamment, ont rendu les

oiseaux et les poissons méfiants et modifié leurs
habitudes.

Un exemple entre mille : les morses.

Dans les premiers temps de la pêche, on en prenait autant qu'on voulait sans beaucoup de peine.
Non seulement ils nageaient sans crainte autour des
navires, mais à terre ils ne craignaient pas de s'a-
venturer assez loin du rivage, et c'est alors que les
matelots en faisaient les plus grands massacres.
Aussitôt débarqués, les matelots se rangeaient de
manière à couper la retraite à leurs victimes

Le morse voyait tranquillement ces dispositions,
et ne songeait à fuir qu'après avoir été attaqué et
quand nombre des siens gisaient déjà sur le sol. Les
assaillants, formant alors une sorte de retranchement
avec les animaux tués, assommaient facilement ceux
qui, pour gagner la mer, cherchaient à le franchir.
On en tuait de cette manière quelquefois près d'un
millier en une seule attaque.

Tout cela est bien changé aujourd'hui. Le phoque
fuit les pêcheurs, forme rarement de grandes bandes
à terre ou sur les glaces, ne couche jamais que très
près de la mer, se tient continuellement sur ses
gardes, et, notons bien cette dernière circonstance,
ne se livre au sommeil qu'après avoir placé une sentinelle qui ne manque pas d'avertir la bande de l'approche de l'ennemi.

Ainsi, voilà un animal qui, sous la pression de
circonstances nouvelles, a inventé le guet ! L'homme
eût-il pu mieux faire ?

Il n'est pas jusqu'au crapaud qui ne donne des
signes certains d'intelligence et de raisonnement.

Voici, par exemple, une observation rapportée il y a quelques années par un naturaliste autrichien.

Un maître d'école de Pichelsdorf a observé pendant plusieurs années un cas particulier d'intelligence d'un crapaud. Cet animal, si utile au laboureur par la consommation qu'il fait des hannetons et des insectes, possède, paraît-il, une prédilection toute particulière pour les abeilles et le miel. Le maître d'école remarqua un beau matin devant sa ruche un gros crapaud gris occupé à avaler des abeilles ; il prend une bêche et lance le crapaud au loin.

Le lendemain, un crapaud se trouvait devant la ruche. Il vient en pensée au maître d'école que ce pourrait bien être le crapaud d'hier ; pour s'en assurer, il le prend et lui attache à la patte de derrière un fil bleu, puis il le fait jeter dans un ruisseau éloigné. Le deuxième jour, le crapaud se trouvait de nouveau devant la ruche. Cette fois, il le fait transporter à un endroit très éloigné : deux jours après, l'animal avait retrouvé le chemin de la ruche à travers les champs et les prairies.

Le maître d'école le porte lui-même alors à une distance de plusieurs kilomètres. Huit jours après environ, le crapaud était de nouveau devant la ruche occupé à attraper des abeilles. Il cessa alors de le chasser, d'autant plus qu'il remarqua que « l'animal ne dévorait que les abeilles malades ». Cette observation dura plusieurs années, jusqu'à ce qu'un jour le crapaud tomba sous la dent d'un putois.

Certes, l'intelligence des animaux a ses degrés, bien différents suivant les espèces : celle du crapaud est sans aucun doute incomparablement au-dessous de celle de la fourmi, de l'abeille, du cheval, du singe, de l'éléphant ou du chien. Avez-vous jamais observé dans une prairie le *langage antennal des fourmis ?* Nous y avons déjà fait allusion plus haut. Par quel mystère ces intéressantes petites bêtes peuvent-elles s'aventurer loin de l'habitation, à des distances relativement énormes, et ne jamais hésiter sur la route à tenir lorsqu'il s'agit de revenir sur leurs pas ? C'est vraiment une question difficile ; serait-ce l'acide formique que dégage l'insecte pendant sa marche et qui lui servirait à retrouver sa route, comme il arrive au renard et au chien de retrouver le leur par leurs émanations ?

« Un jour, écrit mon savant ami J. Levallois, je suivais depuis assez longtemps une de mes fourmis. Elle s'était fort éloignée de la fourmilière et ne semblait pas disposée à y revenir de sitôt. Au beau milieu de l'allée, elle vint à rencontrer le cadavre d'un gros limaçon. Elle commença par en faire le tour, puis monta sur le dos du vilain animal, le parcourut, et, après ce complet examen, au lieu de poursuivre sa course en avant, reprit immédiatement la direction de la fourmilière.

« A moitié chemin, elle trouva une de ses compagnes. Aller à elle, choquer ou plutôt frotter antennes contre antennes avec une extraordinaire animation, fut fait en un clin d'œil. Autant en arriva pour une seconde, pour une troisième. A mesure que la première fourmi les abandonnait, elles se dirigeaient en toute hâte vers l'endroit où gisait le limaçon. Bientôt elle entra dans l'habitation, et je la perdis de vue : mais il est à croire qu'elle y continua le même travail d'avertissement et d'excitation, car une interminable file de gaillardes très disposées à prendre leur part du festin ne tarda pas à se diriger du côté de la proie indiquée. Dix minutes après, le limaçon disparaissait sous une foule jaunâtre et grouillante ; le soir, il n'en restait plus trace. »

Chacun peut renouveler des observations semblables. D'ailleurs, il n'y a plus à prouver l'existence du langage antennal, qui, depuis un demi-siècle, est une vérité acquise à la science ; mais ce qui est intéressant, ce qui importe au philosophe et doit éveiller son attention, c'est de déterminer la portée de ce langage, d'en reconnaître les bornes et de chercher quelles conséquences s'en peuvent déduire. Consiste-t-il en un simple frottement des antennes ? On serait porté à le croire. Cependant récemment un professeur d'histoire naturelle de la Prusse rhénane, M. Langlois, a annoncé que les fourmis sont pourvues d'un appareil résonnant qui ressemble à celui de la guêpe. Il y aurait donc de faibles sons produits, des sons faits pour des oreilles de fourmis ! A vérifier.

Personne ne doute plus aujourd'hui que les bêtes n'aient parfois beaucoup d'*esprit*, et ne prouvent même leur *sentiment* en certaines circonstances. Je me souviens d'avoir reçu dans le temps, à la revue scientifique *le Cosmos*, l'observation fort intéressante d'un naturaliste sur un ménage de perroquets. La voici en quelques lignes :

Deux perroquets avaient vécu ensemble quatre années ; la femelle tomba en langueur, ses jambes enflèrent ; c'étaient les symptômes de la goutte. Il lui devint impossible de prendre sa nourriture comme autrefois ; mais le mâle la lui portait dans son bec. Il la nourrit ainsi pendant quatre mois, au bout desquels ses infirmités avaient tellement augmenté que ne pouvant plus se tenir sur ses pattes, elle restait accroupie au fond de sa cage, faisant d'infructueux efforts pour se hisser sur son bâton.

Le mâle, toujours près d'elle, secondait de toutes ses forces sa chère moitié. Saisissant la malade par le bec ou par la partie supérieure de l'aile, il cherchait à la soulever. Sa contenance, ses gestes, sa sollicitude, tout en cet oiseau indiquait l'ardent désir de soulager la faiblesse et les souffrances de la malade. Où la scène devint plus intéressante encore, c'est lorsque cette femelle fut sur le point d'expirer. Les assiduités et les tendres soins de son compagnon redoublèrent. Il cherchait à lui ouvrir le bec pour y glisser quelque nourriture ; il allait et venait autour d'elle sans relâche. Il courait à elle et s'en retournait d'un air agité.

Souvent, les yeux fixés sur la moribonde, il gardait un morne silence, interrompu de temps en temps par des cris plaintifs. Enfin sa compagne rendit le dernier soupir. Dès ce moment, il ne fit que languir, et peu de semaines après *il mourut.*

Nul ne saurait contester qu'il n'y ait là une série d'actes dictés par le *sentiment.*

Voici sur la même espèce d'animaux (qui ne passe pas en général pour avoir beaucoup d'initiative) une autre série d'observations non moins authentiques que la précédente et plus curieuses encore :

« J'ai, depuis quatre ans, écrit M. l'abbé Henri Gras dans *le Cosmos,* un perroquet gris du Gabon,

qui mérite de fixer l'attention des savants, soit à
cause de sa *mémoire*, soit à cause de son *articulation* parfaite et de ses *à-propos*. Je n'ai rencontré,
jusqu'à présent, personne qui ait vu un perroquet qui
puisse lui être comparé sous ces trois points de vue.

Je ne prétends point résoudre la grande question
du degré d'intelligence et de sentiment des bêtes,
mais seulement fournir, pour la solution de cette
question, de nouvelles observations dont je garantis
l'authenticité. Les philosophes qui regardent les animaux comme de simples machines ne les ont jamais observés, ou n'ont jamais vécu avec eux. Les
animaux apprécient les bonnes ou mauvaises inten-
tions, et se confient ou se défient suivant les gens. Ils
ont de la reconnaissance et sont susceptibles de dévouement. Ils ont de l'attachement et meurent
quelquefois de chagrin de la perte de leur maître.

Mon perroquet, que j'appelle Coco-Gris, m'a été
donné par un ami en mars 1878. Il était extrêmement sauvage, timide et délicat, au point que, désespérant de l'apprivoiser, j'allais le rendre, lorsque
je remarquai en lui plus de confiance, et le gardai.
Un ami me donna encore une perruche verte du
Brésil que j'appelai Cocotte et qui était apprivoisée.
Elle m'a servi à rendre familier Coco-Gris. Mes perroquets déjeunent, dînent et soupent avec moi, sur
leur perchoir. Le reste du temps, ils sont sur mon
balcon, dans leur cage. Voilà la manière de vivre de
mes oiseaux.

Je m'aperçus bientôt que Coco-Gris sifflait et ré-
pétait quelques mots. Je m'appliquai alors à lui dire
la phrase consacrée : « Jacquot, as-tu bien déjeuné ? »
qu'il sut bientôt tout entière. Depuis lors, il s'établit

entre le maître et l'élève des rapports familiers qui n'ont point cessé. Coco-Gris sur mon épaule me demande souvent sa leçon. Quand il sait ce que je lui répète, un claquement de bec me l'annonce. J'ai donc un élève désireux d'apprendre. Je dois dire que, de son côté, il retenait des choses que je ne lui apprenais pas. C'est ainsi que s'est formé son savoir. Il dit avec une perfection inimitable plus de cinquante phrases très ingénieuses et dont je fais grâce au lecteur, qui les a sans doute entendu répéter par d'autres émules de Vert-Vert.

Inutile d'ajouter que Coco-Gris chante et siffle à ravir la plupart des airs connus ; mais ce qu'il y a de plus remarquable dans le langage de cet oiseau, c'est que les phrases qu'il prononce viennent, non pas au hasard, mais très souvent fort à propos ; ainsi quand on le met en cage, il dit : « On va à la cage. » Quand on donne des graines : « Voilà du bon. » Quand il se balance : « Coco-Gris se balance. » Quand Cocotte crie : « Allons, Cocotte, il ne faut pas crier. Chante. » Si elle chante : « Tu chantes bien, oh ! très bien. » Coco et Cocotte se promenant dans la salle à manger, Cocotte se met à chanter. Coco dit : « On chante. » On lui demande : « Qu'est-ce qui chante ? » Il répond : « C'est Cocotte. » Cocotte étant passée sous le buffet, Coco, en courbant la tête, lui dit : « Que fais-tu là, Cocotte ? » Quand je parle un peu vivement à ma bonne, Coco, se mêlant à la conversation, dit : « Comment, quoi, vous ne comprenez pas ? »

Avant le repas, je sors mes oiseaux de la cage, et je les mets sur leur perchoir. Je vais dans mon cabinet attendre qu'on ait servi. Cocotte, descendant du perchoir pour me suivre, Coco, lui dit : « Que fais-tu, Cocotte, tout à l'heure on va donner du bon. » Cocotte étant venue me trouver, Coco la suit, et s'arrêtant à la porte du cabinet, il nous dit : « Mais que faites-vous là ? » Cette scène s'est reproduite plusieurs fois.

Le 9 août 1882, j'avais Coco avec moi en chemin de fer, et nous marchions depuis quelques heures, lorsque, m'approchant de sa cage, Coco me dit tout effrayé : « Mais qu'est-ce qu'on fait ? » Il m'a répété cette question et n'a guère prononcé que ces paroles. Arrivé au château de la R., comme il ne mangeait pas, il répondit aux reproches que nous lui faisions, ma bonne et moi : « Je n'ai pas faim. »

On sera tenté de mettre en doute ce que j'avance, surtout quant à ces propos. Je répète que c'est la plus exacte vérité, quelque invraisemblable qu'elle soit. J'ai de nombreux témoins qui peuvent joindre leur affirmation à la mienne.

Maintenant, comment peut-on s'expliquer l'étendue de la mémoire de cet oiseau ? Comment peut-on s'expliquer cette articulation, et cette intonation de la parole humaine qui ne laisse rien à désirer ? Comment ces deux mandibules qui composent son bec peuvent-elles rendre les labiales sans lèvres, les dentales sans dents, les gutturales sans un larynx comme le nôtre ? Toutes ces questions peuvent exercer la sagacité d'un acousticien. Et l'intonation, qui reproduit des sons graves avec un bec qui n'a qu'un ou deux centimètres cubes de capacité, comment se l'expliquer ? Encore une fois, ces phénomènes nous démontrent que notre science est toujours courte par quelque endroit. »

Le perroquet ne passait pas pour avoir de l'esprit. Ni *les oies* non plus. Voici pourtant ce qu'un observateur m'écrivait de Grenoble au mois de novembre 1908 :

Les Romains avaient de la considération pour les oies, depuis « l'incident » du Capitole, dit-on, peut-être pour autre chose encore que l'histoire n'a pas rapporté. Car les oies ont des qualités insoupçonnées, « l'incident » suivant, dont j'ai été témoin, me le fait croire.

Passant, hier, à l'île Verte, à droite du pont qui relie Grenoble à La Tronche, près du dépôt du tramway, là où existe, dans la prairie bordant l'Isère, une importante ferme, mon attention et celle d'un ami furent attirées par un bruit de coups d'ailes et des cris de basse-cour.

Nous étions précisément sur le terrain contourné par la boucle de l'Isère, qui, au moyen âge, servait de champ-clos pour les tournois des preux chevaliers féaux des dauphins.

De la ferme voisine, deux coqs étaient venus sur le pré ; le duel était commencé et sous les coups de bec et d'éperon les plumes volaient.

A côté des combattants, deux oies, le cou tendu, très affairées, allant, venant, sifflaient, criaient, enfin avaient tout l'air de faire de vives représentations aux duellistes.

Les coqs, tout au combat, n'écoutaient pas les oies.

Alors, celles-ci (après quelques minutes de protestation), saisirent du bec chacune un coq par le cou, firent demi-tour, l'une à droite et l'autre à gauche, et allèrent déposer à quelques mètres les

deux combattants, absolument ahuris, penauds,
démontés.

Et, solennelles, les deux oies se remirent à pico-
rer !

Ce sont là des faits variés sur lesquels le philosophe peut méditer. Ils sont de la plus haute valeur
pour notre connaissance générale de la nature. Nous
pourrions facilement les multiplier ; mais l'étendue
de notre cadre oblige à la concision et à la variété.

Combien d'exemples choisis dans les œuvres de
l'instinct ou de l'intelligence des animaux pourraient
être offerts à l'édification de l'homme lui-même !
Quels témoignages merveilleux n'a-t-on pas, par
exemple, de l'affection à toute épreuve, de la bonté,
de la sagesse et de la sagacité des oiseaux pour
leurs petits (25) ?

On voit que l'on peut trouver de l'esprit et du
cœur chez les animaux qui en semblent même les
plus dépourvus. Les observations qui viennent de
passer sous nos yeux placent le chien au premier
rang. L'éléphant peut lui être comparé, et il en est
de même du cheval (26). Les oiseaux ne sont pas
dépourvus, non plus, d'une certaine intelligence ;
même les corbeaux : il suffit de les étudier (27).
Mais nous arrivons aux espèces les plus élevées de
l'arbre zoologique, aux singes.

X

NOS EX-PARENTS LES SINGES. LE GORILLE, LE CHIMPANZÉ.

Nous nous sommes élevés graduellement, dans ces contemplations, de la plante et de l'insecte jusqu'aux espèces animales supérieures.

Toutes les sciences anthropologiques s'unissent unanimement pour affirmer que le genre humain descend d'une série de divers ancêtres mammifères. Quel a été son précurseur immédiat? Aucune des races humaines inférieures actuelles ni aucune des races de singes actuelles n'a pu l'être. Mais à coup sûr les orangs, les chimpanzés, les gorilles sont nos plus proches parents. Les premiers hommes, sauvages, brutes, grossiers, sans langage, sans famille, sans traditions, les hommes du commencement de l'âge de pierre, étaient encore des singes, des anthropoïdes; mais leur race n'a pas survécu. Des races beaucoup plus récentes, historiques, les Charruas, les Caraïbes, les anciens Californiens, ont

disparu. Le dernier des Tasmaniens vient de mourir.
Les Australiens, les Esquimaux, les Polynésiens,
les Peaux Rouges du Canada vont bientôt disparaître
à leur tour. La Terre tourne, et le progrès transforme
le monde.

L'humanité, à elle seule, a fait de tels progrès,
qu'elle a depuis longtemps dépassé toutes les races
simiennes. Les singes ne sont plus nos parents, mais
seulement nos ex-parents, nos très anciens cousins.

Les singes offrent, comme chacun sait, une grande
variété de formes et se répartissent en un certain
nombre de groupes, que Buffon le premier a su
ranger en deux catégories correspondant à la
distribution géographique de ces animaux. Plus
tard, Geoffroy Saint-Hilaire désigna la première
de ces familles, celle qui renferme les singes de
l'ancien continent, sous le nom de *Catarrhini*, c'est-
à dire de singes qui ont les narines rapprochées et
séparées par une cloison très mince, tandis qu'il a
nommé *Platyrrhini* les singes du nouveau continent,
qui au contraire ont une cloison nasale très épaisse.
A ces caractères s'en joignent d'autres également
faciles à constater : ainsi les singes de l'ancien
continent ont seulement deux prémolaires à chaque
mâchoire supérieure et possèdent une queue longue
et prenante qui leur sert, pour ainsi dire, de cinquième main. Enfin les Catarrhiniens ont souvent
les joues dilatées en manière de poches, dans lesquelles ils peuvent conserver des aliments et qu'on
appelle des abajoues. Parmi les singes de l'ancien
monde, deux types ressortent immédiatement. Les
uns, en effet, ressemblent vaguement à l'espèce

humaine, dont ils sont pour ainsi dire la caricature;
les autres, au contraire, rappellent nos chiens par
leur allure quadrupède et par l'allongement de leur
région faciale; les premiers ont reçu le nom de
singes *anthropomorphes*, c'est-à-dire de singes à
forme humaine, et les autres celui de *Cynopithéciens*,
c'est-à-dire de singes à figure de chien.

Les anthropomorphes ont les membres antérieurs
beaucoup plus longs que les membres postérieurs,
le sternum large, et n'offrent pas trace de queue. Ils
ressemblent à l'homme, surtout dans le jeune âge;
mais en vieillissant, ils se dégradent pour ainsi dire,
leur face se développant beaucoup plus que leur
crâne, et les parties de la tête auxquelles s'attachent
les muscles de la face s'élevant de manière à former
de véritables crêtes. Cette tribu, qui renferme les
singes les plus grands que l'on connaisse, le Gorille,
le Chimpanzé, l'Orang et les Gibbons, a, dans ces
derniers temps, particulièrement attiré l'attention
des naturalistes, qui ont cherché et trouvé dans
l'étude des anthropomorphes des arguments pour
soutenir ou pour combattre la théorie darwinienne.

Jusqu'à présent, les recherches des naturalistes
n'ont porté que sur un nombre assez restreint de
spécimens et n'ont pu, conséquemment, donner
des résultats entièrement satisfaisants. Les anthropomorphes, en effet, vivant retirés dans des forêts
d'un accès difficile, ou protégés par les superstitions des indigènes, sont fort rares dans les collections, plus rares encore dans les ménageries, où
l'on ne parvient à les conserver, au prix des plus
grands efforts, que pendant un temps extrêmement
court, durant quelques années au plus, et souvent

pendant quelques mois seulement. Jamais, pour ainsi dire, on n'a eu l'occasion de les observer à l'état de nature, dans toutes les phases de leur existence, et les renseignements que nous fournissent les voyageurs sur les mœurs et le genre de vie de ces *cousins* de l'espèce humaine sont des plus contradictoires.

Le Gorille, le plus grand de tous les anthropomorphes, n'est connu que depuis le milieu du siècle dernier : il a été découvert par un missionnaire américain, Savage, qui, vers 1847, explorait les bords du fleuve du Gabon. Se trouvant chez un de ses collègues, nommé Wilson, ce voyageur eut l'occasion d'examiner des crânes d'une grande espèce de singe qu'il fut tenté d'abord de considérer comme une sorte d'orang. Mais bientôt, grâce aux renseignements fournis par les nègres de la tribu de Mpongwe, il put se convaincre qu'il y avait dans cette région, couverte de forêts, deux grands singes anthropomorphes, que les naturels distinguaient sous le nom de *Engé-cka* et de *Engé-ena*, et dont l'un, vivant dans le voisinage de la côte, n'était autre que le chimpanzé, connu depuis longtemps, tandis que l'autre, retiré dans l'intérieur du pays, n'avait jusqu'alors été signalé par aucun naturaliste, si ce n'est peut-être par Bowdich. Un naturaliste américain, le docteur Wiman, s'empressa de faire connaître sous le nom de *Troglodytes gorilla* le grand quadrumane découvert par Savage, et quelques mois plus tard, en Angleterre, Owen décrivit la même espèce sous le nom de *Troglodytes Savagei*. En vertu de la loi de priorité, le nom spécifique qui a été proposé par le docteur Wyman, et dont nous expliquerons plus loin l'étymologie, celui de gorille, a été seul conservé.

A l'état adulte, le Gorille atteint des dimensions considérables, et le magnifique spécimen qui figure dans les galeries de notre Muséum d'histoire naturelle et qui a été rapporté du Gabon par le docteur Franquet, chirurgien de la marine, ne mesure pas moins de 1 m. 67 de haut. Son corps, extrêmement massif, n'a pas de « taille » pour ainsi dire, les dernières côtes arrivant presque en contact avec le bassin; il est entièrement couvert, sauf sur les mains, de poils qui dans la région dorsale sont fortement usés, l'animal ayant l'habitude de s'appuyer contre un tronc d'arbre pour dormir. Ces poils sont en général d'un noir assez foncé, mais présentent parfois une coloration grise ou brunâtre, ce qui a fait admettre à certains auteurs l'existence de plusieurs espèces ou, tout au moins, de plusieurs races de Gorilles.

Du Chaillu, voyageur français d'origine, qui s'est fait naturaliser Américain et qui a séjourné longtemps au Gabon, a consacré dans le récit de ses voyages, de nombreuses pages au géant des quadrumanes. « Le gorille, dit-il, habite les parties les plus sombres et les plus solitaires de l'Afrique occidentale, entre la rivière Danger et le Gabon, du 1er au 15e degré de latitude; il se tient dans les vallées couvertes d'épaisses forêts, souvent sur les hauteurs escarpées; en général, cependant, il préfère le voisinage de l'eau. Il ne vit pas, comme on l'a prétendu, en troupes plus ou moins nombreuses, placées sous la conduite d'un chef; il ne construit pas de cabanes; il ne marche pas en s'aidant d'un bâton; il ne s'embusque pas sur les arbres pour guetter les voyageurs et les emporter dans sa retraite; enfin, il n'essaye jamais d'enlever des femmes dans les villages, comme l'ont affirmé ceux qui ont eu confiance dans les récits des indigènes. C'est un animal essentiellement frugivore, qui se nourrit de jeunes pousses, ainsi que de graines, de fruits et de noix qu'il brise facilement entre ses puissantes mâchoires. Comme il est naturellement gros mangeur, et que les aliments qu'il préfère sont peu volumineux, il est souvent obligé de changer de résidence pour assouvir sa faim. Le gorille vit presque constamment à terre, car le poids de son corps ne lui permet pas de grimper avec agilité sur les arbres; les femelles cependant montent parfois sur les premières branches avec leurs petits, qu'elles essayent ainsi de mettre à l'abri des dangers qui les menaceraient sur le sol. On ne trouve ordinairement réunis qu'un mâle et une femelle et leur famille; cependant il arrive fréquemment que les vieux mâles se retirent dans quelque recoin de la forêt, où ils deviennent d'une épouvantable férocité, tandis que les jeunes, beaucoup plus sociables, se réunissent par bandes de cinq ou six individus.

« Quand un gorille se trouve serré de trop près, il ne craint pas de faire face à l'ennemi et s'avance même contre lui en faisant les grimaces les plus horribles, en lançant des regards fulgurants, er redressant comme un cimier les poils qui garnissent le sommet de sa tête, en frappant à coups redoublés sa poitrine, dont les parois résonnent comme un tambour, et en poussant des rugissements compa-

rables aux roulements lointains du tonnerre. S'il
n'est pas blessé à mort, il se rue sur le chasseur, et,
avec l'adresse d'un boxeur émérite, il lui porte au
ventre un coup de pied presque toujours mortel. »

Lorsqu'on parvient à se rendre maître d'un de ces
animaux, on ne peut, même par de bons traitements,
triompher de sa férocité native ; le gorille mord et
déchire tous ceux qui l'approchent et périt de rage
s'il ne parvient pas à s'échapper. Du Chaillu avait
espéré que des jeunes seraient plus faciles à apprivoiser que des adultes, et il avait recommandé à
plusieurs reprises aux gens de sa suite de lui procurer un de ces singes en bas âge. Un jour enfin,
les indigènes parvinrent à prendre vivant un gorille
âgé de deux ou trois ans dont ils avaient tué la
mère. En voyant tomber celle-ci sous les coups des
chasseurs, le jeune gorille s'était jeté sur son corps
et l'avait embrassé avec une telle ardeur, qu'on
n'avait pu l'en arracher qu'en lui passant une
fourche autour du cou. Ce singe ne mesurait que
0 m. 81 de haut, et il était couvert de poils d'un gris
de fer, tirant au noir sur les bras. Il ne voulut
d'abord toucher à aucun des aliments qui lui furent
présentés, et dès le quatrième jour il parvint à
briser un des barreaux de sa cage et à se réfugier
sous le lit du voyageur, d'où l'on ne put le faire
sortir qu'en lui jetant un filet. Bientôt après, il
s'évada de nouveau. et gagna la forêt voisine ; cette
fois encore on le reprit, non sans beaucoup de
peine, et on le ramena enchaîné au village voisin,
mais au bout de quelques jours il mourut subite-
ment, sans doute de rage de se sentir captif. Du
Chaillu ne fut pas plus heureux avec un autre

gorille en bas âge, auquel il ne put fournir l'alimentation qui lui eût été nécessaire. Un individu de la même espèce, qui fut adressé en 1859 à la Société zoologique de Londres, mourut également avant d'avoir atteint les côtes d'Angleterre. Le spécimen qui a été acheté sur la côte de Loango par le docteur Falkenstein et qui a été cédé, au mois de juin 1876, pour la somme de 50.000 francs, à l'Aquarium de Berlin, est le premier gorille qui soit parvenu vivant en Europe ; au moment de son arrivée, il pesait de 14 à 18 kilos et mesurait près de 65 centimètres dans sa posture verticale.

Quelques auteurs, et entre autres Dureau de Lamalle, s'appuyant sur un passage du *Périple d'Hannon*, ont soutenu que les anciens avaient déjà eu connaissance de gorille. On sait en effet que le suffète Hannon fut chargé par les Carthaginois de fonder des colonies sur les côtes occidentales de l'Afrique, qu'il partit avec soixante vaisseaux et six mille hommes, et qu'après s'être avancé jusqu'à un point qu'il est difficile de préciser, il fut obligé de regagner sa patrie sans avoir pleinement réussi dans son entreprise. Dans la relation de son voyage qui nous a été conservée, et qui a vivement excité la sagacité des savants, Hannon rapporte qu'après avoir passé en vue d'un pays qui semblait tout en feu, et dont les torrents roulaient des flammes (des laves ?), il parvint dans un golfe nommé la *Corne du Sud*. « Dans le fond de ce golfe, dit-il, était une île qui avait un lac, et dans ce lac était une autre île remplie d'hommes sauvages. En beaucoup plus grand nombre étaient les femmes velues, que nos interprètes appelaient *gorilles ;* nous les poursui-

vîmes, mais nous ne pûmes prendre les hommes ;
tous nous échappèrent par leur grande agilité, étant
cremnobates (c'est-à-dire grimpant sur les rochers
les plus escarpés et les troncs d'arbres les plus
droits) et se défendant en nous lançant des pierres.
Nous ne prîmes que trois femmes, qui, mordant et
déchirant ceux qui les emmenaient, ne voulurent
pas les suivre. Nous les écorchâmes et nous por-
tâmes leurs peaux à Carthage, car nous ne navi-
guâmes pas plus avant, les vivres nous ayant
manqué. » Hannon déposa son rapport officiel dans
le temple de Saturne et (suivant le témoignage de
Pline) les dépouilles des gorilles dans le temple de
Junon Astarté, où elles restèrent jusqu'à la prise de
Carthage, c'est-à-dire pendant trois cent cinquante-
cinq ans, de 500 à 146 avant Jésus-Christ. Il est
évident, tout d'abord, que les gorilles mentionnés
par Hannon ne pouvaient être des femmes ; en
effet, les Carthaginois étaient un peuple beaucoup
trop avancé en civilisation pour écorcher des êtres
humains, après les avoir mis à mort, et pour conserver leurs peaux en guise de trophées. Le général
nous apprend d'ailleurs que ces anthropoïdes avaient
le corps entièrement couvert de poils, et ce détail
seul nous montre qu'il s'agit d'une grande espèce
de singe. Mais de quelle espèce ? C'est ce qu'il est
assez difficile de deviner.

Le chimpanzé, qui habite à peu près les mêmes
régions que le gorille, est connu depuis une époque
assez reculée ; mais on ignore absolument l'étymologie du nom qu'il porte actuellement et qui paraît
être une corruption du mot quinyréze, par lequel le
naturaliste Brosse l'a désigné jadis. Dans le voyage

de Pigafetta, publié en 1598, nous lisons que « dans le pays de Songan (Fung ?), sur les rives du Zaïre, il y a une multitude de singes qui procurent aux seigneurs les plus grandes distractions, en imitant les gestes de l'homme. » Et nous trouvons une figure, exécutée par les frères de Bry, qui représente un singe sans queue, aux bras fort allongés, et d'une taille égale à celle du chimpanzé. Vers 1699, l'anatomiste Tyon publia une bonne description d'un jeune chimpanzé qui provenait d'Angola, et dont le squelette a été trouvé récemment en Angleterre par le docteur Gray. Au siècle suivant, Buffon étudia les mœurs d'un individu de la même espèce, qu'il conserva quelque temps en captivité ; mais, dans sa description du Jocko, il fit malheureusement entrer certains traits empruntés à l'histoire de l'orang-outan. Enfin, dans ces dernières années, grâce aux récits des voyageurs et aux nombreux spécimens qui sont parvenus en Europe, le chimpanzé a pu être décrit d'une manière complète et introduit définitivement dans les classifications zoologiques sous le nom de *Troglodytes niger*, à côté du *Troglodytes gorilla*.

Le chimpanzé est notablement plus petit que le gorille, car, même lorsqu'il est parvenu au terme de sa croissance, il ne dépasse pas 1 m. 55 ; il offre aussi un aspect moins bestial. Les crêtes qui hérissent la surface de son crâne sont moins prononcées, ses canines moins développées, son nez plus petit, ses bras plus courts et terminés par des mains plus effilées. Celles-ci, qui sont particulièrement employées à saisir les branches, acquièrent à la longue une forme spéciale et sont plus ou moins

contractées; aussi l'animal, lorsqu'il progresse sur
le sol, s'appuie-t-il constamment sur la face supérieure des doigts, et non sur la paume de la main,
comme d'autres quadrumanes. A l'exception de la
face, qui est nue, mais encadrée par des sortes de
favoris, et de la partie interne des pieds et des
mains, qui est complètement glabre, tout le corps est
revêtu de poils longs, raides et grossiers, qui sont
d'abord de couleur noire, mais qui passent ensuite
au brun et au gris.

La haute et la basse Guinée sont la véritable
patrie des chimpanzés. C'est là qu'ils vivent dans
les grandes forêts voisines de la mer et des fleuves,
soit isolément ou par couples, comme l'a écrit Du
Chaillu, soit, comme le prétendent d'autres voyageurs, en troupes plus ou moins nombreuses, con-
duites par un vieux mâle chargé de veiller au salut
commun. Quand ils sont poursuivis, tous ces animaux se sauvent sur les arbres voisins, en poussant
des sortes d'aboiements, et, malgré la vigueur dont
la nature les a doués, ne tiennent tête au chasseur
que lorsqu'ils sont blessés et se sentent acculés.
Dans ce cas, ils se défendent principalement avec
leurs mains et avec leurs dents et n'ont pas l'idée de
se munir d'un bâton pour parer les coups de leur
adversaire.

A diverses reprises, on a amené en Europe de
jeunes individus de cette espèce, qui malheureusement n'ont pu supporter longtemps les rigueurs de
notre climat. Pendant les quelques mois qu'ils ont
vécu en captivité, soit chez des particuliers, soit dans
les ménageries de nos jardins publics, à Anvers, à
Londres, à Berlin et à Paris, ces animaux ont fait

preuve d'une grande docilité et d'une intelligence relativement fort développée. Le capitaine Grand-pret raconte, par exemple, qu'une femelle qui se trouvait à bord d'un navire en route pour l'Amérique savait fort bien faire chauffer le four et avertissait le boulanger lorsque la température était convenable pour opérer la cuisson ; qu'elle hissait le câble de l'ancre et carguait les voiles, comme un vrai matelot. Brosse rapporte aussi que de jeunes chimpanzés qu'il avait ramenés en Europe mangeaient de tout, se servaient de couteaux, de cuillers et de fourchettes, et buvaient dans des verres du vin et de l'eau-de-vie, pour lesquels ils manifestaient un goût prononcé. L'un d'eux, étant tombé malade, se laissa docilement soigner par le médecin, et depuis lors lui tendit le bras toutes les fois qu'il se sentit indisposé. Notre grand naturaliste Buffon a élevé également un chimpanzé qui avait pris l'habitude de se tenir presque constamment debout et dont la démarche était pleine de gravité. Il obéissait au moindre signe de son maître, offrait le bras aux dames, s'asseyait à table en déployant sa serviette, s'essuyait la bouche chaque fois qu'il avait bu, débouchait les bouteilles et offrait du vin à ses voisins, versait du café et y mettait du sucre, enfin se conduisait en toutes choses comme un être bien élevé. Il était très sensible aux caresses et se montrait reconnaissant des friandises que chacun se plaisait à lui apporter. Malheureusement, au bout d'un an, ce serviteur si intelligent fut enlevé par la phtisie. La jeune femelle qui, en 1876, a vécu au Jardin des Plantes, et à laquelle on avait donné le nom de Bettina, ne le cédait point à ses devanciers sous le

rapport de la gentillesse. Elle s'était singulièrement
attachée à son gardien, écrit M. Oustalet, et, à la
moindre alerte, venait se réfugier dans ses bras.
Plus docile que beaucoup d'enfants, elle se laissait
laver, peigner et brosser plusieurs fois par jour, et
revêtait sans résistance l'habit qu'on lui avait con-
fectionné pour la préserver contre le froid. Elle
avait appris à boire dans une tasse ; mais, chose
digne de remarque, elle saisissait l'anse du vase
avec quatre doigts seulement, le pouce ne venant
pas s'opposer aux autres doigts ; enfin, quand elle
marchait, elle s'appuyait presque toujours sur les
membres antérieurs.

S'il faut en croire une récente statistique de
M. Arthur Keith, du collège royal des Chirurgiens
anglais, on ne peut guère évaluer à plus de 100.000
le nombre des chimpanzés, actuellement existants,
répartis dans l'immense forêt congolaise, où ils sont
l'objet de poursuites acharnées. Quant aux gorilles,
il est peu probable que leur nombre atteigne 10.000.
Avant un siècle, ces deux espèces seraient complètement éteintes.

Pour la plupart des naturalistes, le chimpanzé est,
de tous les singes connus, celui qui se rapproche le
plus de l'homme, non-seulement par le volume du
cerveau, mais encore par l'ensemble de son organisation.

La construction de la tête, la supériorité intellectuelle qui distingue l'ensemble de ses traits, la largeur de ses bras, mieux proportionnés que chez les
autres singes avec la taille du corps, la grandeur et la
perfection du pouce, la rondeur des cuisses, la forme
plus humaine des pieds et la marche presque ver-

ticale qui en est la conséquence, la nature des sons qu'il fait entendre dans certains cas, tout concourt à distinguer le chimpanzé des autres singes et à le rapprocher de l'homme.

Linné, dans la première édition de son *Système naturel*, en avait fait une espèce du genre *homo*, sous la dénomination de *homo silvestris*, ou homme des bois. Depuis, on en a fait un genre distinct, le genre troglodyte des zoologistes, et l'espèce la plus authentique porte le nom de troglodyte *niger*, ou chimpanzé noir. Ce singe a le front arrondi, mais caché par les arcades sourcilières, dont le développement est extrême ; sa face est brune et nue, à l'exception des joues, qui ont quelques poils, disposés en manière de favoris ; les yeux sont petits et pleins d'expression ; le nez est camus et la bouche large.

Cet être intelligent habite l'Afrique, et on ne l'a trouvé encore que dans les forêts du Congo et de la Guinée.

Jeunes, les chimpanzés sont susceptibles d'une éducation très variée ; ils apprennent à se tenir à table aussi bien que pourraient le faire les hommes civilisés ; ils mangent de tout, principalement des sucreries. On peut les habituer aux liqueurs fortes.

Ils se servent du couteau, de la fourchette et de la cuiller pour couper ou prendre ce qu'on leur sert ; ils reçoivent avec politesse les personnes qui viennent les visiter et restent pour leur tenir compagnie et les reconduire.

Le chimpanzé aime les couleurs brillantes et se lève à l'approche d'une dame élégamment vêtue.

Il est heureux de regarder aux fenêtres ; le passage des chevaux et des voitures l'étonne et l'amuse.

Ce candidat à l'humanité a une expression relativement douce dans le regard ; il est gracieux dans ses formes, et poli dans ses manières.

Le capitaine Payne décrit dans les termes suivants les mœurs d'un individu qui avait été obtenu par un vaisseau marchand sur les côtes de la rivière Gambia, et qu'il fut chargé de conduire à Londres en 1831 :

. « Quand cet animal vint à bord, dit-il, il donna des poignées de main à quelques-uns des matelots, mais il refusa cette marque de confiance, et même avec colère, à quelques autres, sans aucune raison apparente. Bientôt cependant il devint familier avec tout l'équipage, à l'exception d'un jeune mousse, avec lequel il ne voulut jamais se réconcilier.

« Lorsque le repas des matelots était apporté sur le pont, il se tenait toujours en observation, faisait le tour de la table et embrassait chaque convive en poussant des cris ; puis il s'asseyait parmi eux pour partager la nourriture. Il exprimait quelquefois sa colère par une sorte d'aboiement qui ressemblait à celui du chien ; d'autres fois il criait comme un enfant chagrin et s'égratignait lui-même avec violence.

« Lorsqu'on lui donnait un bon morceau, surtout des sucreries, il exprimait sa satisfaction par un son comme *hein!* accentué sur un ton grave.

« La variété des notes de son langage ne semblait pas d'ailleurs très étendue. Dans ces latitudes chaudes, il se montrait gai et actif ; mais la langueur s'empara de lui lorsque l'on quitta la zone torride. En approchant de nos rivages, il manifesta le désir de s'envelopper dans des couvertures chaudes.

« Il n'était point insensible à la coquetterie, et mettait une sorte d'amour-propre à se couvrir de vêtements humains. On le vit plusieurs fois se promener fièrement sur le pont avec un chapeau à cornes sur la tête. »

Le muséum d'histoire naturelle de Paris possédait, au milieu du siècle dernier, un chimpanzé qui montrait beaucoup d'intelligence. Un jour qu'on l'avait mis en pénitence pour je ne sais quelle faute, il éprouva le sentiment commun à tous les êtres vivants qu'on enferme, c'est-à-dire le désir de recouvrer la liberté, et manifesta là un esprit de suite et de combinaison remarquable. Il fixa d'abord ses yeux sur la porte de la chambre dans laquelle on l'avait séquestré; mais cette porte était fermée à clef, et cette clef était suspendue à un clou. Le singe ne se laissa point décourager par cet obstacle. Se haussant sur la pointe des pieds, il essaya de s'emparer de la clef; mais il était petit et le clou était trop haut pour que sa main pût atteindre au but. Après d'inutiles tentatives, durant lesquelles il montra autant de persévérance que de sagacité, il reconnut que la clef était placée à une distance telle de ses doigts que l'extrémité du membre et l'objet ne se rencontreraient jamais. En conséquence, le chimpanzé monta sur une chaise, approcha une main du mur et décrocha la clef. Cela fait, il descendit, puis introduisit adroitement la clef dans le trou de la serrure et ouvrit la porte. Ce petit chimpanzé était... malin comme un singe [*]!

Voici une autre observation qui nous prouve une

---

[*] On en voit assez souvent à Paris dans les petits théâtres. Ainsi, au moment où je corrige les épreuves de cette nouvelle édition (mars 1909), il y a deux chimpanzés en exhibition à l'Olympia.

fois de plus à quel degré de développement peut atteindre l'intelligence des singes. Trois ou quatre enfants s'amusaient un jour sur une place d'Alger à regarder des singes qui dansaient au son du tambour de basque, et ils admiraient surtout l'un de ces animaux qui jouait à ravir de cet instrument, tout en servant de guide à un pauvre aveugle son maître, qu'il conduisait avec une adresse et des prévenances que n'aurait pas eues un homme chargé de ce soin. Cet intéressant animal faisait de temps en temps le tour de l'assistance, présentant l'aveugle à hacun des spectateurs, et offrant en même temps le tambour de basque pour recevoir l'aumône.

Les pièces de monnaie et les fruits pleuvaient sur le tambour. Le singe s'empressait ensuite de placer la recette dans le bissac de son maître, sans en détourner quoi que ce fût, donnant ainsi un exemple digne d'être imité.

Ces trois ou quatre enfants dont nous avons parlé plus haut avaient été des premiers à mettre leur offrande dans le tambour de basque à chaque tournée du singe, et chaque fois c'étaient de petites pièces d'argent qu'ils avaient probablement destinées à des friandises, mais qu'en enfants bien élevés ils préféraient dépenser en aumônes.

Tout à coup l'un des enfants, le plus jeune, jeta un cri en portant la main sur sa tête. Un voleur avait voulu lui enlever le fez, garni d'un flot de perles, entouré de pièces d'or ; n'y pouvant parvenir, grâce à la mentonnière qui retenait le fez, il s'était contenté d'arracher de l'ornement une pièce d'or de grand module, *mahmoudic* de 80 piastres. Le voleur ut arrêté aussitôt ; devinez par qui ?

Par le singe, qui reconnut le voleur dans la foule et le désigna en se cramponnant à ses habits avec ses dents et ses griffes. Chacun s'empressa de lui prêter main forte, mais il ne lâcha prise qu'à l'arrivée d'un sergent, qui s'empara du coupable et le conduisit au poste.

Quant au singe, tout fier de son exploit, il alla baiser, pour sa récompense, la main du petit enfant qu'il avait si vaillamment protégé, puis il continua ses exercices.

Voilà des faits qui témoignent incontestablement en faveur de l'intelligence personnelle de ces êtres simiens, nos prédécesseurs sur la scène de la création. Les signaler à l'attention générale, ce n'est pas rabaisser l'intelligence humaine au niveau de nos inférieurs, mais c'est élever ceux-ci dans notre jugement et projeter de nouvelles clartés sur un problème qui a, de tout temps, exercé la sagacité des naturalistes et des philosophes.

NOS EX-PARENTS LES SINGES
L'ORANG-OUTAN

La troisième espèce de singes anthropomorphes, l'orang-outan, est certainement la plus célèbre. Elle paraît avoir été déjà connue des auteurs anciens, car Pline nous apprend qu'on trouve sur les montagnes de l'Inde « des *satyres*, animaux très méchants, à face humaine, marchant tantôt debout, tantôt à quatre pattes, et que la grande rapidité de leur course empêche d'être pris autrement que lorsqu'ils sont malades ou très vieux ». Sans remonter aussi loin, nous trouvons dans l'ouvrage de Tulpius, médecin hollandais du dix-septième siècle, une figure, très bonne pour l'époque, de l'orang-outan, sous le nom de *satyrus indicus*. « Cet animal, dit Tulpius, est aussi grand qu'un enfant de trois ans, aussi fort qu'un enfant de six ans, et son dos est couvert de poils noirs. » Peu de temps après Tulpius, un autre médecin, Rontius, qui avait vécu dans

l'île de Java, publia des observations plus complètes sur cette même espèce, dont il avait eu l'occasion d'étudier plusieurs individus ; malheureusement les voyageurs qui écrivirent après ces deux
auteurs, voulant sans doute donner plus de piquant
à leurs récits, travestirent les récits de Tulpius et de
Rontius de telle façon que c'est de nos jours seulement qu'on est parvenu à démêler les caractères
essentiels et les traits principaux de l'histoire de
l'orang-outan. Ce grand singe asiatique, que l'on
désigne aussi sous le nom de pongo, diffère notablement du gorille et du chimpanzé, et a été placé
avec raison par les naturalistes dans un genre spécial,
le genre *Simia*. Il a, en effet, les membres antérieurs
beauçoup plus allongés et descendant jusqu'au niveau des chevilles, la tête de forme plus conique, le
front plus élevé, les orbites plus obliques, les oreilles
beaucoup moins saillantes, la cage thoracique composée de douze paires de côtes au lieu de treize, ce
qui dessine déjà au-dessus du bassin un léger rétrécissement, une sorte de taille. Chez lui, d'ailleurs,
la portion carpienne, au lieu de se composer de huit
os seulement, comme chez l'homme, le gorille et le
chimpanzé, présente en outre un os supplémentaire,
comme chez la plupart des singes, et les métacar-
piens, de même que les phalanges, sont arqués et
permettent à la main de se mouler en quelque sorte
sur les branches et de les saisir vigoureusement ;
cette disposition est encore plus marquée dans le
membre postérieur, où la plante du pied est fortement bombée.

L'orang, qu'on a souvent représenté comme un
singe gigantesque, n'atteint pas, au moins en

hauteur, les proportions de l'espèce humaine. Un
naturaliste célèbre, Russel Wallace, ayant, en
effet, mesuré un de ces animaux, le plus grand de
ceux qu'il eût jamais vus, a constaté qu'il avait
1 m. 27 de hauteur verticale, 2 m. 40 d'une extrémité
à l'autre des bras, et 1 m. 10 de tour de taille. La
femelle, toujours plus petite que le mâle, ne mesure
en général que 1 m. 10 de haut. Chez l'orang, comme
chez le gorille et le chimpanzé, la face est nue, de même
que la paume de la main, et présente, au moins
chez les vieux mâles, un aspect encore plus hideux,
grâce au développement de protubérances sur les
côtés de la tête ; les yeux sont petits, le nez aplati, et
la mâchoire inférieure proéminente ; les lèvres sont
tuméfiées, et la peau du cou offre en avant un grand
nombre de plis, comme si elle avait été distendue ;
elle recouvre en effet de grandes poches laryn-
giennes qui, à la volonté de l'animal, peuvent se
gonfler d'air et constituer un organe de résonance,
mais qui, dans l'état ordinaire, sont flasques et
affaissées sur elles-mêmes. Les bras sont très longs,
comme nous l'avons dit, et se terminent par des
mains effilées, pourvues d'ongles aplatis ; ils sont
recouverts, de même que le corps, de poils allongés
d'un rouge brunâtre, tirant parfois au noirâtre. Ces
poils sont toutefois beaucoup plus clairsemés sur le
dos et sur la poitrine que sur les flancs et le tour des
joues, où ils forment un collier de barbe.

Ce grand singe paraît être confiné dans les parties
basses des îles de Sumatra et de Bornéo, où les
indigènes le désignent sous les noms de orang-
houtan (*homme des bois*), de *pandakh* (homme
nain), de *kahico*, de *keon*, de *mias*, etc. Il a pour

domaine d'immenses forêts, dont les arbres, serrés les uns contre les autres, enchevêtrent leurs rameaux à une grande hauteur au-dessus du sol. Aussi, pour changer de canton, n'a-t-il nul besoin de descendre à terre ; il chemine gravement sur les maîtresses branches qui forment entre les arbres voisins une série de ponts naturels. Grâce à cette vie aérienne, l'orang échappe facilement aux poursuites de l'homme comme aux attaques des grands carnassiers, et il trouve à sa portée les fruits, les feuilles et les bourgeons qui constituent sa nourriture.

L'un des premiers que l'on ait vus en Europe était une jeune femelle, qui vécut pendant un mois environ au château de la Malmaison en 1808, et qui fournit à Frédéric Cuvier le sujet d'observations intéressantes. Cet orang grimpait facilement aux arbres, dont il saisissait le tronc avec les mains et les pieds, sans employer les bras et les cuisses comme le font les acrobates ; à terre, ses mouvements étaient pénibles, car il marchait en s'appuyant sur la face dorsale des doigs et sur le côté externe des pieds et s'avançait comme un cul-de-jatte, en faisant passer ses membres postérieurs entre ses membres antérieurs. Pour porter ses aliments à sa bouche, il se servait de ses mains avec assez d'adresse et avait appris à boire dans un verre, que pourtant il ne savait remplir lui-même. Il mangeait indistinctement des fruits, des légumes, du lait et de la viande, mais ne manquait jamais de s'assurer préalablement par l'odorat de la nature des mets qui lui étaient offerts. Généralement doux et même affectueux, il donnait cependant parfois des signes d'im-

patience et se roulait par terre en poussant des cris
gutturaux. C'est surtout envers les enfants qu'il montrait de l'irritation, cherchant même à les mordre ou
à les frapper avec la main. Pendant la traversée de
Bornéo en Europe, le jeune orang s'était tellement
attaché à son premier maître, M. Decaen, qu'il était
pris d'accès de désespoir quand il restait quelque
temps sans le voir. A bord, il témoigna beaucoup
d'affection à de petits chats qu'il prenait souvent
dans ses bras, ou qu'il mettait sur sa tête, sans s'in-
quiéter des coups de griffes. La solitude lui faisait
horreur : aussi lorsqu'il se trouvait enfermé dans
une chambre, il savait fort bien monter sur une
chaise, qu'il approchait au besoin de la porte pour
faire jouer le pêne de la serrure et aller rejoindre
son maître au salon. Quand il avait froid, il s'enve-
loppait de couvertures, et dérobait parfois aux
matelots leurs vêtements pour les mettre dans son
lit.

Un autre orang, que le docteur Clark-Abel ramena
en Europe à bord du navire *le César*, montra plus
d'agilité que celui de M. Decaen : il grimpait aux
mâts et courait de cordage en cordage, en semblant
défier les matelots, avec lesquels il jouait volontiers ;
mais il restait indifférent aux agaceries des singes
de plus petite taille qui se trouvaient sur le navire,
et qui, à plusieurs reprises, essayèrent de lier société avec lui.

Les Cynocéphales, ou *singes à tête de chien*, se placent
immédiatement après les Anthropomorphes. Par leur
dentition ils rappellent les carnassiers, ayant comme
ces derniers des canines aiguës et tranchantes en

arrière. Un corps trapu, porté sur des membres
robustes, une tête lourde, massive, boursouflée et
profondément sillonnée dans la région faciale, un
nez saillant, des lèvres mobiles, des oreilles petites,
des yeux perçants abrités sous des crêtes sourcilières extrêmement prononcées, leur donnent un aspect à la fois hideux et terrible. Leur pelage est tantôt lisse, tantôt touffu, de couleur grise, jaunâtre ou
verdâtre ; leur queue est tantôt assez longue, tantôt
fort réduite, et leur nuque est parfois ornée d'une
riche crinière ; enfin les parties nues et les callosités
offrent les teintes les plus vives : rouges, bleues ou
jaunes.

Ces affreux singes habitent la plus grande partie
du continent africain et les contrées de l'Arabie
baignées par le golfe Persique. On en compte trois
espèces en Abyssinie, deux au Cap, deux dans
l'Afrique occidentale, etc. A l'opposé des autres animaux de la même famille, ils ne vivent pas dans les
forêts et ne grimpent pas volontiers sur les arbres,
mais se tiennent d'ordinaire sur les rochers des
montagnes, à une altitude moyenne de 1.000 à
2.000 mètres, et parfois près de la limite des neiges
perpétuelles. Leur nourriture consiste principalement en oignons, en tubercules, en herbes succulentes, en insectes et en araignées ; mais ils se montrent aussi très friands d'œufs et de petits oiseaux.
Le vignoble ou le jardin qu'ils visitent est ravagé en
un clin d'œil. On a prétendu que lorsqu'ils sont occupés à dévaster un verger, ils font la chaîne, se
passent les fruits de main en main pour les remiser
en lieu sûr ; que des sentinelles sont postées pour
les avertir du moindre danger, et sont impitoyable-

ment massacrées lorsqu'elles se sont laissé surprendre. Mais il ne faut pas avoir une confiance trop
absolue dans ces récits faits par les indigènes. Ce
qui est certain, c'est que les Cynocéphales sont des
animaux extrêmement redoutables, auxquels le lion
et le léopard lui-même hésitent à s'attaquer, et dont
une meute de chiens courageux et bien dressés ne
vient pas toujours à bout. Mais, chose curieuse, ces
mêmes singes, si hardis et si vigoureux, ont une
terreur extrême des reptiles les plus petits, et ne
manquent jamais, lorsqu'ils cherchent leur nourriture, de retourner les pierres avec précaution pour
voir si elles ne recouvrent pas quelque serpent.

D'après ce que nous venons de dire, on comprend
que les Cynocéphales sont très difficiles à capturer;
pour s'en rendre maîtres, les nègres recourent, dans
quelques districts de l'Afrique, à un curieux stratagème. Connaissant le goût de ces singes pour les
liqueurs fortes, ils mettent à leur portée des vases
remplis de boissons spiritueuses, et quand toute la
troupe est dans un état complet d'ébriété, ils s'en em-
parent facilement, matant au besoin, avec quelques
coups de bâton, les individus les plus récalcitrants,
et les garrottant facilement. C'est de cette façon que
sont pris les Cynocéphales que l'on voit entre les
mains des bateleurs en Égypte, en Abyssinie et au
cap de Bonne-Espérance. Dans l'Afrique australe,
on emploie, dit-on, ces animaux pour trouver de
l'eau dans les plaines désertes : après leur avoir
donné à manger quelque chose de fortement salé,
on les attache pendant une couple d'heures; puis
on leur rend la liberté, en ayant soin de ne pas les
perdre de vue, et au bout de peu de temps on les

voit avec satisfaction humer l'air, s'orienter, puis fouiller le sable avec frénésie, et finalement mettre au jour une source profondément cachée.

Dans les montagnes de la Nubie méridionale et de l'Abyssinie, il n'est pas rare de rencontrer des troupeaux d'une centaine de ces monstres, conduits par une douzaine de vïeux mâles, d'une épouvantable laideur. La rencontre n'est pas des plus agréables, surtout si l'on n'est pas bien armé. En général, les Cynocéphales s'enfuient à l'approche de l'homme, les jeunes formant la tête de la colonne et les vieux protégeant la retraite; mais lorsqu'ils se voient sèrrés de trop près, ils n'hésitent pas à faire face à l'ennemi. Ils ont la peau si dure que le plomb ne leur cause pas grand mal, et les blessures ne font qu'augmenter leur colère. Aussi la chasse des Hamadryas doit-elle être considérée comme plus dangereuse que celle du léopard, puisqu'on n'a pas affaire à un individu isolé, mais à une bande d'animaux furieux. Quand une meute de chiens est lancée sur un troupeau d'Hamadryas, la mêlée est vraiment terrible; tandis que les vieux Cynocéphales cherchent à saisir les chiens à la gorge et à les rouler sur le sol, les chiens à leur tour s'efforcent d'écarter quelques-uns de leurs adversaires du reste du troupeau afin d'en venir plus facilement à bout. La lutte reste longtemps indécise, et se termine quelquefois à l'avantage des Hamadryas, qui s'éloignent en poussant des cris de victoire. ,

Quand ils ne sont pas troublés dans leurs habitudes, les Cynocéphales reviennent chaque soir aux mêmes gîtes. Lorsque le temps est à la pluie, ils restent dans leur camp, tapis dans des anfractuosités de rochers et serrés les uns contre les autres ; mais quand le temps est beau, ils descendent dans la plaine. Malheur alors aux vergers et aux champs de sorgho qui se trouvent sur leur passage ! Majestueusement assis au soleil, la tête enfoncée dans les épaules, les mâles se tiennent immobiles au soleil, tandis que les femelles surveillent leurs petits, qui se disputent comme des enfants turbulents. Une fois repus, ils vont tous ensemble boire au cours d'eau voisin et regagnent ensuite leurs repaires.

A propos d'une visite aux gorges de la Chiffa, non oin de Blidah, en Algérie, M. Charles Grad a raconté son séjour « à l'hôtel des singes », près du bois habité par ces êtres : « Derrière l'hôtel, au delà du jardin, le vallon devient fort boisé et la forêt fait disparaître le ruisseau sous la verdure. Attention ! Ne remarquez-vous pas un mouvement dans les arbres ? des branches qui remuent ? Pas de bruit, chut ! les singes sont là, tout près. En voilà un que je tiens au bout de ma lunette. C'est un bon gros vieux chef de famille. Il paraît assis gravement sur un micocoulier, occupé de sa toilette matinale, et guettant dans les poils de sa fourrure je ne sais quoi d'imperceptible pour nous, et que le sérieux Bertrand met entre ses dents, après prise, d'un air bien satisfait. Si vous avez bonne vue, vous avez déjà aperçu la société qui tient compagnie à ce personnage. Sans doute ses petits. Ils sont quatre, six, dix et plus, toute une bande. Ils grimpent aux arbres les plus élevés, courent à quatre pattes, lestes et agiles, se suspendent aux branches, les uns les autres, formant chapelet, gambadent, cabriolent, jouent et folâtrent. Par moments, les malicieux tirent le nez ou l'oreille

du papa. Le papa leur répond par un coup de patte
ou de main. A côté, une mère serre son petit nourrisson sur sa poitrine. Tout ce que les singes peuvent
faire, vous le voyez ici. Je taquine Mohammed, le
domestique arabe de l'hôtel, en soutenant que ces
singes sont apprivoisés et lâchés sur les arbres du
jardin pour attirer les touristes. Apprivoisés ou non,
ils demeurent dans la vallée par centaines. Moi, je
ne suis pas fâché de ma visite. »

Dans la Kabylie, les singes pullulent au point de
constituer une plaie pour le pays. Vous les voyez se
nourrir non seulement de pommes de pin, de glands
doux et de figues de Barbarie, mais aussi de melons
et de pastèques qu'ils volent dans les jardins, malgré
tous les soins des propriétaires pour les écarter.
Pendant qu'ils commettent leurs vols, deux ou trois
d'entre les maraudeurs montent sur la cime des
arbres et sur les rochers environnants pour faire
sentinelle. Dès que celles-ci aperçoivent quelqu'un
ou qu'elles entendent quelque bruit, elles poussent
un cri d'alarme. Aussitôt toute la troupe de prendre
la fuite, en emportant ce qu'elle a pu enlever. Un
ancien préjugé populaire les représente comme les
descendants déchus d'une race antique d'hommes
qui aurait été privée de la parole et ainsi enlaidie
par Dieu en punition de ses méfaits. On les redoute,
mais sans les détruire.

Certains singes de la Guyane, les alouates, sont
peut-être les plus intelligents, les plus étranges et
les plus curieux des singes. Orateurs infatigables et
chanteurs distingués, ces « ténors des bois » seraient
encore des chirurgiens émérites. Lorsqu'un alouate

est blessé, tous ses petits camarades accourent,
l'entourent, le plaignent, et, ce qui vaut mieux, le
secourent. Ceux-ci plongent leurs doigts dans la
plaie comme pour en sonder la profondeur, tandis
que ceux-là vont chercher des feuilles d'arbre qu'ils
insèrent dans la blessure pour arrêter le flux du
sang. D'autres, enfin, s'en vont à la recherche de
plantes bienfaisantes qu'ils appliquent sur la plaie
pour en activer la guérison.

Ce fait, cité par la vieille *Gazette Médicale de Paris*,
ne paraîtra pas invraisemblable aux voyageurs qui
ont étudié les singes d'un peu près. M. le docteur
R. Verneau rappelle, à cet égard, l'opinion de
Darwin sur les exemples d'intelligence, de sentiments affectifs et même de raisonnement chez les
anthropoïdes, les pithéciens ou les cébiens. Le
fameux chimpanzé Edgar, que les Parisiens ont vu
au Jardin des Plantes, a donné souvent de grandes
preuves d'intelligence avant d'être enfermé au Muséum. Dans une vieille casserole, il amassait les
objets qui lui étaient utiles, notamment deux ou
trois cailloux qui lui servaient à casser les noyaux,
un fragment de bouteille et un chiffon noir.

Que pouvait-il faire du fragment de verre et du
chiffon noir? Il plaçait le chiffon noir derrière le
verre et se fabriquait un miroir dans lequel, avec
une satisfaction débordante, il aimait à contempler
ses traits. Ce détail est d'autant plus à noter que les
animaux, d'habitude, s'étonnent bien rarement de
voir leur image apparaître dans une glace; les chiens,
par exemple, en face d'une armoire à glace, tournent la tête le plus souvent et s'en vont comme ils
sont venus, sans porter attention à leur double.

L'invention du miroir par un anthropoïde est un fait qui dénote une intelligence encore plus développée que celle des cébiens de la Guyane secourant leurs semblables blessés. Il n'y a pas, du reste, que chez le singe ou le chien que les animaux blessés se portent assistance mutuelle. Mais, ce qui est curieux chez le singe, c'est que, non seulement il a la pensée de secourir son semblable, mais il sait encore qu'il faut tamponner la plaie pour arrêter une hémorragie, et il a appris à connaître les plantes salutaires.

M. H. de Parville a observé lui-même, et le cas est bien authentique, un fait de cette nature, très remarquable. L'aventure s'est passée en Amérique centrale, au bord d'une immense forêt vierge. « J'avais, écrit-il, capturé un petit singe anthropoïde. Je lui rendis la liberté seulement plusieurs mois après qu'il se fut habitué à vivre à côté de moi dans ma cabane; c'était un excellent compagnon, très caressant et qui se civilisa très vite; il s'en allait pendant des journées presque entières, mais il ne manqua jamais à l'appel du soir. Il me sautait sur l'épaule et me comblait de caresses. Un jour, je me fis maladroitement une entaille au doigt avec un couteau, en voulant couper une branche dans la forêt. Le sang coula et Pedro, qui était à mes côtés, disparut incontinent. J'avais entouré ma phalange avec mon mouchoir. Quelques minutes plus tard, mon singe réapparaissait, tenant entre ses doigts un paquet de feuilles. Je compris, et j'appliquai les feuilles sur la coupure. Pedro manifesta aussitôt son contentement par de nombreuses gambades. Etait-ce le hasard? Etait-ce un acte réfléchi? Je crois qu'il est difficile de se prononcer pour le hasard. L'animal

paraissait trop satisfait de m'avoir vu utiliser ses
feuilles pour qu'il n'eût pas été les cueillir dans le
but de guérir la plaie. »

Le type anthropomorphe était déjà représenté sur
la surface du globe pendant la période tertiaire.

L'ancêtre de l'homme n'est pas encore découvert;
mais il ressemblait certainement aux singes anthropomorphes.

XII

L'HOMME A L'ÉTAT SAUVAGE ET LES BARBARES MODERNES

Visite aux tribus inférieures de l'espèce humaine.

L'étude progressive que nous venons de faire des manifestations intellectuelles observées chez les races animales inférieures à l'homme, nous amène maintenant à considérer notre propre race dans les conditions les plus rapprochées possible de son état de nature.

Nous avons l'habitude singulière, nous autres Français, de regarder la race humaine comme une sorte de généralisation de notre propre race, et de ne voir dans les pays lointains que des Européens quelque peu modifiés par les conditions variées de la vie sur les divers points du globe. Nous enveloppons dans une même unité notre conception de la grande famille humaine, et nous ignorons quelle diversité profonde sépare les groupes d'êtres désignés sous le nom d'hommes. C'est là cependant une étude curieuse à faire, et le sujet le plus capable de nous éclairer sur les origines de notre espèce et sur les progrès successifs de la valeur intellectuelle.

Jetons nos regards sur les régions récemment explorées par les infatigables missionnaires de la civilisation, par les hommes dévoués et libres qui se consacrent à l'observation directe des manifestations primitives de la pensée, de son éveil sous le crâne lourd et grossier des peuplades de l'Amérique du sud ou de l'Afrique centrale.

Dans un voyage de l'océan Pacifique à l'océan Atlantique, M. Paul Marcoy nous présente, par exemple, des études bien propres à nous fournir une appréciation plus exacte de notre race et de ses manifestations distinctes, depuis les échelons infé-rieurs qui semblent toucher encore à la race des singes, jusqu'aux degrés plus élevés où l'esprit s'affirme et progressivement domine la matière.

Entrons un instant, avec lui, chez les peaux rouges du Brésil, dans la tribu des Mesayas.

Il y avait là dans le temps, paraît-il, des Indiens porte-queue. Ces caudaphores, que la rumeur des pays voisins affirmait être le produit monstrueux de coatas roux (l'*ateles ruber* des naturalistes) avec des femmes de races tapuya, formaient une tribu nombreuse sur les rives de l'Amazone. M. Marcoy, n'é-tant resté que vingt-quatre heures à Matura, n'a pu voir lui-même ces hommes-singes; mais leur exis-tence dans le voisinage lui fut assurée, et il nous donne la curieuse déclaration écrite en 1752, sous le serment de l'Evangile, par le missionnaire Jose Ri-béiro, qui avait tenu à scrupule d'en faire lui-même la constatation. « Ces sauvages brutes, dit-il, sont pourvus d'une queue de la grosseur du pouce, longue d'une palme, couverte d'un cuir lisse et dénuée de poils. »

Je ne me fais pas garant de l'existence réelle de ces Caudaphores, mais les Mésayas sont intéressants à observer.

Ils ont un système théogonique bien primitif, qui peut être résumé en deux points : ils croient à l'existence d'un être supérieur qu'ils craignent de nommer. La manifestation visible de ce dieu est l'oiseau *buêqué*, charmant sylvain à la chape or et vert, au poitrail nacarat, que notre voyageur a souvent tiré et empaillé sans se douter qu'il chargeait sa conscience d'un déicide.

Leur système du monde nous intéresse particulièrement. D'après les Mésayas, deux sphères, l'une supérieure et transparente, l'autre inférieure et opaque, divisent l'espace ; dans la première habite la divinité. Dans la seconde naissent et meurent les hommes rouges qu'une récompense ou un châtiment attend au sortir de cette vie.

Deux astres, *Veï* et *Yacé* (le soleil et la lune), éclairent tour à tour la sphère supérieure. Les étoiles, *Celo*, sont d'humbles lampes qui prêtent leur clarté à la sphère inférieure, séjour des hommes.

En arithmétique, ils ne savent compter que jusqu'à trois. Au delà, par duplication.

Ils dissèquent leurs morts, en brûlent les chairs et ne conservent d'eux que leurs ossements, qu'ils peignent en rouge et en noir, et placent dans des jarres qu'ils enfouissent dans la forêt. Ils s'écartent avec soin de ce lieu, de peur que l'âme du mort, cherchant un autre corps, ne s'introduise dans le leur, ce qui ferait double emploi d'âmes pour un seul corps et deviendrait gênant.

Ils ceignent leurs reins d'un écheveau de corde‐lettes tressées avec du poil de singe. Hommes et femmes portent la chevelure en queue de cheval, et plantent autour de leur bouche de longues et fortes épines de mimosa dirigées obliquement en avant! Ils ont pour armes l'arc, la massue, et un bâton dont l'extrémité fendue leur sert à lancer des pierres.

Leur plus grand ennemi est le Miranhas, tribu voisine. Tout Miranhas qui tombe entre leurs mains est religieusement engraissé et mangé. Lorsqu'ils sont satisfaits sur le premier point, ils ordonnent au prisonnier d'aller dans la forêt chercher du bois, pour être cuit le lendemain. Cette lugubre corvée, le pauvre captif l'accomplit avec une indifférence parfaite, en fredonnant un air national destiné à narguer son vainqueur. Lorsqu'il est rentré avec sa provision de bois, on marque sur son corps avec de l'ocre rouge les parties délicates dont on compte se régaler le lendemain, puis on le fait danser dans une fête générale.

Le lendemain, à son réveil, on lui ouvre le corps, on le lave dans le ruisseau voisin, et de vieilles femmes expertes en cuisine, les détaillent en menus morceaux, le jettent dans une chaudière avec addi‐tion d'eau et de piment, et mettent le feu aux bû‐chettes ramassées la veille par le défunt. Bientôt l'impur ragoût cuit à gros bouillons. On sert alors à chaque convive son morceau d'Indien avec un peu de sauce. Les viscères et les intestins sont rôtis sur les braises, et les os sont concassés pour en sucer la moelle. Quant à sa tête, on la dessèche et on la peint pour la garder.

Non loin de là habitent les Chumanas, qui tatouent leurs lèvres et décorent leurs joues d'une double volute; les Teimbiras, qui se noircissent le visage et passent une rondelle de bois dans leur lèvre inférieure; les Yamas, qui brisent les os de leurs morts pour en sucer la moelle, dans la croyance que, l'âme du défunt y étant cachée; ils la font revivre en eux.

Les Muras, à l'aide d'une flûte à cinq trous et d'une langue musicale, conversent entre eux à distance. Deux de ces Indiens séparés par une large rivière échangent des réflexions sur la pluie et le beau temps, se racontent leurs affaires, etc. Comme chez les autres tribus, le ton majeur est banni de leurs mélodies; l'homme de la nature ne s'exprime que par des notes mélancoliques.

Ce langage nous fait souvenir que les peaux rouges du grand ouest de l'Amérique conversent souvent entre eux *par signes;* ce sont ces mêmes peaux rouges qui gardent l'usage cruel de scalper le crâne du vaincu, de lui arracher la chevelure et la peau de la tête.

Quelle qualification donner à la manière dont les Indiens de l'Amazone entendent s'amuser à leur fête des guerriers? Ecoutez :

Ils commencent par se fouetter mutuellement en chœur, jusqu'au sang; après quoi, ils s'emplissent le nez, autant qu'ils le peuvent, de la poudre odorante du fruit torrifié du parica. Puis ils vident, en s'excitant l'un l'autre, force cruchons de vins d'Assaley, et lorsqu'ils ne peuvent plus boire par la bouche, ils passent à l'inexplicable exercice que voici :

La troupe se divise par escouades de douze hommes, qui s'assoient en cercle sur le sol. Une outre, terminée par une canule de roseau, est remplie d'infusion de parica, et tour à tour chaque assistant, s'asseyant sur cette outre d'une certaine façon (qu'il est superflu du mieux définir), l'aplatit jusqu'à parfait épuisement du liquide qu'elle contenait. Tour à tour remplie et vidée, elle ne cesse de faire le tour du cercle que lorsque l'abdomen des individus, tendu comme un tambour, menace de se rompre. Parfois, quelque convive trop ballonné éclate tout d'un coup comme un obus au milieu de la fête.

Voilà certes une manière inattendue de prendre des narcotiques !

Moins civilisés que les précédents, les Macus du Japura vivent dans les forêts, grimpent comme des chats sur les arbres pour saisir les oiseaux et les œufs dont ils se nourrissent, mangent des racines crues et dépouillent les arbres de leurs fruits verts. Leur manière de vivre se rapproche si visiblement de celle de l'espèce simienne, qu'on les a classés pendant longtemps dans la famille des grands singes, et, comme tels, pourchassés à coups de fusil.

Parmi les coutumes les plus bizarres des indigènes de ces contrées lointaines, nous signalerons celle d'*aplatir la tête*, qui fut en usage chez les Omaguas de Sao-Pablo. Les mères entouraient de coton le front des nouveau-nés, le pressaient entre deux planchettes, et augmentaient cette pression jusqu'à ce que l'enfant fût en état de marcher seul. Tout jeune encore et s'exprimant à peine, le sujet était déjà en possession d'un crâne oblong qui figurait une mitre d'évêque. Mais voici qu'un jour le contact des Espagnols fait passer la mode des têtes oblongues, au grand récri de ceux qui les avaient en poire et se virent contraints de les garder ainsi jusqu'à leur mort. La jeune génération porta sa tête au naturel. Le dernier Omagua à tête mitrée est mort vers 1800. Remarque bizarre, cette abolition de la forme traditionnelle de la tête fut suivie d'une diminution notable des indigènes.

Sir Samuel Baker nous apprend que, dans le territoire des Nouers (Amérique du Sud), les hommes restent toujours entièrement nus, frottent leurs corps de cendre, et, en y ajoutant de l'urine de vache, se teignent les cheveux en roux, ce qui leur donne un aspect tout à fait diabolique. Les femmes non mariées vont également toutes nues ; les autres portent une ceinture d'herbes, et les plus élégantes une ficelle avec un bouquet. Elles pratiquent une incision dans la lèvre inférieure et s'y plantent un gros fil de fer comme la corne d'un rhinocéros.

Il va sans dire que la polygamie est la règle générale de ces tribus, surtout pour les gens riches, car une femme s'achète dix vaches. La femme est une propriété, comme en Australie (28). La maternité étant un honneur, il arrive souvent qu'un seul homme compte un très grand nombre de fils et de filles. Ainsi, le chef de la tribu dont nous venons de parler avait déjà 116 enfants au moment du passage de M. Baker.

Les peuplades de l'Afrique centrale qui vivent sur les bords du lac Albert sont dans un tel état d'infériorité que l'infatigable successeur de Speke est arrivé à considérer ces races noires comme *préada-*

mites. Son jugement se base d'une part sur ce fait qu'elles n'ont aucune idée de l'existence de Dieu et de la vie future, et que « ces idées ont toujours été conservées chez les races blanche et jaune issues d'Adam »; il se base d'autre part sur cet autre fait que le terrain qu'elle habite est composé de roches granitiques primitives dont la surface ne paraît avoir été altérée par aucun événement postérieur.

Il résulte des observations faites dans les régions habitées par ces tribus inférieures une opinion générale diamétralement opposée à l'antique tradition européenne, c'est que l'humanité ne descend sûrement pas d'un couple unique créé dans un état supérieur d'intelligence, mais simplement de la série zoologique progressant par voie d'élection naturelle, et dont la marche ascendante donna naissance à la manifestation des races humaines inférieures, et à celles-ci avant la race blanche.

Il y a moins de différence entre un chimpanzé et un nègre du lac Albert, qu'entre celui-ci et Newton ou Kepler (29).

D'ailleurs, les voyages dans le Soudan occidental n'ont-ils pas montré des familles de singes évidemment dignes du titre de candidats à l'humanité? Un jour, le 5 décembre 1863, M. Mage arriva au pied d'une montagne étagée habitée par toute une ville de singes, dont le dessin, que nous avons sous les yeux, montre une société dont les divers membres s'entendent parfaitement. « Lorsque j'arrivai en vue de la montagne, dit M. Mage, un concert semblable à celui d'une meute immense me salua. J'étais déjà de mauvaise humeur par suite des difficultés de la route. Ces êtres associés, jouant, hurlant, gam-

badant, m'exaspérèrent. Je pris une carabine et je
tirai dans un groupe. J'en vis tomber un. Or, en un clin
d'œil, les autres se précipitèrent sur son corps, l'en-
levèrent, l'emportèrent et s'enfuirent tous. La montagne fut déserte. »

Combien ces observations faites dans les voyages
sont plus propres à nous instruire que les meilleures
hypothèses créées au coin du feu! C'est dire que nos
belles publications géographiques contemporaines
rendent un éminent service à notre éducation générale.

Ce n'est point dans nos cités et chez nos nations,
c'est dans ces contrées où l'œuvre de la nature se
laisse encore surprendre, qu'il faut aller se former
une idée des commencements de notre espèce. Ces
peuplades de l'Afrique, comme celles de l'Amérique
du Sud, en sont encore à l'âge de la pierre, où en
étaient les Gaulois, nos ancêtres, il y a dix mille
ans peut-être. Elles n'ont ni tradition, ni histoire,
ni conscience, ni science, ni art, en un mot, aucune
manifestation pure de la pensée. C'est que la pensée
humaine ne fait encore que s'éveiller sous ces rudes
crânes. L'exercice séculaire des forces mentales développe seul dans un peuple sa valeur intellectuelle ;
au fur et à mesure que chaque peuple accroît ainsi
sa force intrinsèque, il domine et absorbe les voisins restés inférieurs. C'est ainsi que progressivement s'est formée la zone supérieure et plus épurée
de l'espèce, la zone intellectuelle, qui seule représente vraiment l'humanité pensante (30).

*
* *

Il est toujours utile et souvent fort agréable de
s'éloigner quelque temps du lieu que l'on occupe
habituellement, de changer momentanément la scène
de notre contemplation, de quitter les choses connues pour les inconnues, et, en transformant de la
sorte les perspectives accoutumées, d'éclairer et
d'agrandir nos jugements sur la nature et sur
l'homme. Ce changement de scène, l'astronome le
fait de la manière la plus complète, lorsqu'il consacre de longues heures d'une nuit transparente à
l'étude d'un paysage lunaire, à l'observation de la
surface des planètes, à la mesure des mouvements
d'une étoile double, et surtout lorsque, animé par
l'esprit philosophique, il cherche à déterminer les
conséquences légitimes des observations générales
au point de vue de la nature étrangère qui caractérise les mondes lointains.

Ce changement de scène, le voyageur l'obtient sur
une échelle moins vaste, mais plus accentuée et plus
directe, lorsque, s'éloignant des frontières de notre
Europe, il porte ses pas investigateurs sur les latitudes tropicales du monde africain, vers ces contrées
encore si mystérieuses, qui sont plus vieilles que
nous, et que nous ne connaissons pas. Sans sortir de
la sphère terrestre, le géographe rencontre dans la
nature même de notre planète des variétés singulières, des contrastes frappants, des différences absolues et inattendues, soit dans les climats et les saisons, soit dans le caractère géologique extérieur des
terrains, soit dans les espèces végétales et animales,

spéciales à ces contrées et à ces climats. L'ethnographe observe une diversité non moins curieuse dans les types, dans l'état intellectuel, les mœurs, les habitudes, les costumes des peuples qu'il visite. On est tout étonné de constater de telles dissemblances entre les hommes.

La loi du Progrès, fort heureusement, dirige tout. Nous connaissons aujourd'hui l'Abyssinie, l'Ethiopie, et son empereur Ménélik, que j'ai l'honneur de compter au nombre des membres de notre belle Société astronomique de France, a donné, entre autres, un magnifique exemple d'humanité lors de la guerre que l'Italie lui avait déclarée et dont il sortit victorieux. Mais j'ai connu un voyageur, M. Arnauld d'Abbadie, qui, après avoir passé douze ans dans la haute Éthiopie, entre les années 1836 et 1862, dans le but d'étudier les mœurs, le caractère et les institutions d'un des peuples de l'Orient les plus intéressants et les moins connus, nous a donné de l'époque de Théodoros une description ne nous montrant encore guère là que des sauvages accoutumés à des usages d'une férocité singulière.

Nous lisons, par exemple, dans sa relation de voyage, entre autres faits caractéristiques, qu'un jour Théodoros, rentrant dans son camp et voyant l'enceinte où étaient ses tentes imparfaitement palissadée, manda le chef dont les troupes avaient exécuté cette corvée, et, pour compléter la clôture, fit lier dans les interstices des hommes vivants pour terminer la palissade. La nuit suivante, les hyènes arrivèrent vers ces malheureux et les dévorèrent. Elles firent mieux ; pénétrant par les mêmes interstices jusqu'à la tente impériale, elles se mirent en devoir d'étrangler les gardes du corps, d'en manger quelques morceaux et d'arriver jusqu'à l'empereur, dont elles dévorèrent le cheval favori. Le tyran cria au secours et... fut sauvé par ses humbles sujets.

Un jour les paysans, invités par le dedjazmatch (duc) Birro à laisser ses soldats se ravitailler sur leurs terres, les attaquèrent au lieu de leur laisser emporter tranquillement leur maraude. Il y eut des morts et des blessés. Le duc fit demander aux paysans prisonniers ce qu'ils avaient à dire pour se justifier. Un des leurs s'avance : « O monseigneur, dit-il humblement, à toi la force ! tu es l'étoile de ton matin, et tu annonces les splendeurs de ta propre journée. Que Dieu fasse luire à tes yeux la vérité de mes paroles ! Par obéissance à ton ban, nous avons laissé tes soldats se ravitailler sur nos terres ; mais ils ont attenté à nos personnes ; et où convient-il que le laboureur affronte la mort, si ce n'est sur son sillon ?... Nous voici prêts à être asservis par ton pardon. Que ta javeline soit toujours victorieuse et que Dieu t'inspire notre arrêt * ! »

« Créatures du jeudi, s'écria Birro (autrement dit *animal*, par allusion à la date de la création des animaux selon la Genèse), qu'on vous coupe à chacun le pied et la main ! »

Celui qui avait pris la parole s'offrit le premier au

---

* Le Maroc serait-il aujourd'hui au point où en était l'Éthiopie en 1860 ? On m'écrivait de Tanger à la date du 31 mars 1909 : « Un indigène, originaire d'Aïtyoussi, mêlé à l'affaire Kittani, interrogé par le sultan Moulay Hafid, sur les motifs de sa participation, a déclaré qu'il était venu à Fez pour demander la bénédiction de Hafid. » Celui-ci lui répondit : « Je vais te satisfaire. » L'indigène reçut quatre cents coups de bâton.

couperet du bourreau. Seize malheureux subirent la mutilation. M. d'Abbadie chercha à obtenir le pardon du reste ; d'autres assistants appuyèrent ses instances, par malheur, car le duc, pour ne pas paraître subir de pression, s'écria :

« On ne lès a donc pas tous ébranchés ? Qu'on mande mes bûcherons pour abattre ceux qui restent. »

Deux infortunés furent massacrés à coups de hache. On vint lui dire que tout était fini, et il sembla respirer plus à l'aise.

Un instant après, on voit ce même prince rire avec notre voyageur et s'occuper de morale et de théologie.

Une affreuse coutume existait encore là. La guerre, maladie intermittente en Europe, régnait là-bas à l'état permanent. Or, la première opération qu'un soldat accomplit sur son ennemi blessé, c'est de pratiquer l'éviration. Ils emportent du vaincu les organes qu'ils ont tranchés, et les suspendent comme trophées au frontal de leurs chevaux. Ces sanglantes dépouilles humaines prouvent le nombre d'ennemis qu'ils ont blessés ou tués, et sont autant de titres à l'avancement. Cette odieuse coutume n'est que la représaille de celle des musulmans, qui, désespérant autrefois de faire accepter l'islamisme aux Éthiopiens, entreprirent d'éteindre la race entière de ceux qui ne pensaient pas comme eux, en arrêtant là génération dans tout un pays peuplé de plusieurs millions d'hommes.

En un demi-siècle, l'Abyssinie a été entièrement transformée, et les derniers vestiges de la barbarie ont disparu aujourd'hui.

Ce n'est qu'au point de vue des coutumes tyranniques dont nous venons de parler que ce peuple a pu être, un instant, inscrit ici au chapitre des sauvages, car en lui-même il est plutôt d'origine civilisée. Les siècles de son moyen-âge l'avaient abaissé et dépravé.

L'histoire des Ethiopiens n'est pas dépourvue d'intérêt. Ils sont chrétiens depuis le quatrième siècle (Frumentius) et de la secte d'Eutychès. Avant cette époque, ils étaient juifs. La tradition enseigne, comme on sait, que si la belle reine de Saba alla en grande pompe rendre visite au roi Salomon le Sage, ce n'était pas par simple curiosité. Elle venait le prier d'être le père de son futur fils Menilek. L'auteur du livre de la Sagesse voulut bien consentir aux douces supplications de la reine ; et celle-ci ne revint qu'en emportant avec elle le gage le plus sûr de la réussite de son projet. Quand Menilek fut grand, elle l'envoya près de son père. Celui-ci, voulant s'assurer de l'identité de sa progéniture, fit asseoir sur son trône un des courtisans, et descendit se mêler parmi ses serviteurs. Le jeune Ethiopien reconnut son père malgré le subterfuge, lui remit l'anneau (non la croix) de sa mère, et resta à la cour du grand roi. Mais comme il était trop beau et trop populaire, Salomon jugea bon de l'envoyer régner en Ethiopie avec des représentants des douze tribus. Menilek fit mieux ; il s'entendit avec ses compagnons pour voler du temple les tables de la loi, qui furent dans la suite déposées à Aksoum. Les Israélites n'en auraient conservé que le simulacre.

Nous voyons par l'ouvrage de M. Arnauld d'Abbadie que l'état de l'Ethiopie était, il y a un demi-siècle, celui de la féodalité en France il y a cinq ou six siècles, avec des dissemblances caractéristiques. L'ambition insatiable du clergé et le despotisme des souverains ont amené plusieurs révolutions sur ce sol antique. Gondar, la capitale, qui était de trente mille âmes du temps de Bruce, était descendue à onze mille. « Les palais sont délabrés, et l'herbe croît sur les mosaïques des âges disparus. Les étudiants attachés au clergé, à leurs professeurs, comme à la Sorbonne du seizième siècle, sont néanmoins obligés de mendier pour vivre. Les pratiques religieuses et les superstitions règnent encore là en souveraines. Des anachorètes sont retirés dans les campagnes. De jour, le soleil, les cloches, les trafics, jettent quelque animation sur la ville. Après le coucher du soleil, la ville tombe dans le repos, troublé par les hyènes qui mêlent leur hurlement sinistre à leur rire étrange. Ne connaissant ni sablier, ni clepsydre, ni horloge d'aucune sorte, ils divisent la journée en six parties, qui ont leurs dénominations consacrées, d'après la hauteur du soleil sur l'horizon. Le clergé et les hommes instruits usent d'une chronométrie un peu moins grossière : le dos au soleil, ils mesurent, par semelles et demi-semelles, la longueur de leur ombre. »

Mais tout change rapidement aujourd'hui dans les classes supérieures. Il n'est pas probable que ce peuple tombe, comme on le pensait, absorbé par l'Europe. Il paraît doué d'une force vitale personnelle.

Ainsi, par l'excursion que nous venons de faire au fond de l'Ethiopie, d'une part, et par la visite que nous avons rendue d'autre part aux tribus inférieures de la race humaine vivant actuellement dans l'Amérique du Sud comme dans l'Afrique centrale, nous reconnaissons que l'humanité est loin d'être aussi homogène que l'on est porté à le croire lorsqu'on se contente d'un examen superficiel européen. En observant les races encore rapprochées de la race simienne, nous approchons de la solution du grand problème de l'origine de l'humanité sur la Terre, et, sans remonter à vingt ou cent mille ans derrière nous, nous avons sous les yeux un état analogue à celui de l'homme primitif. L'examen du crâne confirme la théorie (31). Continuons notre excursion ethnographique.

XIII

AUTRES SAUVAGES MODERNES

L'homme primitif actuel disparaît rapidement, absorbé par l'extension intensive de la civilisation européenne et américaine. Hâtons-nous de l'observer pendant qu'il en reste encore quelques spécimens.

Dans les îles Viti, la vie humaine est peu appréciée. Le cannibalisme est invétéré chez les insulaires, et ils aiment tant la chair humaine qu'ils ne peuvent donner de plus grands éloges à un mets que de dire : « Il est tendre comme de l'homme mort. » On préfère l'avant-bras et la cuisse. Quand le roi donne un festin, ce morceau ne manque jamais. Quoique les corps des ennemis tués sur le champ de bataille soient toujours mangés, ils ne suffisent point, et l'on engraisse des esclaves pour cet usage. Quelquefois ils les font rôtir tout vivants pour les manger immédiatement, tandis que, dans d'autres cas, ils conservent les corps jusque dans un état de décomposition avancée. Ra-Undre-Undre, chef de

Raki-Raki, avait, au rapport de Williams (*Viti et les Vitiens*), mangé à lui seul neuf cents personnes, et jouissait d'une haute considération. Tout dépend des habitudes.

Chez les Vitiens, le parricide n'est pas un crime, mais un usage. Les parents sont généralement tués par leurs enfants.

Pleins de tendresse et de piété filiale, afin de ne pas voir leur père et leur mère traîner une vieillesse pénible, les enfants ont la coutume de les *enterrer vivants* après la quarantaine révolue. Au jour fixé, toute la famille se rend en grande pompe et allégresse à la tombe; les adieux sont faits à la victime partant pour la terre des esprits; elle se couche dans la fosse, et l'on comble celle-ci pour terminer la cérémonie. Tel est l'*usage* dans toute la population, et il ne semble pas que ce soit là un acte de cruauté, mais bien d'affection. C'est aux fils que revient l'honneur d'enterrer leur mère, et si l'on choisit un âge encore si peu avancé, c'est afin que la résurrection se fasse dans le même état.

Les Néo-Zélandais sont également anthropophages par goût, et de plus s'imaginent qu'ils ne s'assimilent pas seulement la substance matérielle, mais encore le courage, l'habileté et la gloire de celui qu'ils dévorent. Plus ils ont mangé de cadavres, plus ils espèrent une position élevée dans l'autre monde. Aussi préfèrent-ils quelque vieux chef coriace aux formes potelées des jeunes gens ou des tendres jeunes filles.

Au point de vue des mœurs, vous pourriez, mesdames, constater des différences essentielles et assez curieuses entre ces sauvages et nous. Les Bré-

siliens indigènes n'approuvent pas la chasteté dans
une femme non mariée, parce qu'ils la regardent
comme une preuve que sa personne n'a aucun
attrait. Les habitants des îles des Larrons et des îles
Andaman considèrent cette vertu comme une marque
d'égoïsme et d'orgueil.

Les Veddahs trouvent scandaleux de n'avoir
qu'une seule femme « comme les singes », épousent
souvent leur sœur cadette, et regardent comme horrible le mariage avec une sœur aînée. A Viti, une
épouse peut être vendue comme toute autre propriété; le prix ordinaire est un fusil.

Un voyageur anglais, cité par la *Revue de l'instruction publique*, rapporte que, dans l'île d'Una-
march, découverte par les Russes, les femmes
servent de monnaie de compte. Les prix de vente et
d'achat se calculent en femmes chez ces sauvages
insulaires.

Après tout, cela peut faire une agréable monnaie
courante.

Chez les Babines, on juge de la beauté d'une
femme par la dimension de sa lèvre inférieure, à
laquelle on suspend perpétuellement des objets pour
l'allonger.

Les signes par lesquels nous aimons manifester
nos sentiments varient singulièrement dans les différentes races. Le baiser nous apparaît comme
l'expression naturelle de l'affection : pourtant il est
entièrement inconnu des Taïtiens, des Néo-Zélandais, des Papous, des aborigènes de l'Australie, des
Esquimaux.

Les Tougans s'asseyent pour parler à un supérieur :
à Vatuvulu, le respect exige qu'on lui tourne le dos

en lui parlant. Dans les îles des Amis, le plus grand témoignage de respect consiste à se découvrir le corps depuis la ceinture. Dans quel séns? C'est ce qui est, dit Cook, laissé à la convenance de chacun. Chez certains Esquimaux, tirer le nez est une marque de respect. Les Tasmaniens manquent absolument de termes pour exprimer des idées abstraites, comme « couleur, ton, nombre, genre, esprit ». Ils n'ont pas de mot qui signifie « arbre », quoique chaque espèce ait un nom, ni pour signifier les qualités telles que « dur, doux, chaud, froid, long, court, rond, etc. » Pour « dur » ils disent « comme une pierre »; pour rond, « comme la lune, » etc. Les Indiens du Brésil ne peuvent compter que jusqu'à trois; pour tous les nombres supérieurs, ils emploient le mot « beaucoup. »

Les habitants du cap Nord ne dépassent pas le nombre deux; ils comptent bien jusqu'à six, mais en disant : *un, deux, deux-un, deux-deux, deux-deux-un, deux-deux-deux.* Aucune population du vaste continent australien ne peut compter au delà de quatre, et n'arrive à énumérer les doigts d'une seule main. Si l'on demande à un Esquimau combien il a d'enfants, il est d'ordinaire fort embarrassé. Après avoir compté sur ses doigts, il consultera sa femme, et tous deux différeront souvent dans leur calcul, surtout s'il y a plus de cinq personnes. Cinq signifie beaucoup. Les Indiens de l'Amérique du Nord n'ont pas de mot correspondant à *aimer* ou à *cher,* ce qui prouve que la chose n'existe pas.

Certaines habitudes sont vraiment bizarres. Il nous paraît naturel qu'après l'accouchement la femme garde le lit; chez les Caraïbes, c'est au contraire le père qui, à la naissance d'un enfant, se couche dans son hamac et se met entre les mains du médecin ; la mère va à l'ouvrage.

* *

Parmi les peuplades ou tribus qui vivent dans un état d'infériorité inouïe, on donne quelquefois la triste prééminence aux nains dokos du Choa (Abyssinie) ou aux Duggers (Pan Entaw), Indiens repoussants qui vivent dans les cavernes de la Sierra-Nevada, et dont les naturalistes les plus dignes de foi ont rapporté qu'ils « sont à peine de quelques échelons au-dessus de l'orang. »

Le missionnaire A.-L. Crapi, qui a vu de près les Dokos du midi de Kaffa et de Qurague, rapporte que ces sauvages ont tous les traits physiques d'une grande infériorité. Ils ne savent point allumer le feu ou obtenir des produits du sol. Des graines, des racines arrachées à la terre en la fouillant avec leurs ongles et de grosses fourmis constituent leur nourriture ordinaire ; heureux s'ils parviennent à s'emparer d'une souris, d'un lézard ou d'un serpent. (Telle est aussi la nourriture des Boschimans.) Ils errent nus dans les forêts, incapables de se construire une hutte ; ils cherchent généralement un abri sur les arbres. Les Dokos ignorent à peu près la pudeur et n'acceptent que des liens de famille tout à fait éphémères ; après l'allaitement, la mère ne tarde pas à abandonner ses petits.

Les indigènes de la Terre de Feu, certaines populations nègres du Soudan, diverses tribus de Boschi-

mans, les sauvages de l'Australie occidentale, les indigènes de Bornéo (Dallon), les Miranhas du Yupura
supérieur, décrits par Martins ; les Botocudos du Rio-
Belmonte, sur lesquels le prince de Neuweld a donné
de si écœurants détails ; les Tarungares (Papous
de la côte orientate de la baie de Gelvink). Les
Tarungares, visités tout récemment par le docteur
A.-B. Meyer, sont d'une sauvagerie non moins primitive, complètement nus, dépourvus de tout sentiment
moral ; ils sont anthropophages endurcis et exhument
même parfois les cadavres pour les dévorer.

Les Veddas de Ceylan sont de petite taille et d'un
type abject. Leur physionomie a une expression re-
poussante, bestiale. La conformation du crâne (dolichocéphale) montre un état de très grande infériorité ; le nez est aplati, la partie inférieure de la face
fortement proéminente « allongée en museau » ; les
dents singulièrement projetées en avant. Ils vivent
plutôt comme des animaux, s'abritent ordinairement
dans le creux des rochers, lorsque le temps est
mauvais. Le Vedda sait se faire une sorte de nid
pour se reposer ; il choisit de préférence le sommet
des arbres ; il s'y réfugie au moindre bruit, grimpant avec l'agilité d'un singe.

Les Akkas du marais du Nil, visités par Schweinfurth et Miani, ont des mœurs singulièrement sauvages. Ils sont de très petite taille, leur thorax est
peu développé ; le ventre bombé « rappelle celui de
l'orang, et la courbure de la colonne verticale ne
peut être comparée qu'à celle du chimpanzé » ; les
jambes sont grêles et terminées par un pied large et
plat ; le gros orteil est tout à fait écarté ; le pied apte
à la préhension.

Des négrillos de Manille (des Montagnes de San Matteo et Marihelès, et dans la province de Hocas-Norte), le naturaliste voyageur Ch. de Hügel rapporte qu'ils vivent au fond des forêts comme des fauves et non comme des êtres sociables. « Ces négrillos sont, dit-il, de très petite taille, leurs jambes sont grêles, le corps est couvert de poils noirs et roux, les cheveux sont laineux et noirs. »

Darwin, lors de son voyage à bord du *Beagle*, fut presque épouvanté à la vue des Fuégiens. A voir de tels êtres, écrit-il, on a de la peine à croire qu'ils sont nos semblables et habitent la même planète. La nuit, cinq ou six de ces êtres humains, nus et à peine protégés contre les intempéries de ce terrible climat, couchent sur le sol humide, repliés sur eux-mêmes comme les animaux et serrés les uns contre les autres.

*
* *

Toutes les races humaines ne sont certainement pas susceptibles de progrès. Il en est beaucoup qui ont péri ou sont en voie d'extinction, justement parce qu'elles étaient réfractaires à tout progrès. On connaît des peuplades qui, bien qu'ayant toujours vécu uniquement de la chasse, n'ont pas encore trouvé d'autre moyen pour se procurer le gibier que de l'abattre à coups de pierres. Beaucoup de sauvages se nourrissent simplement de coquillages ramassés et ne comptent que sur le hasard pour trouver d'autre nourriture. Les Australiens ichtyophages observés par Dampier, qui avaient cependant toujours vécu au bord de la mer, ne savaient fabriquer aucune sorte d'engin pour la pêche. Ils n'avaient même pas de radeaux pour visiter les îles voisines, il leur fallait s'y rendre à la nage. Parmi les nombreux sauvages absolument *incivilisables*, on peut citer les Corahécas des frontières du grand Chaco, les Yuracarès, certains nègres du Nil supérieur, quelques négritos de la presqu'île de Malacca, plusieurs peuplades andamanites, quelques populations indigènes australiennes, etc. En vain les missionnaires se sont-ils évertués pendant de longues années à inculquer à ces races attardées les premiers rudiments d'une éducation ; tous les efforts ont échoué. Plusieurs ont déclaré qu'il leur semblait plus facile d'inculquer une certaine éducation ou culture à des animaux domestiques que de venir à bout de l'indomptable sauvagerie de ces êtres misérables, dont la stupidité est parfois telle que, s'ils doivent faire quelque effort pour comprendre, ils tombent de sommeil et, si l'on insiste trop, ils deviennent même malades. « A mes yeux, s'écrie à ce sujet le savant naturaliste Houzeau, il est aussi difficile de faire d'un sauvage un homme-civilisé que de faire un homme d'un singe. »

Tout à fait incapable de comprendre nos idées, même les plus simples, ne sachant pas fixer son attention et sa pensée sur un point déterminé, l'être humain, infime, végète dans l'indifférence absolue de tout ce qui est en dehors des préoccupations ordinaires de la vie nutritive. La faim est presque son seul mobile. Sa voracité est véritablement bestiale, tout lui est bon pour s'assouvir, et il dévore comme la brute. Les Oubouari, diverses peuplades de l'Australie et de l'Afrique, certains Andamanites, etc., se

gorgent de viandes corrompues et ne dédaignent
pas la vermine qui abonde sur leur corps. Les voyageurs de la dernière expédition française ont vu des
Fuégiens manger des poissons crus sans rien
laisser, commençant par la tête et finissant par la
queue.

* *
*

Beaucoup de sauvages vivent encore dans une
nudité complète ; ce sont, par exemple : les Quassa-
mas, les Bochimans, les Chillouks, les Fuégiens,
diverses tribus australiennes, beaucoup de Papous
et de Mélanésiens, les Dokos, les Tarungares, divers
Botocudos, les Veddas de Ceylan, les Bubes de Fer-
nando-Po, etc. Le sentiment de pudeur fait absolument défaut à plusieurs populations de l'Océanie.
Souvent la pudeur est rudimentaire ou toute relative. Certains indigènes ne se couvrent le corps
que pour se préserver du froid ou pour se parer ;
dans ce dernier cas, on les voit parfois laisser justement à découvert ce que parmi nous la pudeur la
plus élémentaire commande de cacher. Les Esquimaux, dans les huttes où ils vivent pêle-mêle, sont
complètement nus.

* *
*

Dans un très grand nombre de races attardées, les
hommes et les femmes qui ne sont plus en âge de
pourvoir à leur propre existence — bouches inutiles
— sont impitoyablement relégués et abandonnés aux

bêtes féroces; parfois même on les tue et on les mange.

Les Hottentots renvoient les vieilles gens loin du kraal afin qu'ils meurent de faim ou soient dévorés par les fauves. Dans les tribus groënlandaises d'Ang-mtgsalik, les individus gravement malades doivent se suicider, sinon on les tue. Récemment encore, en Polynésie, ainsi que le rapportent les missionnaires Moerenhant et bien d'autres voyageurs, on assommait ou étranglait les impotents, d'autres fois on les enterrait vivants. D'après G. Robertson et diverses autres autorités, cette coutume de tuer ses vieux parents était répandue dans toute l'Amérique; elle était pratiquée depuis la baie d'Hudson jusqu'à la Terre de Feu.

Les Damaras tuent encore leurs vieux parents ou les laissent périr dans l'abandon (Galton Andrée). Les insulaires de Fidji étranglaient les infirmes et enterraient vivants leurs vieux parents. Cet horrible usage était jadis très répandu parmi les peuplades mélanésiennes. Mais chez celles-ci le parricide était devenu un devoir sacré auquel il y aurait eu honte et indignité de manquer. C'est par *piété filiale* que les Fidjiens décapitaient leur père et pour se conformer à la tradition. De même les Rhinderwas de l'Inde croient remplir un devoir en tuant et mangeant leurs parents infirmes ou atteints d'une maladie incurable.

L'infanticide a été une pratique presque universelle. Il était très commun parmi les tribus d'Indiens américains, en Australie, à Fidji, dans l'Inde, en Afrique (il est encore en usage parmi les Hottentots): pour beaucoup de sauvages, la vie d'un enfant n'est

rien ; à la moindre colère, le Fuégien tue le sien. Des
voyageurs dignes de foi ont rapporté que des nègres
de l'Afrique australe se servent parfois de leurs
propres enfants pour amorcer les trappes à lions.

L'anthropophagie est souvent citée comme un
restant de l'infériorité primitive. Un certain nombre
de races humaines préhistoriques furent, il est vrai,
cannibales, comme l'étaient et le sont encore bien
des peuplades sauvages. Cependant, l'homme n'a
dû arriver qu'assez tard à dévorer son semblable; il s'y sera résolu sous le coup d'une nécessité absolue, poussé à la dernière extrémité par la
faim. L'anthropophagie est née accidentellement ;
elle ne caractérise pas le stade le plus primitif de
l'évolution. Nos antiques précurseurs semi-humains
ne devaient pas plus s'entre-dévorer que les anthropoïdes actuels ne sont pithécophages. Ils ne seront
même devenus omnivores, de frugivores ou végéta-
riens qu'ils étaient, que par une nécessité extrême ;
mais l'habitude, une fois prise, se sera facilement
conservée.

Dans certaines populations, l'anthropophagie a été
érigée en système, élevée à l'état d'institution. C'est
ainsi que nous trouvons, après l'anthropophagie par
nécessité, l'anthropophagie par gourmandise; le
cannibalisme par vengeance, ou guerrier (pratiqué
encore, par exemple, chez diverses peuplades du
groupe Bantow); l'anthropophagie par respect filial;
l'anthropophagie religieuse et l'anthropophagie judi-
ciaire. « On mange son vieux père, dit le docteur
Bordier, pour lui donner une sépulture digne de lui
(ainsi pensent les Capanaguas), on mange son
ennemi pour s'assimiler son courage, comme le

Malais mange le cœur du tigre pour devenir fort comme lui », etc.

Les Indiens de l'Amérique du Nord pensent qu'un sculpteur ou un dessinateur acquiert une influence occulte sur celui dont il a pu saisir la ressemblance *. Un jour qu'il était embarrassé par une grande foule, Kane menaça de faire le portrait de quiconque resterait. Tous se sauvèrent au plus vite. Une autre fois, il dessina le profil d'un chef. Pourquoi a-t-on laissé de côté la moitié de son visage? demanda-t-on. Un rival répondit : « L'Anglais sait bien que tu n'es qu'une moitié d'homme et que le reste de ton visage ne vaut rien. » Cette explication amena une rixe, à la suite de laquelle le pauvre chef reçut une balle qui traversa précisément le côté non dessiné, et le tua raide.

Les naturels de Taïti jouent de la flûte par le nez ; mais est-ce là un signe d'infériorité ou de supério-rité? Leurs danses, nues, échevelées, sont, paraît-il, des modèles d'indécence. En médecine, ils auraient une certaine habileté, à peine croyable : Ellis raconte, qu'en certains cas de lésion au cerveau, ils ouvrent le crâne, retirent la partie malade, et introduisent en place la partie correspondante du cerveau d'un porc fraîchement tué. Voilà une opération chirurgicale qui demande confirmation.

Nous n'avons pas l'intention de faire ici un tableau complet de la vie sauvage ; mais en fait de caractères d'infériorité, nous ne pouvons oublier certains

---

* Jacques Ier d'Angleterre ne croyait-il pas lui-même que quand on fait fondre de petites images de cire, « les gens dont elles portent le nom sont sujets à être consumés par une fièvre continue ! »

modes d'alimentation. Forster raconte qu'il trouva
les habitants de la Terre de Feu « remarquablement
stupides et voraces. » Un matelot jette à l'un d'eux
un gros poisson qu'il venait de prendre. L'Indien le
saisit avidement, comme un chien ferait d'un os, et
le tue en lui donnant un coup de dent près des
ouïes. Il le dévore, en commençant par la tête, sans
rien rejeter, ni arêtes, ni nageoires, ni entrailles.

Les Esquimaux habitent des taudis de neige et de
glace horriblement sales. Tout, dans leur cuisine,
est enveloppé de boue, de suie, de cendres, pour ne
rien dire de plus. S'ils veulent traiter un hôte avec
distinction, la seule manière de nettoyer un morceau
de viande consiste, pour eux, à la lécher pour en
enlever la crasse, et quiconque ne l'accepterait point
de bonne grâce serait regardé comme un homme
mal élevé, pour dédaigner ainsi leur politesse.

Le capitaine Lyon fut témoin du repas copieux
d'un grand homme. Sa femme lui enfonçait dans la
bouche, avec les doigts, un gros morceau de viande ;
quand la bouche était pleine, elle rognait ce qui dé-
passait les lèvres. Lui, mâchait lentement, immobile, les yeux fermés, et à peine un petit vide s'était-
il fait sentir qu'il était rempli par un morceau de
graisse crue. Un grognement expressif se faisait entendre chaque fois que la nourriture laissait le passage libre au son. La graisse ruisselait jusque sur le
cou, etc., etc.

Les Indiens du Paraguay ne se lavent jamais.
Oserons-nous ajouter une remarque ? C'est un observateur, Azara, qui parle : « Ils sont excessivement sales et fort incommodés par les poux, qui
sont toutefois une distraction pour eux. Quoique

beaucoup de tribus ne connaissent ni danses, ni jeux, ni musique, il n'en est pas qui ne prenne un plaisir extrême à chercher et à manger la vermine dont leur personne, leurs cheveux et leurs vêtements fourmillent. »

... Arrêtons-nous sur cet élégant tableau! Ces faits suffisent à notre édification. Nous croyons à la loi du progrès *. Nous admettrons, avec sir John Lubbock, que les races les plus abaissées parmi les sauvages modernes, doivent être au moins aussi avancées que l'étaient nos ancêtres quand ils se répandirent sur la surface de la Terre, et qu'elles nous représentent actuellement l'état dans lequel l'humanité fut tout entière à son premier âge. Nous jugeons, non *à priori*, mais d'après les faits signalés par l'archéologie. La distribution géographique des races humaines coïncide avec celle des diverses races animales, et nous montre qu'elles se sont répandues graduellement à la surface des continents.

*
* *

Ce qui établit la concordance générale entre les sauvages modernes et nos ancêtres, ce sont les restes trouvés dans les fouilles des archéologues. Dans toute l'Europe, nous pourrions même dire dans le monde entier, on trouve des monuments des temps préhistoriques. Parmi ces monuments, les

* Nous laissons ce chapitre intégralement, comme le précédent, tels qu'ils ont été publiés dans la première édition de cet ouvrage (1870). Ces tableaux historiques ne pourraient plus guère être dépeints aujourd'hui, et l'évolution rapide qui s'est produite sous nos yeux à la surface du globe est un nouveau témoignage de la loi du progrès préconisée ici.

tumuli, ou salles funéraires, frappent surtout notre attention. C'était l'usage d'élever une colline artificielle sur le tombeau d'un grand.

Aujourd'hui encore, un certain nombre des peuplades dont nous avons parlé suivent la même coutume. Remarque bizarre, ces peuplades enterrent leurs cadavres *assis*, et c'est précisément dans cette position que nous retrouvons les squelettes des anciens âges. Pourquoi leur donne-t-on cette position particulière ? Ces sauvages ne paraissent pas être convaincus de la mort définitive de l'inhumé ; ils placent devant lui, dans ses mains, certains aliments, ainsi que des armes pour la chasse. C'est encore là précisément ce que l'on retrouve dans les fouilles.

A Goldhavn, par exemple, en Scandinavie, on ouvrit, en 1830, une galerie mortuaire située sous un monticule ; on y trouva de nombreux squelettes assis sur un rebord peu élevé attenant au mur ; auprès de chaque squelette étaient placés les armes et les bijoux du mort. Ces hommes ne pouvaient se représenter une vie future entièrement étrangère à la vie présente. Ils enterraient la maison avec son possesseur. On plaçait le cadavre d'un grand sur son siège favori : on disposait devant lui de quoi boire et manger ; ses armes étaient là, et la maison du tombeau était bouchée pour ne plus s'ouvrir qu'au moment où quelque membre de la famille viendrait rejoindre le chef.

Les tumuli de l'âge de pierre, comme ceux de certains sauvages modernes, contenaient des salles formées par d'énormes blocs de pierre taillée, dans lesquelles on déposait les cadavres dans la position assise, les genoux ramenés sous le menton et les

bras croisés sur la poitrine. Souvent on voit le squelette d'une femme accompagné de celui d'un enfant :
on enterrait l'enfant vivant à côté de sa jeune mère.

Aujourd'hui encore, les insulaires des îles Andaman enterrent leurs cadavres assis. Quand on suppose que les chairs en sont entièrement détachées,
on exhume le squelette, et chacun des parents du
défunt s'approprie un ossement. Si c'est un homme
marié, la veuve prend le crâne et le porte suspendu
par une corde autour de son cou. Toujours en
guerre, les Maories espèrent y être encore dans
l'autre monde ; ils voient dans le ciel un lieu d'éternels festins de poissons et de patates douces.

Les habitations lacustres de la Suisse ont apporté
un nouveau témoignage en faveur d'une analogie
générale entre les peuplades primitives et les sauvages modernes. Nous voyons encore bien des tribus vivant sur l'eau : par exemple, les pêcheurs de
Tcherkask sur le Don, ceux de Bornéo, certains
indigènes aux îles Carolines, à Célèbes, à Salo, à
Cerans, à Mindanao, etc. On a découvert d'anciens
villages bâtis sur l'eau, à la façon des castors, non-
seulement dans les lacs de Zurich et de Neuchatel,
mais encore dans tous les grands lacs suisses. En
somme, plus de deux cents villages.

Mais c'est surtout dans les instruments, les outils,
les armes ou objets de parure, que l'on reconnaît
chez les sauvages modernes l'état de nos ancêtres
de l'âge de pierre. Nous allons tout à l'heure, dans
une étude spéciale, remonter aux temps primitifs de
notre grande famille. Nous avons voulu n'envisager
d'abord la question que sous l'aspect de l'intervalle
qui sépare le raffinement de nos mœurs actuelles

de la simplicité et de la barbarie d'autrefois, et en
conclure qu'un tel progrès a nécessité une longue
succession de siècles.

Quelques disciples de Jean-Jacques répliqueront
peut-être, à ce mot de *progrès*, qu'il n'est pas sûr
que la civilisation soit un progrès, que le sauvage
est libre, etc. Les faits répondent ici. La population
et le bien-être s'accroissent d'abord avec la civilisation. Un millier d'hommes vivent agréablement là
où un sauvage végéterait misérablement. Quant à
la liberté, triste liberté que celle d'être le jouet de
la faim, du froid, des vents, des intempéries, l'esclave de ses besoins et des passions brutales. La
vraie grandeur de l'homme consiste dans l'exercice
de ses facultés intellectuelles, et la vraie liberté
dans la souveraineté de l'intelligence !

XIV

L'HOMME PRIMITIF

Les tableaux variés que nous venons de parcourir nous amènent aux origines de l'humanité.

La Terre possède en propre une histoire incomparablement plus riche et plus complexe que celle de l'homme. Longtemps avant l'apparition de notre race, pendant des siècles de siècles, elle fut tour à tour occupée par des êtres primordiaux aujourd'hui disparus.

A l'une des dernières périodes, à l'époque tertiaire, à laquelle nous pouvons assigner sans crainte une date de plusieurs centaines de mille ans en arrière de nous, l'endroit où Paris déploie aujourd'hui ses splendeurs était une méditerranée, un golfe de l'océan universel, au-dessus duquel s'élevaient, pour constituer la France, le terrain crétacé de Troyes, Rouen, Tours ; le terrain jurassique de Chaumont, Bourges, Niort ; le terrain triasique des Vosges, et le terrain primitif des Alpes, de l'Auvergne et des côtes de Bretagne. Plus tard, la configuration changea. A la fin de l'âge tertiaire, à l'époque où vivaient, avec l'homme, le mammouth, l'ours des cavernes, le rhinocéros aux narines cloisonnées, on pouvait aller par terre de Paris à Londres ; et peut-être ce trajet fut-il effectué par nos aïeux de ce temps-là, car il y avait des hommes ici avant la formation de la France géographique.

Leur vie différait autant de la nôtre que celle des sauvages dont nous nous entretenions tout à l'heure. Les uns avaient construit leurs bourgades sur pilotis au milieu des grands lacs : ces cités lacustres, comparables à celles des castors, furent devinées en 1853, lorsqu'à la suite d'une longue sécheresse les lacs de la Suisse, étant descendus à un étiage inusité, mirent à découvert des pilotis, des ustensiles de pierre, de corne, d'os et d'argile, des vestiges non équivoques de l'antique habitation de l'homme ; et ces villes aquatiques n'étaient pas une exception : on en a trouvé plus de deux cents dans la Suisse seule. Hérodote raconte que les Pæoniens habitaient des villes semblables sur le lac Prasias. Chaque citoyen qui prenait femme était obligé de faire venir trois pierres de la forêt voisine et de les fixer dans le lac. Comme le nombre des femmes n'était pas limité, le plancher de la ville s'agrandissait vite. Les cabanes étaient en communication avec l'eau par une trappe, et les enfants étaient attachés par le pied à une corde, de crainte d'accident. Hommes, chevaux, bétail, vivaient ensemble. On se nourrissait de poisson. Hippocrate attribue les mêmes coutumes aux habitants du Phase. En 1826, Dumont-d'Urville découvrit des cités lacustres analogues sur les côtes de la Nouvelle-Guinée.

L'homme primitif s'est installé comme il a pu pour vivre à l'abri des animaux et des intempéries : sur les lacs, dans des cavernes, et même perché dans les arbres (32). On retrouve aujourd'hui ses os mêlés à ceux de l'hyène, de l'ours des cavernes, du rhinocéros tychorhinus. En 1852, un terrassier voulant juger la profondeur d'un trou par lequel les lapins s'esquivaient, à Aurignac (Haute-Garonne), ramena de cette ouverture des os de forte dimension. Attaquant alors le flanc du monticule dans l'espérance d'y rencontrer un trésor, il se trouva bientôt en face d'un véritable ossuaire. La rumeur publique, s'emparant du fait, mit en circulation des récits de faux monnayeurs, d'assassinats, etc. Le maire jugea à propos de faire ramasser tous les ossements pour les porter au cimetière; et lorsqu'en 1860 M. Lartet voulut examiner ces vieux débris, le fossoyeur ne se souvint même plus du lieu de leur sépulture. A l'aide des rares vestiges qui environnaient la caverne, des traces d'un foyer, d'ossements fendus pour en extraire la moelle, on put néanmoins s'assurer que les trois espèces nommées plus haut ont vécu sur ce point de la France en même temps que l'homme. A cette époque déjà le *chien* était le compagnon de l'homme, et il fut sans doute sa première conquête.

La nourriture de ces hommes primitifs était assez variée. Un professeur prétend qu'ils étaient carnivores comme douze et frugivores comme vingt. M. Flourens préfère qu'ils se soient exclusivement nourris de fruits. Mais la vérité est que, dès le commencement, l'homme fut omnivore. Les kjokkenmoddings du Danemark nous ont conservé des débris

de *cuisine préhistorique* prouvant ce fait jusqu'à
l'évidence. Ils déjeunaient déjà d'huîtres et de poisson, connaissaient l'oie, le cygne, le canard ; appré-
ciaient le coq de bruyère, le cerf, le chevreuil, le
renne, qu'ils chassaient et dont on a retrouvé des
débris percés de flèches de pierre. L'urus, ou bœuf
primitif, leur donnait déjà le potage ; le loup, le renard, le chien et le chat leur servaient de plats de
résistance. Les glands, l'orge, l'avoine, les pois, les
lentilles leur donnaient le pain et les légumes ; le blé
ne vint que plus tard. Les noisettes, les faînes, les
pommes, les poires, les fraises et les framboises ter-
minaient ces mets des anciens Danois. Les Suisses de
l'âge de pierre s'étaient, en outre, approprié la chair
du bison, de l'élan, du taureau sauvage ; ils avaient
soumis la chèvre et la brebis à l'état domestique. Le
lièvre et le lapin étaient dédaignés pour quelque
raison superstitieuse ; mais, en revanche, le cheval
avait déjà sa place dans leurs repas. Toutes ces
viandes se mangeaient crues et fumantes à l'origine,
et, remarque curieuse, les anciens Danois ne se servaient pas comme nous de leurs dents incisives pour
trancher, mais bien pour saisir, pour retenir et mâ-
cher leur nourriture ; de sorte que ces dents n'étaient
pas tranchantes comme les nôtres, mais aplaties
comme nos molaires, et que les deux arcades dentaires
s'arrêtaient l'une sur l'autre au lieu de s'emboîter.

Tous les sauvages primitifs n'étaient pas nus. Les
premiers habitants des latitudes boréales, du Danemark, de la Gaule et de l'Helvétie, durent se garantir
du froid par des peaux et des fourrures. Plus tard,
on songea aux ornements. « La coquetterie, l'amour
de la parure ne datent pas d'hier, mesdames : témoins

ces colliers formés avec des dents de chien, de renard ou de loup, percés d'un trou de suspension. Plus tard, les épingles à cheveux, les bracelets, les agrafes en bronze se multiplièrent à l'infini, et l'on s'étonne de la variété et même du bon goût des objets servant à la toilette des petites-maîtresses et des lions de ce temps-là *. »

Pendant ces âges reculés, on enfermait les morts sous des voûtes sépulcrales. Les cadavres étaient placés dans une attitude accroupie, les genoux presque en contact avec le menton, les bras repliés sur la poitrine et rapprochés de la tête. C'est là, comme on l'a remarqué, la position de l'enfant dans le sein de sa mère. Ces hommes primordiaux l'ignoraient certainement, et c'est par une sorte d'intuition qu'ils assimulaient la tombe à un berceau.

Vestiges des âges évanouis, ces longs tumuli, ces tertres, ces collines, que l'on nommait aux siècles passés « tombeaux des géants » et qui servaient de limites inviolables, sont les chambres mortuaires sous lesquelles nos ancêtres cachaient leurs morts. Quels étaient ces premiers hommes ? « Ce n'est pas seulement par curiosité, dit Virchow, que nous nous demandons qui étaient ces morts, s'ils appartenaient à une race de géants, quand ils ont vécu. Ces questions nous touchent. Ces morts sont nos ancêtres, et les questions que nous adressons à ces tombeaux ont également trait à notre propre origine. De quelle race sortons-nous ? de quels commencements est sortie notre culture actuelle et où nous conduit-elle ? »

* N. Joly, l'Homme fossile.

Il n'est pas nécessaire de remonter à la création pour recevoir quelque lueur sur nos origines ; autrement il faudrait nous voir condamnés à demeurer toujours dans une nuit complète à cet égard, attendu qu'il n'y a pas eu de création miraculeuse de l'homme, mais évolution progressive. Sur la seule date de la création adamique, on a compté plus de 140 opinions, et de la première à la dernière il n'y a pas moins de 3.194 ans de différence ! Bornons-nous à établir que, au point de vue géologique, la dernière période de l'histoire de la Terre, la période *quaternaire*, celle qui dure encore aujourd'hui, a été divisée en trois phases : la phase *diluvienne*, pendant laquelle il y eut d'immenses inondations partielles, et de vastes dépôts et accumulations de sable ; la phase *glaciaire*, caratérisée par la formation des glaciers et par un grand refroidissement du globe ; enfin la phase *moderne*. En somme, l'importante question, à peu près résolue aujourd'hui, était de savoir si l'homme ne date que de cette dernière phase ou des précédentes.

Or, il est maintenant avéré qu'il date au moins de la première, et que nos premiers ancêtres ont droit au titre de *fossiles*, attendu que leurs ossements (le peu qui reste) gisent avec ceux de l'ursus spelæus, de l'hyena et du felis spelœa, de l'elephas primigenius, du megaceros, etc., dans une couche appartenant à un ordre de vie différent de l'ordre actuel [*].

En ces époques lointaines régnait une nature bien

---

[*] Cuvier serait de cette opinion aujourd'hui, quoiqu'il ait écrit en 1825 « qu'on n'a pas encore trouvé ni hommes ni singes parmi les fossiles. » Il émettait déjà l'opinion

différente de celle qui déploie aujourd'hui ses splendeurs autour de nous ; d'autres types de plantes décoraient les forêts et les campagnes, d'autres espèces d'animaux vivaient à la surface du sol et dans les mers. Quels furent les premiers hommes qui s'éveillèrent en ce monde primordial? quelles cités furent édifiées? quel langage fut parlé? quelles mœurs furent en usage? Ces questions sont encore entourées pour nous d'un profond mystère. Mais ce dont nous avons la certitude, c'est que là où nous fondons aujourd'hui des dynasties et des monuments, *plusieurs races d'hommes* ont successivement habité pendant des périodes séculaires. Ce qui est hautement probable, c'est que les races humaines actuelles descendent de races animales intermédiaires, aujourd'hui disparues.

Sir John Lubbock, dans son grand travail sur « l'homme avant l'histoire », a démontré l'ancienneté de la race humaine par les découvertes relatives aux usages et coutumes de nos ancêtres, comme sir Charle Lyell l'avait démontré au point de vue géologique. Quel que soit le mystère qui enveloppe encore nos origines, nous préférons ce résultat encore incomplet de la science positive, aux fables et aux romans de l'ancienne mythologie.

que si l'on n'avait encore rien trouvé, c'est parce que sans doute l'homme habitait alors « quelques contrées peu étendues et que ses os étaient ensevelis au fond des mers actuelles. » Depuis Cuvier, les travaux de Tournal, Christol, Schmerling, Lund, Desnoyers, Boucher de Perthes, Gaudry, Prestwitch, Lartet, Joly, Mortillet, Lubbock, Rivière, Chantre, et de leurs émules, ont changé la face de l'archéologie préhistorique.

Paris existe depuis plus de cent mille ans. Vers le commencement et l'époque quaternaire, il y avait déjà sur les bords de la Seine des hommes ayant pour outils et pour armes des silex taillés par eux avec une grande habileté.

Les sciences modernes nous apprennent non·seulement à mieux apprécier l'état réel de la nature, dans le règne végétal.terrestre, dans le règne animal, dans le règne humain, mondes solidaires, issus en principe l'un de l'autre à travers les âges, et constitutifs de la grande unité organique de notre planète ; ces sciences nous apprennent encore à agrandir nos vues sur l'espace et le temps. Il y a des milliers de siècles que la Terre existe ; dans des milliers de siècles elle existera encore. Pendant ces périodes séculaires, de lentes mais sûres·métamorphoses modifient et sa forme et sa vie. Dans cent mille ans — qui ne sont que quatre grandes années terrestres héliaques de vingt-six mille ans — quand la sphère céleste aura accompli de nouvelles révolutions sur elle-même, qui saurait nous dire en quel état se trouvera alors l'humanité, quel vent soufflera sur la place où auront disparu les ruines mêmes de Paris — en quels fossiles nous serons rangés nous-mêmes !

XV

PARIS IL Y A CENT MILLE ANS

En creusant les fondations de sa tour gigantesque, M. Eiffel a trouvé, à quatorze mètres de profondeur au dessous du niveau actuel du Champ de Mars, des fragments de poterie fort éloquents pour l'antiquaire. On peut en voir des spécimens au Musée de mon observatoire de Juvisy. Cette poterie grossière, épaisse, mal cuite, fabriquée avant l'invention du tour à potier, nous reporte à des âges depuis long-temps disparus. Est-elle contemporaine des gise-ments quaternaires de silex taillés et d'ossements fossiles d'elephas primigenius, de rhinocéros ticho-rhinus, de cerf et de grand bœuf découverts depuis quelques années dans les sablières du Vésinet, de Billancourt, du Perreux, près Nogent-sur-Marne, et de la tête d'éléphant trouvée à Suresnes par les ouvriers du chemin de fer des Moulineaux? Une telle antiquité paraît probable.

A voir ce qui se passe en politique, dans le pays

réputé le plus intelligent de la planète, on conçoit
fort bien que le progrès soit d'une lenteur de tortue.
Mais si vraiment il y a des habitants à Paris depuis
cent mille ans, on se demande ce qu'ils ont fait pendant quatre-vingt-dix-huit mille ans : lorsque César
arriva dans la petite bourgade des Parisiens l'an 56
avant notre ère, il n'y trouva encore que des chau-
mières et des paysans bien primitifs.

Cependant, cette haute antiquité, dont devraient
désormais tenir compte les historiens futurs de la capitale française, ne paraît pas douteuse. « Paris, disait
M. Gaudry à l'Académie des sciences, le 26 juin 1882,
Paris, à l'époque du mammouth, *avait déjà des habitants*, puisqu'on a trouvé des instruments humains
dans les mêmes couches où l'on a recueilli des os de
mammouth. »

En creusant les fondations du nouvel Hôtel des
Postes, à Paris, on a trouvé quelques débris d'animaux de cette époque. Ces débris proviennent d'un
cheval, d'un jeune cerf et du mammouth. On en a
trouvé d'autres en trouvant, sous la rue de Réaumur,
le tunnel du Métropolitain, et également sous la rue
de Rennes.

Du temps de Cuvier, on a rencontré des restes de
mammouth près de la Salpêtrière. On en a trouvé
aussi dans les sablières de la rue du Chevaleret et à
l'hospice Necker. MM. Martin et Reboux ont donné au
Muséum des pièces de mammouth recueillies à Grenelle, associées avec des restes de rhinocéros, d'hip-
popotames et de bœufs primitifs. Une dent de mammouth a été découverte rue Lafayette. M. Lecomte,
architecte, en faisant construire une maison rue
Doudeauville, près du boulevard Ornano, a vu

extraire des fouilles un os d'éléphant, ainsi que des
dents du rhinocéros tichorhinus, le compagnon habituel du mammouth. Dans la banlieue, comme dans
l'enceinte même de Paris, les premiers animaux du
quaternaire n'ont pas été rares. On se souvient encore
des fragments de baleine fossile trouvés dans une
cave de la rue Dauphine (33).

Ces découvertes successives nous présentent une
sorte de chronomètre des temps disparus. Le sol du
Champ de Mars, par exemple, appartient à l'époque
quaternaire et a été recouvert par les eaux de la
Seine alors incomparablement plus large que de nos
jours. Le sol du Vésinet appartient à la même époque.
Il est entièrement composé d'un limon de couleur
rouge ocreux, sous lequel on trouve une couche de
gravier qui atteint quelquefois une assez grande
épaisseur. On y a pratiqué de nombreuses sablières,
dans lequelles M. Guégan a trouvé des silex taillés
associés aux ossements des animaux dont les espèces
ont disparu, tels que l'éléphas primigenius, le rhinocéros tichorhinus, le cerf, le cheval et le grand
bœuf.

L'homme a donc habité cette vallée *avant* le mouvement géologique qui l'a transformée en un grand
lac ou en une petite mer, dont les flots battaient
les collines de Saint-Germain, de Cormeilles, de
Montmartre et de Meudon. Puis les eaux s'étant
retirées, il y est revenu; c'est ce que qu'attestent
les nombreuses haches polies qu'on a trouvées
dans le sol superficiel du Vésinet. Cette occupation
s'est prolongée jusqu'à l'époque gallo-romaine,
car on y a aussi découvert des armes de bronze et
de fer.

Au pied de Saint-Germain, au Pecq, sur la rive gauche de la Seine, en pratiquant une fouille pour l'établissement d'une pompe à feu, on a trouvé, à trois mètres de profondeur, une quantité considérable de silex taillés que l'on peut voir au musée de Saint-Germain. La couche de terre noire dans laquelle gisaient ces silex était recouverte par une épaisseur de limon boueux d'alluvion de 2 m. 10, dans laquelle existent beaucoup de coquilles fluviales.

Une personne fort instruite, des environs de Paris, Mlle Olga Déo, de Viroflay, consacre une partie de sa vie, depuis bien des années, à chercher dans les carrières de sable, et un peu partout, dans l'arrondissement de Versailles, des instruments de silex taillé et des vestiges des âges préhistoriques, tels que colliers de petites perles de pierre, têtes de flèches, marteaux, couteaux, hachettes, etc. Il ne se passe passe de mois qu'elle ne m'en apporte des quantités. Ces objets ne s'usent pas avec le temps, comme le fer, le bronze et tous les métaux. Ils sont inaltérables.

Un dimanche d'automne, un jeune collégien, lecteur du *Monde avant la création de l'homme*, ayant lu une phrase dans laquelle j'ai écrit que ces pierres taillées se trouvent encore presque partout, arriva à mon observatoire de Juvisy avec un panier à la main en me demandant où il devait aller en chercher pour remplir son panier. Il me parut avoir pris mon texte un peu trop à la lettre. Comme je doutais qu'il en trouvât aussi facilement, je lui répondis de se mettre à en chercher tous les dimanches et que peut-être, avec une grande persévérance, il en trouverait *quelques-unes*. Il alla visiter les champs récemment

labourés, et quelle ne fût pas ma stupéfaction de le
voir revenir avant la nuit avec son panier plein !

Ces primitifs instruments de pierre, derniers témoins d'une humanité disparue, ont été trouvés un
peu partout sur les bords de la Seine, dans la vallée
de l'Oise, dans la vallée de la Marne, notamment à
Chelles, dont le gisement, devenu célèbre, a été
choisi par M. de Mortillet comme type de l'époque la
plus ancienne de ces premiers instruments de pierre.
On les a retrouvés également en Normandie, en Bretagne, dans la bassin de la Loire, dans la vallée de
la Vienne, dans les bassins de la Dordogne, de la
Gironde et du Rhône, en un mot sur la surface entière de la France. Il est désormais acquis à la science
que des races humaines primitives ont habité nos
régions dès les premiers temps de l'époque quaternaire, alors que l'Angleterre était encore rattachée à
la France, que la Seine se jetait dans l'Atlantique au
delà du département actuel du Calvados, et que la
Somme allait se jeter dans le même golfe de l'Océan,
en passant par la Manche actuelle — et alors que
d'autre part les volcans du centre de la France, notamment ceux du Velay, étaient encore en pleine activité.
L'existence d'êtres semblables à nous durant cette
époque est désormais certaine. Nous trouvons ces
hommes sous la lave de ces volcans français, dans
les cavernes du Périgord, dans les alluvions des
plaines; nous constatons leur nombre, nous arrivons
à dater les premiers moments de leur existence;
nous savons quelle faune et quelle flore les entouraient, au milieu de quels animaux ils vivaient, au
prix de quels efforts ils assuraient leur vie de chaque
jour. Et quelle vie ! Une lutte perpétuelle. Ils n'étaient

pas heureux. Mais leurs labeurs ont préparé notre sécurité actuelle. Aujourd'hui, l'homme n'a plus guère d'ennemis que lui-même.

Cette question de l'histoire primordiale de notre race, — ou pour mieux dire de la *préhistoire*, — est l'une des plus intéressantes de toutes les questions scientifiques actuelles. Les découvertes de l'archéologie préhistorique sont assurément déjà nombreuses et inattendues, mais il n'est pas douteux qu'elles ne deviennent de jour en jour plus nombreuses encore et plus fécondes en révélations.

Il est impossible de calculer, dans l'état actuel des découvertes archéologiques, le nombre de siècles qui s'est écoulé depuis qu'il existe sur cette planète des êtres humains analogues à nous. Cent mille ans même n'enferment pas la durée des âges préhistoriques de l'humanité primitive. On commence seulement à deviner la succession de temps représentée par les formes lentement perfectionnées des premiers outils, des premières armes, taillés dans la pierre par nos barbares ancêtres.

A l'époque reculée où les premiers humains façonnèrent les pierres pour s'en servir, au commencement de l'âge de la pierre taillée des cavernes, le mammouth, le rhinocéros aux narines cloisonnées habitaient la totalité de la France. Un grand abaissement de température avait favorisé leur émigration du nord, sans doute, et refoulé vers le Midi ou fait périr une partie des espèces qui les avaient précédés. Une première fois, les glaciers avaient pris une grande extension dans notre pays, une élévation relative de température avait suivi et aidé au développement de la flore et de la faune ; puis étaient survenus un

second refroidissement et une seconde extension de
glaciers. L'homme chassait les grands animaux précédents, c'était l'*âge du mammouth*. Mais ils vinrent
à diminuer, et l'un d'eux, le renne, se multiplia au
contraire à l'infini ; ce devint l'*âge du renne*. Une
civilisation relative, des goûts artistiques apparurent
particulièrement dans le Périgord et les Pyrénées ;
l'homme était sédentaire et n'avait rien, par conséquent, des races mongoles, ce que prouvent aussi ses
caractères physiques. Enfin le sol se réchauffa progressivement, les rennes gagnèrent le nord, le bou-
quetin et la marmotte le sommet des montagnes.
Pendant cette phase considérable, et surtout à son
commencement, se creusèrent nos vallées. Le lit de la
Seine, dont quelques lambeaux sont encore visibles
à Montreuil, était à 55 mètres d'altitude ; ce sont ces
dépôts que l'on a appelés les anciens niveaux. Le lit,
plus tard, descendit à 25 mètres environ, déposa les
alluvions les plus inférieures de Grenelle, puis se
remplit lentement pour former les berges actuelles.
Que l'on calcule l'intervalle qui a dû s'écouler entre
ces divers niveaux !

Au temps du mammouth, connu notamment par
les ossements d'animaux et les silex taillés trouvés
dans les alluvions des rivières, l'homme ne fabriquait que des instruments en pierre assez grossiers
et affectionnait les formes dites de *Saint-Acheul*, si
abondantes dans la vallée de la Somme. A l'époque
suivante, intermédiaire entre le mammouth et le
renne, il préféra les formes dites du *Moustier*. Plus
tard, c'est-à-dire à l'époque du renne proprement
dite, dans la vallée de la Vézère, on le voit parcourant
déjà des phases régulières dans la voie du progrès.

Au lieu d'instruments lourds et massifs, il se sert de petits éclats de pointes emmanchées à l'extrémité d'une javeline ou fichées à la façon de nos burins dans une tige de bois. Bientôt il utilise les os de bois de rennes pour se fabriquer des ustensiles à la fois plus variés et plus gracieux, et jusqu'à des aiguilles et des hameçons. Sur d'autres points de la France, l'industrie de la taille du silex continua néanmoins à se perfectionner, et les formes en feuilles de laurier à bords finement retouchés devinrent communes. C'est alors que dut apparaître l'art de polir le silex, peut-être brusquement apporté par quelque nation conquérante, mais peut-être aussi peu à peu par l'application à la pierre du polissage que l'on pratiquait déjà sur les os. L'homme primitif, sauvage et barbare, antérieur à toute civilisation, existait déjà au commencement de l'époque quaternaire. Il existait même à l'époque tertiaire, pendant la période pliocène, comme le montrent les armes de pierre découvertes dans les terrains de cette période en France par M. Rames, en Portugal par M. Ribeiro. Existait-il déjà pendant la période miocène, comme le feraient croire les silex découverts par l'abbé Bourgeois? Nous ne le pensons pas.

A cette époque (miocène), dirons-nous avec M. le Dr Bordier, la Méditerranée envoyait un golfe profond dans toute la vallée du Rhône; la vallée du Rhin et une partie de l'Allemagne étaient le fond d'une mer qui allait rejoindre la mer Caspienne; l'Angleterre était reliée à la France, mais un grand golfe de la mer du Nord occupait le Calvados, le Loir-et-Cher et l'Indre-et-Loire; l'Adriatique étendait ses eaux sur tout le bassin du Pô. De grands lacs occupaient le centre de ce qui était alors la France ; la fertile Beauce était un de ces lacs.

La température était élevée, et à peu près égale à ce qu'elle est aujourd'hui dans les pays tropicaux, car les végétaux qui croissaient alors en Loir-et-Cher n'ont plus leurs analogues que sous les tropiques, et les eaux tranquilles du marais de Beauce et des rivières qui y aboutissaient servaient aux ébats des rhinocéros disparus depuis, entre autres le rhinocéros à quatre doigts, l'*acerotherium*. Des singes habitaient des forêts de palmiers et d'arbres verts, notamment l'hylobates antiquus.

Mais il n'est pas certain que les silex trouvés dans le terrain miocène de Thenay par l'abbé Bourgeois soient taillés ; et dans l'état actuel de nos connaissances, il est plus prudent de ne pas faire remonter le précurseur de l'homme au delà de la période pliocène.

Rappelons ici que l'époque tertiaire a été partagée en trois âges : la période éocène (la plus ancienne), la période miocène (celle du milieu) et la période pliocène (la dernière).

Ce précurseur tertiaire assez intelligent pour tailler des outils et des armes méritait-il le titre d'homme ? Nous n'oserions encore l'affirmer. On l'eût sans doute plutôt pris pour un singe. Mais nous n'en possédons encore aucun reste direct, ni squelettes, ni crânes, ni ossements, tandis que nous avons maintenant entre les mains plusieurs hommes fossiles de l'époque *quaternaire*.

De plus, ici, il ne s'agit pas seulement d'instruments encore grossiers, bien que portant l'empreinte d'une main humaine, il s'agit d'œuvres plus indiscutables accomplies par ces instruments, œuvres retrouvées associées aux ossements mêmes de l'ouvrier : le tout forme aujourd'hui un ensemble absolument complet.

Déjà l'Art est commencé. Des dessins du cerf à bois gigantesque, du mammouth, du renne, des divers animaux de ces époques, et de l'homme lui-même, se retrouvent aujourd'hui dans les cavernes habitées par nos ancêtres préhistoriques, le tout gravé sur les parois par des pointes de silex.

A mesure que l'on s'avance dans l'époque quaternaire, à mesure qu'on arrive à des couches moins éloignées de nous, on voit petit à petit se modifier l'aspect et la forme des divers instruments de pierre, en vertu de cette loi de progrès continu, qui se déclara sitôt que l'homme tailla son second silex, après avoir ébauché le premier.

Chacune de ces formes a reçu des classificateurs le nom de la station typique où ont été trouvés les plus beaux et les premiers spécimens de chaque forme. C'est ainsi que, par une gradation successive, on voit la hache de *Saint-Acheul* succéder à l'outil premier de l'époque tertiaire; à la hache de Saint-Acheul succèdent le type du *Moustier*, celui de la *Madeleine*, enfin le *Solutréen;* alors l'arme est parfaite, la taille a acquis un fini et une perfection remarquables; on ne fera jamais mieux, même aux plus beaux temps de la *pierre polie**.

Mais pendant ces longues, très longues périodes, que la civilisation parcourait dans notre pays, de grands changements s'accomplissaient dans le climat et dans le sol.

---

* Voir aussi notre petit livre *Clairs de lune.*

C'est même là une des preuves les plus indiscutables de la longueur incalculable du temps qui s'est écoulé pendant que l'humanité faisait ce que nous pouvons appeler ses premiers pas.

Les géologues sont tous d'accord aujourd'hui pour admettre que, sauf quelques phénomènes volcaniques, sauf quelques accidents locaux, comme la rupture du barrage d'un lac, par exemple, il n'y a jamais eu de cataclysme subit. Sans doute, de vastes étendues de terre, aujourd'hui cultivées et habitées, ont été jadis recouvertes par la mer, et cela plusieurs fois, c'est-à-dire qu'après avoir été immergées, elles ont émergé, qu'elles ont été fertiles; qu'elles ont été recouvertes une seconde fois, puis émergées à nouveau et encore fertilisées; envahies encore... et ainsi de suite plusieurs fois. Sans doute la surface de la Terre a changé souvent d'aspect, mais ces mouvements se sont toujours opérés insensiblement, petit à petit, comme il arrive, par exemple, pour la petite aiguille d'une montre; au bout d'une heure, nous constatons que l'aiguille a marché, mais nous ne l'avons jamais vue en mouvement.

Telle côte est aujourd'hui est depuis des siècles en voie d'exhaussement, telle autre s'affaisse; la mer gagne, ou se retire, et cela constamment, tous les jours et à chaque minute. Deux cartes, faites à plusieurs siècles de distance, peuvent quelquefois faire saisir l'étendue du changement; mais personne ne l'aura, dans cet intervalle de temps, pris sur le fait.

Alors qu'en une longue phase de l'époque tertiaire la température était tropicale, à l'époque quaternaire elle alla en diminuant. Plusieurs raisons ont été invoquées pour expliquer cette décroissance de la température; et on a supposé tour à tour une modification dans l'axe de rotation terrestre, un ralentissement du rayonnement solaire, etc...; les causes, bien que peut-être complexes, sont probablement beaucoup plus simples.

L'altitude au-dessus du niveau de la mer varie, par suite de l'affaissement ou de l'exhaussement des terres; or, avec la hauteur, la température change assez pour qu'un voyage en altitude sur les flancs d'une montagne fasse successivement passer par tous les climats, avec leur flore et parfois leur faune, et corresponde à un déplacement en latitude.

Le climat d'une contrée est, en outre, soumis à la configuration des parties de la surface terrestre qui l'environnent. Les vents n'ont pas la même température suivant qu'ils viennent de parcourir une vaste étendue d'eau ou de passer sur un large continent. Que la surface aride du Sahara (qui nous vaut aujourd'hui la température élevée du vent du midi) vienne à se transformer en une Méditerranée africaine, et la température de la France s'abaissera considérablement en été; les conditions d'humidité ou de sécheresse varient également et modifient aussi la température.

Le vent d'est de l'époque quaternaire, au lieu d'arriver sur la France, comme il le fait aujourd'hui, desséché par son passage sur toute l'Europe continentale, passait au-dessus d'une mer qui recouvrait la plus grande partie de la Russie actuelle jusqu'à la mer Caspienne. Il arrivait tout chargé d'humidité et de froid.

L'humidité et le froid, voilà précisément les conditions de la formation de la neige, qui, en tombant

sur les montagnes, constituait alors ces immenses
glaciers des Alpes qui arrivaient jusqu'à Lyon, ainsi
que ceux d'une partie de l'Auvergne.

Ainsi, par une modification graduelle dans la configuration respective des terres et des mers, la température alla sans cesse en décroissant.

L'homme avait alors son crâne allongé (dolichocéphale). Les fouilles faites par M. Massenat à Lau-
gerie, dans la Dordogne, nous donnent une idée
exacte de son genre de vie. Ce savant a retrouvé un
grand nombre de poinçons, d'aiguilles en os de
renne qui servaient à coudre à l'homme de ce temps-
là ; des dents canines de différents animaux enfilées
en chapelet, et disposées en collier, bruissaient autour de son cou ; aux dents se trouvaient parfois
mêlés des coquillages marins qu'il allait peut-être
chercher lui-même aux bords du golfe de Gascogne,
et qui étaient, de la main à la main, l'objet d'un
commerce d'échange. Les os du pied du renne, os
creux dans leur intérieur, devenaient, grâce à deux
trous dont on perçait leur paroi, des sifflets sur
lesquels nos lèvres peuvent encore faire vibrer l'air
et évoquer ainsi le bruit que faisaient les chasseurs
quand ils s'appelaient dans les épaisses forêts.

Dans ces chasses, on poursuivait le gibier en lui
lançant des harpons faits d'un os de renne barbelé
symétriquement des deux côtés.

Mais la chasse n'était pas le seul moyen d'existence ; la pêche, alors productive, avait fait créer
toute une série d'engins spéciaux. Le placide pêcheur
à la ligne, ce statisticien contemplatif qui sait
qu'étant donné le nombre de poissons qui peuplent
une rivière, il est une formule qui fixe le nombre

de ceux qui *mordront à l'heure*, n'était pas encore inventé, on ne prenait que le poisson qu'on avait vu, qu'on avait visé et qu'on avait atteint avec le harpon.

Les peuples de l'extrême Nord nous donnent d'ailleurs une idée assez exacte de ce qu'étaient ces hommes de la Dordogne, vivant de renne, qui fournissait à la fois la bête de somme et de course, l'animal de boucherie, sans doute la bête laitière, et dont la peau servait plus tard de vêtement en même temps que les os étaient la matière première de toute industrie.

Le dessin, la sculpture sont nés : sur un os de renne qu'on vient de gratter, après dîner, un silex aiguisé trace des contours déjà fermes, qui représentent le renne; le burin fouille davantage et le demi-relief apparaît. Une tête de sanglier nous donne à la fois l'idée, et des animaux qui hantaient la forêt, et du talent d'observation de ces sauvages déjà dégrossis. Un os de renne représente un homme à la longue barbiche, tatoué, ainsi qu'on en peut juger par les lignes qui se croisent sur son corps, et poursuivant un superbe aurochs. Une fois lancée sur la voie du progrès, l'humanité, ne s'arrêtera plus.

Ce sont là les humbles origines de la race progressive qui devait un jour inventer la science de l'astronomie, mesurer les distances célestes et peser les mondes. Sans qu'il soit encore possible de *préciser* les dates, nous remontons aujourd'hui, dans la recherche des origines de notre espèce, à des ancêtres grossiers et primitifs, dont les sauvages actuels offrent l'image, peu intelligents et absolument ignorants, mais qui déjà ne sont plus des animaux, imaginent les premières inventions et inaugurent l'aurore de l'ère humaine.

XVI

NOS ANCÊTRES PRÉHISTORIQUES

Vers la fin de l'année 1908, on a fait grand bruit,
à l'Institut, au muséum d'histoire naturelle et dans
les sociétés savantes, de la curieuse découverte
faite par trois prêtres dans la Corrèze. Les abbés
I. et A. Bouyssonie et L. Bardon ont trouvé dans une
grotte, près de la Chapelle-aux-Saintes, des restes
humains, notamment un crâne en morceaux mais à
peu près complet, et des ossements ainsi que des
vertèbres, ayant appartenu à un homme fossile. Ce
squelette était couché sur le côté, comme l'homme
fossile de Menton, découvert en 1872 par Émile
Rivière, mais avec les jambes repliées vers le corps,
et dans une fosse peu profonde. On se demande si
c'était déjà là une sépulture : la tête reposait, dans
la fosse, sur un amas de pierres et sur un os posé
à plat. Le sol de la grotte, une couche d'apport
superficiel, contient des restes de rhinocéros tichori-
rinus, de renne, d'hyène des cavernes, de mar-

motte, de loup, plus modernes que le squelette lui-
même, et on a trouvé autour du squelette des
pierres taillées, des silex de l'époque moustiérienne, qui a succédé à la dernière époque glaciaire.

Cet homme fossile n'est pas tout à fait un homme,
mais n'est déjà plus un singe. Ce n'était encore
qu'un candidat à l'humanité.

Son crâne est pareil à celui de Néanderthal, bien
connu des anthropologistes et devenu classique,
découvert en 1857 près de Dusseldorf : même front
très bas, même voûte surbaissée. Les sinus fron-
taux sont grands, de même que les arcades orbi-
taires en visière. C'est presque un crâne d'Australien ; mais c'est encore simien. En arrière, le torus
occipital, très marqué chez le singe, est atténué
dans le crâne de la Corrèze, mais moins que chez
l'Australien. Le trou occipital est très en arrière,
ce qui est un signe d'animalité, et ce simien devait
être muni de muscles très puissants pour maintenir
la tête en état de regarder le ciel. Ce n'était pas
encore l'homme chanté par Ovide.

Prognatisme facial considérable. Nez court et
large. Fortes mâchoires. Pas de menton. Le menton
est humain, presque autant que le front, et relativement récent dans l'évolution anatomique.

L'individu retrouvé, après un sommeil de cent
mille ans peut-être, était assez âgé et de petite taille
(1 m. 60). Les fragments, habilement reconstitués
au muséum d'histoire naturelle par M. Boule, suffisent pour montrer que c'était là un ancêtre de la
race humaine à laquelle nous appartenons aujour-
d'hui. Si quelques-uns de mes lecteurs ont sous la

main mon ouvrage sur *Le Monde avant la Création de l'Homme*, et s'ils veulent bien l'ouvrir à la page 787, ils verront là les squelettes comparés de l'orang-outan, du chimpanzé, du gorille et de l'homme, montrant l'ascension graduelle du squelette animal vers la noblesse humaine; on voit, on sent qu'il y a plus de distance entre le cheval ou le lion et le singe qu'entre le singe et l'homme. L'homme fossile découvert par les savants prêtres de la Corrèze devrait être placé, sur la figure dont je parle, entre le gorille et l'homme, quoique, par sa petite taille, il se rapproche du chimpanzé.

Ce type humain fossile diffère des types humains actuels et se place au-dessous d'eux, car, dans aucune race actuelle, on ne trouve réunis les caractères d'infériorité qu'on observe sur la tête osseuse de la Chapelle-aux-Saintes, de Néanderthal et de Spy. Etait-ce là un anthropopithèque, un homme-singe? Oui, assurément, quel que soit le nom grec ou français qu'on lui donne, c'était un ancêtre. Il résulte de la coupe géologique relevée par les habiles chercheurs de la Corrèze, ainsi que de l'examen des ossements d'animaux et des silex taillés recueillis avec les ossements humains, que ceux-ci appartiennent au pleistocène moyen, étage géologique quatorzième qui n'est autre que le moustiérien des archéologues. D'ailleurs, leur état de fossilisation et leurs caractères morphologiques suffiraient, en l'absence de toutes autres indications, à leur faire attribuer une très haute antiquité.

Mais, peuvent demander un certain nombre de mes lecteurs, qu'est-ce que le moustiérien? (Nous en avons déjà parlé plus haut, p. 240).

Ce. mot vient de *Moustier*, petit village de la
Dordogne, au sud de Périgueux, non loin de Sarlat,
sur les bords de la Vezère. Ce point de la France fut
signalé en 1864 par Christy et Lartet, lors de leur
productive exploration des cavernes du Périgord.
Dans les grottes de Moustier on trouva des collections de silex taillés qui ont été pris comme types
de la seconde époque des temps préhistoriques, la
première étant représentée par les silex grossière-
ment taillés découverts à Chelles (Seine-et-Marne).
Dans la période chelléenne, l'homme primitif semblait errer sur une terre attristée par la froidure, se
creusant avec le seul outil qui nous soit parvenu
comme témoin de son industrie, des tanières souterraines, vivant péniblement au milieu des mammifères gigantesques qui dominaient le monde, au
sein des redoutables forêts. A l'époque moustiérienne, ses outils de pierre sont plus perfectionnés;
ce sont des silex taillés en pointe, des lames, des
scies, et l'homme dispute à l'ours l'habitation des
cavernes. L'âge paléolithique, celui de la pierre
taillée, qui a précédé l'âge néolithique, celui de la
pierre polie, a été partagé en quatre parties; l'époque
chelléenne, l'époque moustiérienne, l'époque solu-
tréenne et l'époque magdaléenne, nommées d'après
les pays où les découvertes caractéristiques ont été
faites. On voit que l'homme fossile, l'homme-singe
de la Chapelle-aux-Saintes, appartiendrait à la seconde de ces époques.

Nous la situons dans le passé mille siècles en arrière; mais le chronomètre des temps disparus n'est
pas encore construit. L'arbre généalogique de la
vie terrestre s'est élevé jusqu'aux singes anthropo-

morphes; le règne animal et le règne végétal sont à
peu près tels qu'ils sont de nos jours, tandis que,
aux .temps secondaires et primaires, c'était un
monde tout différent du nôtre ; les climats sont à
peu près ceux d'aujourd'hui, les frimas des glaciers
ont fait place à une température moins âpre; la
configuration géographique des terres et des mers
est esquissée dans ses lignes modernes; les contrées
illustrées aujourd'hui par la France étaient alors
d'impénétrables forêts, repaires de bêtes fauves ;
les volcans d'Auvergne vomissaient encore leurs
feux et leurs laves; mais l'homme se proclame, va
dominer tout le règne animal, invente le feu, crée
des outils et des armes de pierre, défriche les forêts,
cultive les baies sauvages qui deviennent des fruits
succulents, crée des plantes alimentaires par une
culture appropriée, se nourrit des produits de la
chasse ou de la pêche, domestique le loup qui
devient chien, le tigre qui devient chat, l'hipparion
qui devient cheval. Le règne humain prend possession de sa planète par l'exercice de son intelligence
de plus en plus développée, et la forme se perfec-
tionne et s'embellit. Dégagée de la chrysalide animale, l'humanité affirme son aspiration constante
vers le progrès.

Nous avons fait beaucoup de chemin depuis
l'époque paléolithique. Il nous en reste encore à
faire avant d'atteindre la perfection. Mais *le progrès
est la loi.*

XVII

L'ORIGINE DE L'HOMME

Il n'est plus possible de mettre en doute la généalogie de l'espèce humaine ; cette généalogie est désormais établie sur l'ensemble des progrès réalisés par les sciences naturelles.

I

Et d'abord on sait depuis bien des siècles que notre corps est construit et organisé comme celui des animaux supérieurs. C'est là un fait que nulle objection de sentiment ne peut détruire. L'anatomie et la physiologie s'accordent complètement sur ce premier point. Or si, comme l'enseignent les traditions religieuses, l'homme avait été l'objet d'une création spéciale, étrangère à celle des autres espèces vivantes, cette ressemblance organique n'aurait aucune raison d'être. Elle serait même étrange, inexplicable et humiliante. Au contraire, elle s'explique naturellement si nous appartenons à l'arbre de la vie terrestre.

C'est là, assurément, une première indication d'une certaine valeur pour la solution du grand problème, et il y a bien des siècles qu'elle est connue et appréciée.

II

Une seconde est donnée, et depuis longtemps déjà, malgré Descartes, par un fait parallèle aussi important et non moins incontestable : celui de l'intelligence des animaux, laquelle ne diffère de la nôtre que par des degrés, mais non par nature. Les animaux supérieurs ont une intelligence digne d'être comparée à celle de l'homme, de la mémoire, de la volonté, de la sensibilité, de l'entendement, des fantaisies, en un mot des facultés essentiellement intellectuelles. Tout cet ouvrage-ci en expose les témoignages irrécusables. On me racontait encore, l'autre jour, l'histoire d'un chien qui allait tous les mercredis, à trois heures, sur la place de l'église pour voir sortir les baptêmes, bousculer les gamins et ramasser les dragées; on racontait aussi celle d'un autre chien qui, tous les samedis matin, à l'heure du bain, allait soigneusement se cacher, dans l'espérance d'éviter le lavage. Voilà des êtres qui savent reconnaître les jours de la semaine. Nous venons de voir que les singes vivent en sociétés et en familles, souvent dignes de servir de modèles aux nôtres comme discipline d'une part, comme

témoignages d'amour maternel et filial d'autre part.
L'intelligence des animaux ne peut plus être contes-
tée. Rappeler l'attention de nos lecteurs sur le fait en
lui-même suffit pour permettre à chacun d'appliquer
ses propres connaissances, ses propres observations,
ses propres souvenirs à ce point essentiel.

III

Voici maintenant un troisième ordre de faits non
moins démonstratif : L'humanité ne se compose pas
seulement des races supérieures, auxquelles nous
devons être heureux d'appartenir, mais encore de
races inférieures, qui, étant beaucoup plus rapprochées que nous de l'état de nature, méritent par cela
même toute l'attention de l'anthropologiste et du
philosophe. Les Australiens, par exemple, montrent
presque en tout la plus grande stupidité. Ils sont
incapables de compter au delà des cinq doigts d'une
main. Ils n'ont aucune espèce d'idée morale. Si la
police anglaise n'y veillait de fort près, ils brave-
raient chaque jour, dans les villes des colonies, les
lois de la décence publique, sans plus de souci que
des singes dans une ménagerie.

Ce que nous avons dit plus haut à propos des
sauvages montre en eux un esprit souvent moins
développé et des sentiments souvent moins élevés
que chez ces certains animaux.

Dans l'Afrique centrale, les Bongos, dont le langage est d'ailleurs des plus primitifs, n'ont aucun
terme correspondant aux idées abstraites, telles que
Dieu, âme, esprit, immortalité, infini, temps,

espérance, pensée, réflexion, sentiment, couleur, odeur, etc., et il en est de même chez toutes les races inférieures. Leur langage n'est en quelque sorte qu'une imitation plus ou moins bien combinée : ainsi, le chat se nomme mbriahou, ronfler se dit maroungôun, une poule koulloukoule, une cloche gûlougalo. Les noms d'individus sont des noms d'animaux et de plantes. L'humanité a commencé à parler par monosyllabes, par interjections; les langues monosyllabiques sont les plus anciennes, et l'on en retrouve encore aujourd'hui la descendance dans les langues parlées par les races aînées.

Nous avons vu qu'un grand nombre d'hommes primitifs vont entièrement nus. Le docteur Schweinfurth, dont on connaît les expéditions au cœur de l'Afrique, rapporte que chez les Dinkas, entre autres, « un appareil quelconque, si restreint qu'il soit, paraît indigne du sexe fort. » Les Nubiens, qui portent une légère ceinture, sont traités de femmes par les Dinkas, dont les femmes, en effet, portent des tabliers de peau. Les Chillouks et les Diours, autres tribus de l'Afrique centrale, n'ont pas d'autre costume que celui de la nature et vont entièrement nus commé les Dinkas. Chez les Mombouttous, la polygamie règne sans réserve, comme chez les chimpanzés leurs voisins, qui, avons-nous dit plus haut, ont été accusés de voler de jeunes négresses, qu'il est très difficile de leur enlever ensuite. « Les femmes, écrit Schweinfurth, sont d'une obscénité révoltante; elles vont entièrement nues, comme les Bongos, dont un bouquet de feuilles constitue le seul voile; mais leur nudité à elles est différente et reste sans excuses. »

Ces peuplades sont actuellement encore anthropophages, non par nécessité, mais par goût et par gourmandise. Les Mombouttous sont entourés de tribus noires plus inférieures qu'eux encore dans l'échelle sociale, auxquelles ils font des chasses périodiques comme aux singes, ou comme nous le faisons en Europe au gibier. Les corps de ceux qui tombent sont immédiatement découpés en morceaux, taillés en tranches, grillés et mangés. Les prisonniers non blessés sont conservés comme provisions. Les enfants sont réservés en friandise pour les chefs. « Pendant notre séjour, écrit Schweinfurth, on servait tous les matins un enfant sur la table du chef. Un jour, passant près d'une case où se trouvaient un groupe de femmes, je vis celles-ci en train d'échauder la partie inférieure d'un corps humain, absolument comme chez nous on échaude et l'on râcle un porc après l'avoir fait griller. Quelques jours après, dans une autre case, je remarquai un bras d'homme suspendu au-dessus du feu. » En cuisine, on se sert surtout de graisse humaine ; c'est le beurre frais des fins gourmets... Mais qu'il nous suffise d'avoir apprécié le fait et l'existence de races humaines inférieures, plus rapprochées des singes anthropomorphes que des races illustrées par Platon, Archimède, Kepler, Newton et leurs émules.

IV

Ce ne sont point là des hypothèses, mais des faits d'observation. L'homme n'est pas aussi étranger qu'il le suppose parfois au règne général de la biologie terrestre. Que nous enseigne maintenant l'histoire de la Terre?

La géologie et la paléontologie montrent que nous marchons sur un cimetière de quarante mille mètres d'épaisseur. Oui, les terrains de sédiment contemporains de la vie, depuis l'origine de cette vie jusqu'à l'époque actuelle, ne mesurent pas moins de quarante mille mètres d'épaisseur. Ils sont remplis des restes fossiles des êtres qui ont vécu, depuis les plus microscopiques jusqu'aux squelettes des dinosauriens géants de 35 mètres de longueur. Epoques successives, primordiale, primaire, secondaire, tertiaire, se sont succédé depuis un nombre incalculable de siècles (vingt *millions* d'années au moins). Les terrains se sont formés, durcis, sont devenus pierre. Regardez attentivement les pierres de taille dont sont bâtis les édifices de Paris, vous y reconnaîtrez mille restes de coquilles marines. Les microscopiques sont incomparablement plus nombreuses. Un mètre cube de pierre à bâtir des carrières des environs de Paris, contient vingt milliards de foraminifères. Le puits artésien de Grenelle, qui descend jusqu'à 547 mètres de profondeur, traverse les terrains secondaires déposés à l'époque où la mer crétacée roulait ses flots au-dessus de Paris, mais n'arrive pas au fond de cette formation d'une seule époque.

Eh bien ! les restes fossiles ensevelis d'âge en âge nous montrent que la vie a commencé sur notre planète par des organismes élémentaires qui n'étaient encore ni animaux ni plantes, n'ayant ni membres, ni organes, ni tête, ni système nerveux, mais pourtant déjà quelque peu sensibles. Ces protistes sont plutôt de la chimie organique en action que de la vie orga-

nisée. Longtemps après ces premiers âges, on voit
apparaître des rudiments de têtes, c'est-à-dire que
l'organisme a acquis un sens de progression, comme
une machine dans laquelle on peut distinguer l'avant
de l'arrière. Voilà tout. Un tube digestif se forme.
Mais l'œil, l'oreille, l'odorat n'existent pas encore.
Pendant des milliers d'années, les êtres qui cons-
tituaient la seule vie de la Terre ont été aveugles,
sourds, muets et sans sexe.

On assiste à la formation lente, graduelle, progressive de tous les organes, et l'on voit insensiblement se constituer la variété de ses espèces. Aux
êtres mous, dépourvus de vertèbres, succèdent les
vertébrés; aux mollusques les poissons, les amphibies, les reptiles. Des reptiles sortent, d'une part,
les serpents, par la chute des pattes, qui s'atrophient;
d'autre part, les oiseaux par la transformation des
écailles et le développement des plumes. Les premiers mammifères ont été les marsupiaux, chez
lesquels les petits viennent au monde avant d'être
finis : la génération ovipare devient vivipare. Et
ainsi, dans toute la succession des espèces, on voit
la nature procéder du simple au composé, et les êtres
dériver les uns des autres par voie de perfectionnement. Pas d'anachronismes. Le reptile précède l'oiseau : les premiers oiseaux sont des reptiles volants
et des oiseaux à dents. Les premiers insectes sont
les plus primitifs : blattes, grillons, sauterelles ; les
beaux, les parfaits, abeilles, fourmis ou papillons,
ne viendront que des centaines de milliers d'années
après les premiers. Les premières plantes n'avaient
ni feuilles, ni fleurs, ni fruits ; les plantes élégantes
de nos jours n'ont succédé aux premières que plu-

sieurs périodes géologiques plus tard. Tous les anciens mammifères ont de petits cerveaux. Aux quadrupèdes succèdent les quadrumanes, et les plus primitifs, lémuriens, non encore dignes du titre de singes ; aux lémuriens, les singes ; les anthropomorphes, gorilles, chimpanzés ou orangs, sont les derniers venus. Après eux seulement on commence à retrouver les restes de l'homme fossile. Voilà ce qu'on voit dans les couches géologiques. Nulle hypothèse. Des faits devant lesquels nous ne pouvons plus rester aveugles.

V

Ce que l'histoire de la Terre nous présente, la physiologie le confirme. Le cerveau, organe de la pensée, va en se développant du reptile au mammifère inférieur, de celui-ci au lémurien, du lémurien au singe, du singe à l'homme, et il en est de même des circonvolutions, qui, comme chacun le sait, sont encore en correspondance plus directe que le volume et le poids du cerveau avec le développement de l'intelligence. Si l'on examine des dessins représentant les cerveaux comparés du macaque, du chimpanzé, du Hottentot et d'un savant du vingtième siècle, on reconnaît qu'il y a beaucoup plus de distance entre le cerveau du macaque et celui du chimpanzé qu'entre celui-ci et le cerveau du Hottentot.

Les organes atrophiés portent le même témoignage. Nous avons encore dans l'oreille un muscle destiné à faire dresser l'oreille, héritage d'animaux antérieurs. Actuellement, il est atrophié, car nous ne

pouvons plus dresser l'oreille, quoique l'expression
soit restée dans le langage et que bien des sauvages
le fassent encore. Rarement quelques personnes de
notre race s'en sont trouvé douées par un phénomène d'atavisme (entre autres l'un des lecteurs de
mon ouvrage *le Monde avant la création de l'homme*,
qui l'a constaté précisément à propos de la question
que nous traitons ici). Il paraît que l'impératrice
Marie-Louise avait une oreille douée de la même
propriété, et qu'elle remuait à volonté. Nous possédons aussi, au coin interne de l'œil, un petit
repli rose qui n'est autre qu'un restant de la troisième paupière des oiseaux. Signalons encore un
muscle que nous portons au mollet, le plantaire
grêle, atrophié, qui ne nous sert à rien (qu'à produire
l'accident du coup de fouet) et qui correspond au
muscle des carnassiers qui doivent s'élancer sur leur
proie, etc., etc. A ces organes atrophiés il faut ajouter
la queue des singes. A l'état embryonnaire, nous l'a-
vons encore ; l'embryon humain de 10 millimètres,
c'est-à-dire de quarante jours, possède trente-huit
vertèbres, au lieu des vingt-quatre qui constituent
notre colonne vertébrale ; les quatorze dernières vertèbres disparaissent l'une après l'autre avant la naissance, mais chacun de nous les a eues.

VI

Ce serait ici le lieu d'ajouter qu'à tous les témoignages précédents vient s'unir celui non moins significatif de l'embryologie. Maintenant encore, tout
être humain passe, dans le sein de sa mère, par les

phases animales ancestrales, et chacun de nous a été tour à tour œuf, reptile, quadrupède, marsupial, mammifère complet, singe. La nature résume en quelques semaines ce quelle a mis des millions d'années à accomplir. Ici encore, pas d'hypothèses, des faits, et seulement des faits.

VII

L'ensemble de ces faits établit désormais sur une base impérissable la doctrine de la succession et de la transformation progressive des espèces soutenue par Lamarck, Gœthe, Geoffroy Saint-Hilaire, Darwin, contre celle de l'immutabilité et des créations directes, défendue par Cuvier, Flourens, Agassiz et les naturalistes classiques du dix-neuvième siècle. Il est clair comme le jour que l'homme est le fruit de l'ascension de la nature à travers les phases du règne animal.

Aucune des espèces de singes actuelles, cependant, ne pourrait revendiquer la gloire d'avoir donné naissance à notre ancêtre. Le précurseur de l'homme n'était ni un orang-outan, ni un gorille, ni un chimpanzé ; nous ne sommes que cousins germains de ces singes à forme humaine. M. Gaudry n'est pas éloigné de croire que l'ancêtre — ou l'un des ancêtres — de l'homme pourrait bien être le singe dryopithèque, dont on retrouve les restes fossiles dans les terrains tertiaires. Notre race s'étant graduellement formée et datant certainement de plus de cent mille ans, le type de transition entre le singe et l'homme a naturellement disparu.

L'homme ne s'est dégagé que lentement, insensiblement de sa grossièreté primitive. C'est à la faveur
de circonstances heureuses, d'un climat plus doux,
au milieu de fruits nouveaux, d'une terre plus fertile,
en une ère de prospérité et de tranquillité, que la
matière a quelque jour cédé le pas à l'esprit. Le premier homme qui a dessiné une tête de mammouth,
une silhouette de cerf, un portrait, sur quelque corne
polie ; le premier qui a composé un bouquet de fleurs
sauvages pour l'offrir à sa bien-aimée, le premier
artiste, le premier chanteur, le premier rêveur
n'avait à ce moment-là ni faim ni froid. Le progrès,
manifesté dans l'œuvre entière de la nature depuis
l'origine des choses, n'attendait qu'une circonstance
définitive pour donner son dernier fruit. Au milieu
des bois animés par le langage des oiseaux, devant
les clairières fleuries et parfumées, la sève humaine
s'épura sous la chair des adolescents, et la fleur du
sentiment vint s'élever et briller au-dessus de la rude
écorce du passé.

Peut-être l'épuration animale, le dégagement de
l'origine simienne, le perfectionnement dans la
beauté physique, le développement du goût, le désir
insatiable du mieux sont-ils dus non à l'homme proprement dit, mais à la femme. Elle n'y est sûrement pas étrangère. Mais la femme, c'est encore
l'Homme.

XVIII

LES ORIGINES DE LA VIE

La belle galerie paléontologique qui vient d'être ouverte au Muséum d'histoire naturelle de Paris contribuera sans doute pour une grande part à répandre dans l'esprit public les notions acquises sur le développement de la vie à la surface de la Terre avant l'apparition de l'homme, et à faire comprendre la succession graduelle et progressive des espèces, depuis les plus humbles jusqu'à nous.

Ce fait de la création naturelle de l'homme par la transformation des espèces, s'il n'est pas encore universellement accepté, n'est du moins plus guère combattu que par les esprits étrangers à la marche des sciences naturelles. Mais il n'en est pas de même de celui de l'apparition de la vie sur notre planète. Certains contradicteurs prétendent sérieusement que les savants qui enseignent le transformisme le font sans conviction et tout simplement dans le but dé-

tourné de professer l'athéisme et de «saper les bases
de la religion ».

« Nous concéderions peut-être, écrit l'un d'eux,
que le corps de l'homme offre une parenté réelle
avec celui des animaux supérieurs; mais lorsqu'on
ose affirmer que la vie peut être arrivée spontanément à la surface de la Terre, on émet là une asser-
tion gratuite et sans preuves. Les éléments vitaux
ont pu se transformer. Fort bien, mais d'où sont-ils
venus? »

Sans contredit, on peut avouer que la question de
l'origine de la vie est l'une des plus importantes qui
aient jamais été soulevées dans la science. Mais est-
elle insoluble? Nous ne le pensons pas.

*
* *

Tout dernièrement, nous nous trouvions dans la
rade de Villefranche, près de Nice, où précisément
la première monère a été découverte, et nous exami-
nions dans un flacon d'eau de mer une substance
flottante rappelant un peu par son aspect les filaments gluants que l'on peut observer dans un verre
d'eau fortement sucrée. Cette substance gélatineuse
est ce qu'on appelle le *protoplasma*. C'est une substance chimique, assurément, mais qui possède déjà
en propre quelques-unes des propriétés de l'organisme. Elle se coagule en petites sphères de la grosseur de têtes d'épingle pour former les monères. Une
monère n'est qu'un grumeau de protoplasme. Mais
cette substance vit. Si, placée dans l'obscurité, on
fait arriver vers elle un rayon de lumière, elle se
dirige vers cette attraction. Si l'on verse à la surface

supérieure du vase où elle est conservée un liquide
nutritif, la petite boule se met à grimper contre les
parois du vase pour atteindre sa nourriture ; et pour
grimper, il lui pousse de petites pattes, de petits cils
très fins, qui ensuite se résorbent. Elle se laisse
pénétrer par le liquide ambiant, se nourrit intérieurement et, plus tard, se partage en deux. Elle possède ainsi les deux facultés essentielles de l'animalité comme de la végétation : elle se nourrit et se
reproduit. C'est un organisme sans organes.

Or, il se trouve que cette substance organique
rudimentaire forme précisément, encore aujour-
d'hui, la base de tous les organismes vivants, plante,
animal ou homme. Elle compose le germe de la
plante, l'œuf de l'animal, l'œuf humain lui-même.
Elle paraît être la substance primordiale par excel-
lence. On la trouve dans la mer à toutes les profondeurs et sous toutes les latitudes. Et la vie a pu
commencer sur notre globe par des organismes
marins rudimentaires, qui n'étaient encore ni
plantes ni animaux, et simplement formés de
protoplasma. N'y a-t-il pas là un grand enseignement de la nature ?

*
* *

Pourtant, ce n'est pour ainsi dire là que de la
chimie, de la chimie organique ; c'est de l'albumine,
dont la composition paraît due à une combinaison
de 240 molécules de carbone avec 390 molécules
d'hydrogène, 75 d'oxygène, 75 d'azote et 3 de soufre.
Les substances organiques diffèrent des substances
inorganiques en ce qu'elles ne sont ni solides, ni

liquides, ni gazeuses, mais dans un état intermédiaire auquel elles doivent leur grande faculté
d'assimilation. Les composés du carbone sont précisément doués de cette souplesse caractéristique, et
leurs propriétés ont agi dès l'origine pour la formation des organismes élémentaires. Tout être vivant
est surtout composé d'eau et de carbone. Le corps de
la méduse renferme 99 pour 100 d'eau, et seulement 1 pour 100 de matière solide ; le corps de
l'homme renferme encore 70 pour 100 d'eau, et
seulement 30 pour 100 de matière solide.

Il n'est pas plus merveilleux d'admettre que cette
gelée primitive se soit formée dans les eaux tièdes
de l'océan, en certaines conditions de composition
chimique de ces eaux, de température, de pression,
de tension électrique, etc., que de voir les cristaux
arborescents d'une solution saline grandir et se développer à mesure que l'eau s'évapore ; l'arbre de
Saturne s'élever lorsqu'on abandonne une lame de
zinc suspendue dans une dissolution d'acétate de
plomb ; la vapeur d'eau dessiner des fougères sur les
vitres d'une fenêtre gelée, les fleurs hexagonales de la
neige se former dans l'air, le soufre cristalliser en
rhomboèdres, le bismuth en hexaèdres, etc., etc. Les
premiers organismes sont encore régis par la
géométrie. Tout le monde connaît les formes admirables des diatomées.

La différence qui sépare les produits organiques
des produits inorganiques ne consiste pas tant dans
la nature matérielle de leur composition, que dans
leur faculté d'être pénétrés par le milieu ambiant et
de s'accroître intérieurement au lieu de le faire extérieurement. C'est là le grand principe de la nutri-

tion des êtres, et il s'explique chimiquement. La seconde faculté caractéristique des organismes, que l'on peut qualifier d'essentielle, est celle de se reproduire. Mais cette faculté n'est pas primitivement aussi compliquée qu'elle le paraît. Les premiers organismes, les monères, se reproduisent tout simplement en se partageant en deux et ainsi de suite ; rien de plus. Une hydre coupée en dix morceaux fait dix hydres entières, complètes et bien vivantes. On croit généralement que tous les êtres vivants naissent d'un père et d'une mère : c'est une erreur profonde. Pendant des millions d'années, les habitants de notre planète sont restés dépourvus de sexes. Les sexes ne se sont formés que dans la suite des âges, et cela progressivement. Dans le développement de la génération, il y a eu d'abord des œufs, que la mère abandonnait, puis des œufs couvés, puis des œufs éclosant dans le sein de la mère, puis de petits êtres naissant vivants, mais issus, eux aussi, d'un œuf primitif... Unité profonde de la nature !

*
. *

Certes, on ne peut qualifier ni d'animal ni de végétal un corpuscule organique aussi rudimentaire qu'un grain de protoplasma ; mais il diffère néanmoins essentiellement des autres produits chimiques, et il a pu être véritablement l'œuf de la vie qui, dans l'avenir, se répandra à la surface de la Terre. Les animaux comme les végétaux en sortiront.

L'univers a existé pendant longtemps dans un état purement *mécanique*, nébuleuse en activité, mouvements d'atomes, gravitation universelle. La chaleur,

la lumière, l'électricité, les formations de molécules
ont donné naissance à l'état *physique*, pendant lequel
la planète est sortie de son berceau nébuleux. Les
combinaisons, les affinités, ont amené l'état *chimique ;* les conditions de la vie se préparaient. A ces
trois âges, dérivés les uns des autres, a succédé l'âge
organique, issu tout naturellement aussi de l'âge qui
l'avait précédé.

Du jour où, par le développement même de la
genèse terrestre, les conditions de la vie ont été
réunies, il eût été aussi difficile au protoplasma de
ne pas se former qu'à un produit chimique de ne
pas obéir aux conditions qui le déterminent. Et du
jour où la vie est apparue avec sa propriété caractéristique de reproduction perpétuelle, elle devait
s'étendre et se multiplier sur toute la surface du
monde.

A dater de cette époque, notre planète est transformée. Jusqu'ici elle appartenait au monde minéral,
sourd, muet, aveugle, inconscient. Désormais, elle
porte la vie, et le premier sentiment confus d'existence personnelle qui vient de se manifester dans la
formation des organismes primitifs va s'illuminer et
grandir, pour atteindre un jour les nobles degrés du
monde intellectuel et moral.

Devant le mystère de l'origine de la vie sur notre
planète, certains savants sont allés jusqu'à le dé-
clarer insoluble, et à chercher cette origine dans le
ciel, dans les étoiles filantes, poussières cosmiques
qui, venant d'un monde vivant, auraient transporté
dans l'espace les germes de la vie et les auraient
semés sur notre globe. Cette explication ne fait que
reculer la difficulté, en l'augmentant. Nous n'ad-

mettons pas le miracle d'une création directe, naturellement ; mais pourquoi ne pas admettre la génération spontanée à l'époque primordiale où les
conditions biologiques étaient préparées par l'évolution normale de notre planète ?

*
* *

Ainsi, d'après les observations actuelles de la
science, nous pouvons penser que la vie a commencé
dans la mer par le protoplasma, par une simple
substance chimique un peu plus parfaite que ses
aînées, douée de la faculté d'absorber le liquide
dans lequel elle flottait et de s'accroître intérieurement. Cet accroissement a une limite, et le grumeau
de gélatine agrandi se divise en deux. Tel fut le
premier mode de reproduction. Nous assistons ensuite au développement de ce protoplasma : nous le
voyons former des monères, des infusoires, des
microbes, des zoophytes, des plantes, tout cela sans
têtes, sans membres, sans sens, sans organes et sans
sexe. Plus tard, nous voyons apparaître un rudiment
de système nerveux, huîtres, moules, vers, mollusques, etc. ; la tête, l'œil, l'oreille, le cerveau, se forment graduellement. Les premiers poissons n'ont
pas encore de vertèbres. Amphibies, reptiles perfec-
tionnent les manifestations de la vie, mais avec
quelle lenteur ! Des millions et des millions d'années
sont nécessaires pour la formation d'un seul organe.
Pourtant, le spectacle du développement graduel de
la vie nous montre une majestueuse unité de plan,
un arbre généalogique séculaire dont toutes les
branches sont sœurs. Rien d'étranger. Toujours le

protoplasma, le carbone, l'eau, l'air, agissant, se diversifiant suivant les conditions d'existence, et les êtres acquérant graduellement une individualité plus personnelle. Nous avons vu comment l'homme lui-même évolua naturellement par la série ascendante de tous ses ancêtres. Ce livre des *Contemplations scientifiques* a montré, de la première à la dernière page, l'unité de plan de la vie terrestre.

L'univers obéit à des lois, et la loi du Progrès est, sans contredit, l'une des plus capitales.

.

Il semble donc qu'il ne reste plus de lacune essentielle aujourd'hui dans notre conception de la création naturelle des choses et des êtres. Est-ce à dire qu'une telle conception soit athée et matérialiste et nie par cela même l'existence de Dieu et l'immortalité de l'âme humaine ? En aucune façon. La science actuelle conduirait plutôt à mettre en doute l'existence de la matière, car elle nous prouve que l'univers n'est pas du tout ce qu'il paraît être à l'œil vulgaire ; elle nous prouve que *l'univers visible est composé d'atomes invisibles*, et, allant plus loin encore, elle nous montre que la substance matérielle de l'univers s'efface en importance devant *la force* immatérielle qui régit tout dans la nature. Les êtres sont organisés. Il y a donc une force organisatrice. L'univers est un dynamisme.

La science n'est en elle-même ni matérialiste ni spiritualiste, car son rôle réside dans l'observation impartiale des faits : la science cherche, la science étudie, c'est là sa noblesse et sa grandeur ; elle est indépendante de toutes les sectes et de tous les partis. Son rôle splendide est de nous éclairer de plus en plus et de nous élever sans cesse dans la connaissance de la vérité. Mais il ne lui est pas interdit de raisonner et d'être logique. Or tous les tableaux réunis ici pour former la galerie scientifique de cet ouvrage montrent dans la nature une unité de plan évidente et une organisation générale, dont le but, d'ailleurs, nous reste inconnaissable. Dans l'infini des cieux, la Terre est un atome.

NOTES ET DOCUMENTS

---

(1) P. 13. Il y a dans les Plantes un genre de vie occulte.

Nous avons découvert, dans les Transactions de la Société philosophique de Philadelphie, un Mémoire original de Du-PONT DE NEMOURS sur *la vie des plantes*, dont nous sommes heureux d'offrir l'extrait suivant en confirmation de nos idées personnelles. Si les vues de ce membre de l'Institut sont parfois singulières et d'aspect romanesque, on remarquera que certaines idées sont d'une profondeur à laquelle les écrits contemporains ne nous accoutument plus aujourd'hui.

Voici ce que dit Dupont de Nemours dans ce Mémoire :

« Il est très facile, et peut-être assez naturel, à un animal aussi ravageur que l'homme, de traiter avec peu de considération les *plantes* qui se laissent dévorer si paisiblement.

Cependant je ne voudrais pas avoir offensé les roses. Personne n'est plus disposé que moi à croire, avec les Anciens, que tout arbre est l'asile ou la prison d'une nymphe.

Nous ne savons pas bien nettement quelle est la nature des végétaux, ni s'ils sont un règne dans la nature. Nos pères le disaient : on nous l'a répété dans notre enfance, nos contemporains commencent à le nier.

Douter, observer attentivement : penser beaucoup pour apprendre peu. Voilà le lot de notre faiblesse quand elle est sage.

Nous remarquons dans les végétaux trois ou quatre principaux phénomènes : leur croissance, leur santé, leurs amours, leur reproduction; et deux espèces de vie : celle qui les fait pousser, se nourrir et s'étendre, qui nous paraît purement *végétale;* celle qui les fait aimer, se féconder, porter des fruits, des graines qui ont toutes les propriétés des œufs, manière d'être si active et si voluptueuse qu'elle touche presque à l'*animale,* supposé qu'elle ne la soit pas.

Tout près des végétaux sont certainement les polypes; et peut-être les pucerons, les volvox, la plupart des insectes microscopiques séminaux ou infusoires, qui semblent se multiplier comme les plantes, de deux façons, par la génération et le bourgeonnement.

Une plante est-elle une sorte d'*animal* privé d'yeux, d'oreilles et de jambes, doué en compensation d'une multitude de bouches, de bras supérieurs et inférieurs, de mains et d'organes reproductifs; chez qui le nombre étonnant de ses plaisirs supplée à ce qui peut, dans chacune de leurs sensations, manquer de retour sur soi-même, de sel, de pointe et d'énergie?

Une plante est-elle une famille, une république, une espèce de *ruche vivante,* dont les habitants, les citoyens, les membres ont en communauté la nutrition, mangent au réfectoire; ou bien chaque fleur, et plutôt encore chaque étamine, chaque pistil est-il un *individu,* ayant son animation, ses besoins impérieux et doux, ses voluptés, son bonheur et ses souffrances à part?

Est-ce l'un ou l'autre? Est-ce l'un et l'autre? — Cela vaut la peine d'y regarder.

La plupart des plantes, toutes celles de l immense classe des *dicotylédones,* ont une moelle épinière, dont la position et une partie des propriétés ne sont pas sans rapport avec celle des animaux vertébrés. Chacune de leurs branches a aussi une moelle centrale comme les membres d'animaux qui, à partir du tronc, se ramifient dans leurs premières articulations en un, puis en deux, puis trois, quatre ou cinq, sans compter la queue, qui, pour les animaux qui n'en sont pas privés, est une branche de plus. Chez les *monocotylédones* la moelle, moins locale, répandue dans une multitude de tuyaux, les rapproche des animaux invertébrés. Dans les *acotylédones,* elle paraît remplir le tissu cellulaire, ce qui les assimile encore plus à un grand nombre de mollusques.

Toutes ont des myriades de trachées par lesquelles les racines attirent à elles et conduisent au tronc les eaux, les sels, l'alumine qui leur conviennent dans la terre, ou que leur apportent les engrais, par lesquelles encore les branches,

les feuilles, l'écorce pompent les fluides aqueux ou aéri-
formes dont elles sont sans cesse baignées. Elles se nourrissent comme nous-mêmes, à la seule différence qu'elles ont
leurs *suçoirs* en dehors, et que nous avons les nôtres en de-
dans : elles digèrent. Elles ont un chyle qui leur approprie
leurs aliments, et qui, après qu'elles ont évacué par des trans-
pirations, par des excrétions régulières ce qui ne leur serait
pas bon de garder, leur fournit une sève qui *circule comme
notre sang et notre lymphe.* Elles ont leurs veilles, leur
sommeil, leurs aspirations, leurs expirations, leurs consom-
mations, leur combustion de l'air atmosphérique qu'elles ont
absorbé, et la réparation des éléments qui le composent,
dont elles s'incorporent les uns et rejettent les autres, comme
font les animaux, ou avec peu de différence. Elles ont donc
des poumons ou des branchies qui en tiennent lieu, quoiqu'ils nous soient peu visibles ; car, *où se trouvent des effets
semblables, sont des organes de la même nature,* ou susceptibles des mêmes usages.

Leurs poumons leur sont encore plus utiles que ne nous sont
les nôtres. Ils n'ont pas les mêmes répugnances, parce qu'ils
leur servent en même temps d'estomac. Notre estomac s'ac-
commode assez bien de l'azote que nos poumons ne peuvent
supporter. L'*estomac-poumon* des plantes agrée l'azote et
l'oxygène, se nourrit du premier, ne consume qu'une partie
de l'autre, et en renvoie le surplus après l'avoir purifié, et
seulement chargé d'une très faible dose d'acide carbonique.
C'est ainsi qu'elles rendent aux animaux l'important service
de purifier l'air qu'ils ont besoin de recevoir plus oxygéné.
L'illustre et vertueux La Rochefoucault, qui aimait avec une
ardeur si pure les sciences et la patrie, et dont l'assassinat
fut un des plus grands crimes de notre révolution, avait fait
à cet égard de très belles et très instructives expériences.

Il y a beaucoup d'apparence que c'est la moelle qui, com-
muniquant par les utricules horizontaux et les prolongements
médullaires avec les trachées de l'écorce, remplit dans les
plantes la fonction pulmonaire. Nous avons lieu de le pré-
sumer, non pas tant à cause de la texture molle et val-
vuleuse de cet organe que par l'observation du fait qui
accompagne, ou plutôt qui précède la mort naturelle des
plantes, et qui est très remarquable dans les arbres dicotylédones.

Tant que la plante est jeune, vigoureuse, la circulation
libre et facile de la sève l'appelle à grands flots vers la cime,
où la moelle moins revêtue, plus près de l'écorce, communi-
quant par un bois plus menu et plus tendre, par des trachées

et des utricules plus ouverts, avec un air plus renouvelé, exerce une respiration mieux déployée, éprouve plus fortement l'incendie qui l'accompagne chez tous les êtres respirants. La sève ascendante y apporte son tribut de l'hydrogène que lui ont fourni l'humidité de la terre et les arrosements. C'est en se pressant pour s'élever vers le sommet dans les fibres longitudinales serrées l'une contre l'autre, comprimées par l'écorce et toujours un peu coniques, qu'elle les force presque mécaniquement à pousser en longueur, et qu'elle fait croître la plante. Enfin la sève arrive au foyer principal : le contact des deux airs qui s'y réunissent, dont l'un vient de la terre et l'autre du ciel, et le mouvement respiratoire qui les confond, qui les bat ensemble, opère la combustion. Celle-ci donne à l'instant, comme dans les animaux, une production d'eau nouvelle. Cette production de l'eau par la combustion des deux airs, pendant la respiration de la plante et au bout de sa tige, est démontrée par l'excès de la sève descendante sur la sève montante : excès qui explique le bourrelet qu'elle forme quand la circulation est artificiellement interrompue. Et remarquons en passant, dans cette production de l'eau par le même procédé chez les plantes, à quel point la nature est uniforme, combien toutes ses lois sont générales, belles et simples.

Lorsque dans la suite la grande hauteur de l'arbre, son âge avancé, l'endurcissement, l'engorgement de ses canaux, et principalement du canal médullaire, empêchent la sève montante de venir en même abondance se faire brûler avec l'air aspiré à l'extrémité du flambeau, au foyer le plus vif de cette *lampe végétale*, comme le sang et la lymphe des animaux viennent se faire brûler avec l'air dans la *lampe animale* qu'on appelle leurs poumons, cet air dont l'incendie ne cesse pas, et devient même plus ardent en raison de ce que l'hydrogène y balance moins l'oxygène, consume à la place de la sève, qui n'arrive qu'en moins grande quantité, les vaisseaux qui devaient la lui fournir.

La moelle moins rafraîchie éprouve une oxydation qui n'est d'abord qu'une espèce de dartre, et qui dégénère bientôt en un véritable état de gangrène. L'arbre se couronne : et si l'on n'y apporte pas un prompt remède, la maladie gagne tout le canal médullaire, et le bois même qui en a rempli une partie dans les arbres où il l'obstrue; l'arbre se creuse : il meurt. C'est là sa mort de vieillesse. Elle est très rapprochée de la mort de vieillesse qui termine les jours des animaux, lorsque des blessures ou des maladies n'ont pas précipité leur dernière heure.

Mais, ô miracle! la plante montre pour la conservation de sa vie plus d'animation, ou du moins une animation plus tenace que les animaux eux-mêmes. La théorie et la pratique de nos maladies médicales et chirurgicales trouvent chez elles une parfaite application, et les moyens curatoires sont plus sûrs, plus efficaces pour elles que pour nous. On peut retarder la mort des plantes; on peut les rajeunir.

Quand l'affreuse maladie que nous venons de décrire, quand l'impitoyable vieillesse attaque les poumons, dévore leur moelle et paraît les conduire au trépas, il suffit de leur couper la tête jusqu'au-dessous du point que le germe de la gangrène avait atteint, où la moelle avait été affectée, et de bien garantir la blessure du contact de l'air, pour qu'il repousse, à la place de la tête frappée de décrépitude, une jeune tête pleine de vigueur, garnie d'une moelle nouvelle. Si plusieurs branches sont malades, on retranche ces branches infortunées, et de nouvelles branches se hâtent de les suppléer. Le succès est certain, si l'on n'a pas trop retardé l'opération, si dans la partie que l'on conserve, les rayons médullaires, qui sont les viscères nobles des plantes, sont demeurés entièrement sains, et communiquent avec une écorce dont les pompes aspirantes soient en bon état, qui ne soit ni viciée ni déchirée. — On peut couper le tronc même, à fleur de terre; et sur ses débris, sur son écorce, de sa sève, de ses bourgeons, plusieurs arbres nourris d'abord par les mêmes racines, et qui ensuite en poussent qui leur sont personnelles, succèdent à l'arbre qu'on a sacrifié. Il leur a transmis une vie qui ne fut point interrompue; rien ne meurt que ce qui a été abattu.

Ce n'est pas un privilège des arbres. Les simples herbes jouissent du même sort. Le jeune gazon, fauché de bonne heure, conserve sa verdure et serre de plus en plus ses nombreux rejetons. Vous le frappez; il souffre, il se rebelle. Fils de la Terre, comme Antée, il renaît sous vos coups plus fort et plus frais qu'auparavant.

D'où cela vient-il? — C'est que, outre la vie générale dont la plante est animée, et qu'elle communique à ses branches, chaque branche est une plante semblable à celle dont elle émane, implantée sur le tronc, comme lui-même l'est dans le sol, ayant sa vie et son économie particulière, et qui contribue par elles à la bonne constitution du tout dont elle tire sa principale subsistance *.

* La vie particulière à chaque branche, et son implantation sur le tronc, sont démontrées par le phénomène de la greffe, qui introduit

Cette partie de l'histoire de la plante embrasse tous ses âges, elle présente une multitude de propriétés visiblement animales, que l'on ne peut considérer sans être forcé de convenir, que non seulement la plante est un animal, en prenant ce mot dans le sens le plus général, mais qu'une plante est une confédération d'animaux, tous parents, tous intimement unis, tous s'entr'aidant les uns et les autres, travaillant tous au bien de leur société, et toujours prêts à réparer les malheurs de la guerre, qu'ils ne peuvent fuir, qu'ils savent braver.

Est-ce là tout? — Non vraiment. — Ce n'est rien encore.

Hâtons-nous d'arriver aux *fleurs.*

Chacune d'elles a son enfance, son épanouissement, sa passion. — Chez celles qui sont *androgynes*, où chaque corolle est l'habitation d'un ménage, le château fraternel, amical, de quelques aimables princesses, l'œil peut quelquefois distinguer, et la loupe presque toujours apercevoir, à des attitudes, à des mouvements, à des gestes qui n'ont rien d'équivoque, l'amour d'abord suppliant et respectueux, puis impétueux... la reconnaissance enivrée... Les unes sont timides, les autres sont coquettes et hardies...

Chez celles où les deux sexes sont séparés et appartiennent à des fleurs diverses, soit sur la même plante, soit sur des plantes analogues, mais différentes et qui peuvent être éloignées l'une de l'autre, les mâles ont quelque chose de l'ardeur mélancolique et solitaire des victimes cloîtrées, et les femelles qui tiennent tout leur bonheur du zéphyr, et qui périssent en stérilité s'il n'a point fait de vent, montrent un peu de cette extase des âmes tendres et résignées, qui n'espèrent et ne reçoivent aucun bien que de la bénédiction du ciel.

Tout cela n'est que faible et confus, car qui n'a que peu de sens, n'a pas beaucoup de sensations, ne saurait les animer l'une par l'autre et les raisonne peu.

Nous avons quelques sens de plus. Nous en avons l'usage dans un degré plus éminent; ce qui tient beaucoup à la combinaison de leurs rapports : car il n'y a pas un sens qui ne soit multiplicande et multiplicateur de ses voisins; c'est ce qui fait que la perfection plus ou moins grande des animaux résulte du nombre et de la bonté de leurs sens. »

Ainsi parle Dupont de Nemours. Nous n'avons garde de

sur un arbre des branches étrangères, comme un gendre ou une bru dans une famille. Ils deviennent de la famille, mais sans perdre leur individualité, et la race qu'ils lui donnent est à eux. (*Note de Dupont de Nemours.*)

rien ajouter à cette dissertation, déjà si hardie et si originale.

(2) P. 14. Le chant rêveur et harmonieux du rossignol.

Nous ne pouvons nous empêcher de remarquer combien le
nom français de l'harmonieux chantre de la nuit est indigne
de cet être si aimant et si agréable à entendre. Quel vilain
nom que ce mot : *rossignol*, et comme les étrangers s'étonnent que notre belle langue ait été si mal inspirée en choisissant un pareil mot ! Ce chantre ailé serait peu flatté de
son nom français s'il s'entendait ainsi appeler. En revanche,
il aimerait son nom anglais de Nightingale qui, *correctement
prononcé* (neitinnghêle), est l'un des plus jolis noms qu'on
puisse donner à un oiseau. Le nom allemand, dans la touchante prononciation du Nord (Nachtigal), est également
beau, mais moins doux peut-être.

(3) P. 16. Linné a construit une *Horloge de Flore*.

Pline avait déjà fait remarquer les heures d'épanouissement
de certaines plantes. « Il semble, dit-il (*Hist. nat.*, liv. XVIII,
§ 27), que la nature crie au laboureur : Pourquoi regardes-tu
le ciel ? pourquoi interroges-tu les astres ? Je t'ai donné des
plantes qui t'indiquent les heures, et pour que le soleil ne te
fasse pas détourner les regards de la terre, l'héliotrope et le
lupin le suivent dans sa marche diurne ».
L'horloge de Flore dressée par Linné à Upsal retarde sur
l'horloge dressée par de Candolle à Paris. L'épanouissement
varie selon la lumière et la chaleur, et par conséquent selon
la latitude.
Ceux qui vivent à la campagne peuvent voir les heures
indiquées par l'épanouissement des plantes suivantes, qui
vivent toutes sous notre climat et sont faciles à reconnaître :

Matin.

1 heure. Le laiteron de Laponie.
De 2 à 3 heures. Le salsifis des prés, la grande picride.
De 3 à 4 heures. Le liseron des haies.
De 4 à 5 heures. La chicorée sauvage, le crépis des toits, le
pavot.

De 5 à 6 heures. Le pissenlit, la lampsade commune, le lin, la belle-de-jour.

De 6 à 7 heures. La laitue cultivée, le nénuphar, les épervières, le souci pluvial, la piloselle.

De 7 à 8 heures. La vésiculaire, le mouron des champs, l'œillet prolifère, le miroir de Vénus, le mésambryanthème barbu.

De 8 à 9 heures. Le souci des champs, la *Nolala prostrata*, la ficoïde barbue.

De 9 à 10 heures. La mauve d'Amérique, la glaciale.

De 10 à 11 heures. La scorsonère de Tanger, l'ornithogale (dame d'onze heures).

A midi. Les picoïdes, les *gorteria;* le laiteron ferme sa fleur.

Soir.

De midi à 1 heure. L'*hypochœris chondrilloides*, le pourpier.

De 1 heure à 2 heures. L'œillet prolifère, la *scilla pomeridienna*, la mauve se ferment.

De 2 à 3 heures. La piloselle, la pulmonaire se ferment.

De 3 à 5 heures. Le souci des champs, les *gorteria*, la belle-de-jour se ferment; la silène noctiflore s'ouvre.

De 5 à 6 heures. L'œnothère odorante s'ouvre, le nénuphar blanc se ferme.

A 7 heures. La belle-de-nuit, l'œnothère à 4 ailes s'ouvrent.

A 8 heures. Le cactus à grandes fleurs s'ouvre, l'hémérocalle se ferme, le *pelargonium triste* répand son odeur.

A 9 heures. Le *nyctanches arbor tristis* s'ouvre.

A 10 heures. Le liseron à fleurs s'ouvre.

Une observation faite, un peu par hasard, sur un champ d'anémones sera peut-être à sa place ici. Le 6 avril 1907, au cap d'Antibes, en allant visiter la villa Eilenroc, j'ai été frappé au départ, vers deux heures, de voir toutes les anémones admirablement épanouies au soleil. Quelques heures plus tard, au retour, le soleil se couchait, et elles étaient toutes fermées.

(4) P. 21. Certaines plantes regardent le soleil, tandis que d'autres semblent préférer le nord.

Les poètes de l'antiquité ont chanté l'Héliotrope et le Tournesol sur divers tons. On se souvient de la fable de Clytie et du Soleil. Cette nymphe de l'Océan, aimée du Soleil, ne put

voir sans un extrême déplaisir que cet astre superbe honorât de
ses inclinations et de ses visites Leucothoé, fille d'Orchame,
septième roi de Perse après Belus, et de la belle Eurynome.

« Elle ne s'en put jamais consoler, et parce qu'il ne la
voulut pas seulement regarder, elle en conçut un tel déplaisir
qu'elle ne fit plus que languir. Elle resta solitaire au milieu
d'une plaine sans prendre aucune nourriture, exhalant incessamment des plaintes. « Arrêtez-vous, disait-elle, beau soleil,
« et faisant avancer vos chevaux plus tard que de coutume,
« ne vous couvrez pas d'un nuage pour me dérober votre lu-
« mière. » Enfin elle ne se remua plus de sa place, où elle se
tenait debout, et ses pieds y prirent racine, tandis que ses yeux
suivant le tour du soleil lui faisaient tourner la tête pour le
contempler sans cesse, et le voir où sa lumière paraissait. »

(5) P. 22. Elle est presque nerveuse, la sensitive !

Le docteur George Sigersan et le docteur Edouard Divers
ont fait en 1866 (v. Athenæum) de curieuses expériences sur
la faculté des sensitives. Ils ont trouvé un rapport remarquable entre le système qui préside aux mouvements de ces
plantes et le système nerveux, et lui ont reconnu un caractère magnétique. Après une certaine expérience, le bras du
premier garda une impression douloureuse qui parut lui
avoir été communiquée par la plante. Les mouvements de
contraction dépendaient des personnes qui les touchaient ;
lorsque c'était la main d'un enfant, les mouvements étaient
plus rapides. Mais le point le plus important de cette série
d'épreuves est sans contredit la constatation qu'en touchant
la sensitive avec un morceau de *verre* les mouvements ne
répondent plus à ce contact comme lorsqu'il est fait par la
main ou par toute autre substance. Est-il possible, se demande en concluant le docteur Sigersan, de garder encore les
anciennes limites absolues entre les deux règnes ? Cette division absolue n'est plus possible. « When the rigid limit
drawn by the old naturalist between the animal and vege-
table kingdoms has been found untenable, there will be
many, I presume, to admit that a priori there is no absolute
reason why individuals of the former kingdom should be en-
dowed with power of generative electricities essentiales de-
nied to all members of the latter : few also, I believe, will
assert the antecedant impossibility of any of those plantor-
gans, termed « vessels » and « ribs » subserving in a very
restricted sense, it may be, the purpose of nerves. »

Longfellow, dans son beau poème *Evangeline*, fait jouer un rôle à la fleur de la Boussole :

« Voyez cette fleur délicate qui élève sa tête au-dessus de la prairie, et dirige ses feuilles vers le nord comme l'aiguille aimantée : c'est la fleur du compas, que le doigt de Dieu a suspendue ici sur sa tige fragile pour guider les pas du voyageur dans l'immensité inconnue du désert. Ainsi est la foi dans l'âme humaine. »

(6) P. 24. Pour s'évanouir aussitôt dans la mort.

Le Cereus qui fleurit la nuit, ou Cactus grandiflorus, est l'une de nos plus magnifiques plantes de serre chaude, et provient de la Jamaïque et de quelques îles des Indes occidentales. Sa tige est grimpeuse et épineuse. La fleur est blanche et très large ; elle atteint parfois 30 centimètres de diamètre. La particularité la plus remarquable de la vie de cette plante est la rapidité avec laquelle elle se déploie et tombe. Elle commence à s'ouvrir un soir, fleurit pour une heure ou deux, ensuite ne tarde pas à se faner, et s'est complètement éteinte avant le matin.

Un poète américain anonyme a écrit sous ce titre : « The wight flotwering cereus » une pièce élégante, de laquelle nous traduisons ces trois strophes *.

« La nuit a levé son voile sombre ; les mesquines pensées de la terre s'éloignent ; nous saluons le lever de l'étoile du soir de l'empire de Flore.

« Avant que nos hommages te soient rendus, tu pencheras ton front et tu mourras ; ainsi s'évanouissent nos plus profondes jouissances ; ainsi s'envolent nos triomphes les plus éclatants.

« Comme la tige épineuse, le chagrin porte une fleur pure ; ainsi, quand les heures de joie s'éteignent, l'affection allume son étoile. »

(7) P. 36. Le philosophe ne peut s'empêcher de reconnaître dans le monde des plantes un chant du chœur universel.

GOETHE s'était proposé de décrire le rôle de la plante dans son poème sur la nature, et dans maint passage de ses

---

* Sacred bards and american poetry.

œuvres on rencontre ses idées sur l'importance relative du
végétal au sein de la vie générale. La lecture de son traité
sur les *Métamorphoses des Plantes* est tout entière à l'appui
des idées précédentes. Mais c'est surtout dans la belle pièce
qu'il composa à la prière de Schiller que l'on trouve sa doctrine éloquemment exprimée. Nous citerons, par exemple, les
strophes suivantes :

« La feuille colorée sent la main divine, elle se contracte en
se modifiant : ses tendres formes se développent, destinées à
s'unir ! Ils paraissent maintenant, les couples gracieux,
groupés autour de l'autel sacré ! Hymen les protège de ses
ailes, et les brises embaumées, chassées par le souffle de
l'air, exhalent de tous côtés les plus suaves parfums. Alors
des germes incalculables se gonflent, enveloppés dans le
fruit maternel ! Ici la nature ferme le cycle de ses forces
éternelles.

« Ainsi, un nouvel anneau vient se rattacher au précédent,
et la chaîne se prolonge à travers les âges, et l'ensemble se
conserve comme l'individuel.

« Tourne maintenant, ô mon ami, tes regards vers ce
tourbillon qui s'agite autour de toi, et n'est plus confusion
pour ton esprit ; chaque plante t'annonce des lois éternelles,
chaque fleur-te tient un langage plus clair ; mais si tu sais y
lire les lettres sacrées de la déesse, tu sauras les comprendre
partout, sous quelque forme qu'elles t'apparaissent, soit
dans la chenille qui rampe, soit dans le papillon qui voltige, soit dans l'homme lui-même, lorsqu'il déguise avec art
sa physionomie naturelle. »

(8) P. 41. EHRENBERG... créateur de la science
des Infusoires.

Organisation des Infusoires.

On parle encore souvent d'Ehrenberg en France, toutes
les fois qu'il est question de la vie des animaux microscopiques ; mais, comme c'est du reste le cas général, on ne se
donne guère le temps de remonter directement à ses ouvrages.

Qui a lu Die Infusionsthierchen als volkommene Organis-
men, ein Blick in das tiefere organische Leben der Natur? (Les
animaux infusoires considérés comme êtres organisés parfaits ; coup d'œil sur la vie organique profonde de la
nature.)

Après Buffon et Linné, qui ne s'en étaient pas spécialement

occupés du reste, après O. F. Müller, Gmelin, Lamarck, G. Cuvier, Treviranus, Dutrochet, Nitzsch, Schweigger et Bory de Saint-Vincent, Ehrenberg publia en 1830 ses premiers travaux dans les Mémoires de l'Académie des sciences de Berlin, insistant sur l'organisation intérieure des Infusoires qu'il avait observés en faisant avaler des liquides colorés à ces animalcules.

Nous croyons utile de résumer directement ici les recherches du grand naturaliste. Il y a là tout un monde vivant du plus profond intérêt pour le naturaliste.

Il a d'abord divisé les infusoires (animaux microscopiques vivant dans l'eau) en deux grandes classes. Les caractères de la PREMIÈRE CLASSE (*Polygastriques*) — à plusieurs estomacs — sont :

Animaux sans moelle épinière, sans pulsation des vaisseaux, ayant l'intestin divisé en de nombreux estomacs de forme globuleuse; les deux sexes réunis, la propagation se faisant par la division spontanée ou par germes ; le mouvement (souvent vibratile) s'opérant à l'aide de faux pieds en l'absence de vrais pieds articulés. Forme indéfinie.

Division en 22 familles.

Les caractères de la SECONDE CLASSE (*Rotatoires*) sont :

Animaux sans moelle épinière, sans pulsation des vaisseaux, ayant un canal alimentaire simple, tubuleux, les deux sexes réunis. Forme définie, ni gemmes ni division spontanée. Ils sont pourvus d'organes rotatoires, privés de vrais pieds articulés, ayant souvent un seul faux pied.

Division en 8 familles.

Toutes les *substances chimiques* qui ne changent point la composition de l'eau n'exercent pas non plus d'influence sur les infusoires, même les poisons les plus forts, s'ils ne sont mécaniquement mêlés à l'eau. Les infusoires de l'eau douce sont tués par une goutte d'eau de mer, qui contient pourtant une grande quantité d'infusoires. La strychnine tue les animaux, ainsi que la putréfaction de l'eau, en provoquant une expansion. La rhubarbe est avalée sans produire d'effet. L'arsenic fut avalé par l'*Hydatina senta*, qui ne mourut que longtemps après. Le calomel, le sublimé, le camphre ne provoquent la mort qu'après quelques heures. Le vin, le rhum, ainsi que le sucre, tuent beaucoup d'infusoires qui se trouvent dans les eaux potables.

Les *infusions* des matières animales ou végétales (faites pour la première fois sur le poivre, par LEUWENHOEK, qui vit les premiers animalcules le 24 avril 1676), semblaient toujours démontrer la génération spontanée. Mais il n'est pas néces-

saire d'admettre cette hypothèse pour expliquer l'immense
formation d'êtres, les nouvelles observations ayant constaté
presque partout l'origine des œufs. Dans l'espace de peu de
jours il peut naître plusieurs millions d'individus, soit par des
œufs, soit par division ; une observation directe démontre
qu'en mettant en expérience un rotifère, on peut obtenir, au
dixième jour, un million d'êtres, quatre millions le onzième,
et *seize millions* le seizième jour. La progression est plus
rapide encore chez les infusoires polygastriques. Le premier
million est obtenu, en effet, dès le septième jour. Il est même
probable qu'en opérant dans des circonstances plus favorables, le *nombre des êtres que l'on obtiendrait serait plus consi-*
dérable encore. Une alimentation substantielle et de bonne
qualité est une des conditions essentielles à ce développement rapide ; cette circonstance favorise la production des
animalcules dans les infusions qui contiennent les débris
des substances végétales et animales. On conçoit facilement
que l'air, toujours chargé de poussière, peut porter une quantité immense d'œufs qui, déposés dans des circonstances
favorables, donnent lieu aux *êtres nouveaux.*

Le corps des infusoires peut être divisé en trois parties
distinctes, la *tête*, le *tronc* et la *queue.* On ne rencontre que
rarement des traces de cou.

La *tête* des animaux infusoires est cette partie du corps
qui porte les organes rotateurs et les yeux. Elle est quelquefois séparée du tronc par un rétrécissement plus ou moins
marqué. On trouve dans son intérieur les grands ganglions
nerveux, que par cette raison l'on pourrait très bien nommer
ganglions cervicaux ; on y rencontre aussi la cavité de la
bouche et les organes de manducation. Les organes que
nous venons de mentionner sont, dans tous les rotateurs,
réunis à la partie antérieure du corps, et jamais dans aucun
autre point, circonstance qui permet toujours de distinguer
la tête du reste du corps.

Il n'y a que quelques genres qui soient complètement dépourvus de queue. Chez les rotateurs, la queue est composée
de parties qui ne sont pas toujours semblables ; la forme la
plus simple sous laquelle elle se présente est celle d'un prolongement du corps mou de l'animal, prolongement qui a
toujours lieu aux dépens de la partie ventrale, tandis que
chez les animaux vertébrés, c'est l'inverse qui se remarque.
A l'extrémité de la queue, on rencontre une fossette en forme
de ventouse au moyen de laquelle l'animal peut se fixer.
Quelquefois cette fossette est bordée de cils ; souvent elle
est tronquée et ne présente aucun prolongement. D'autres

fois la partie ventrale et molle de la queue ne se prolonge
que peu, mais, se terminant en un long pédicule, présente à
cette extrémité une fossette de même nature que celle dont
nous avons déjà parlé. Chez d'autres et notamment chez la
plupart des rotateurs, la queue porte à sa partie postérieure
deux prolongements, à l'extrémité de chacun desquels on
trouve une fossette formant ventouse.

Tous ces animaux se servent de cette queue bifurquée
comme d'une tenaille, à l'aide de laquelle *ils se fixent aux corps*,
tandis que, au moyen de leurs organes rotateurs, ils communiquent à l'eau des mouvements qui entraînent auprès d'eux
les matières nutritives qu'elle tient en suspension. Chez quelques rotateurs. la queue très allongée se retire sur elle-même
à la manière d'un télescope, de telle façon que ses derniers
prolongements rentrent dans la partie moyenne de la base.
Quelquefois ces parties de la queue, s'emboîtant les unes
dans les autres, sont maintenues fixes par l'insertion de
muscles, et ne peuvent être que très peu allongées en
arrière. Quelquefois au contraire l'animal jouit de la faculté
de faire proéminer cette partie. D'autres fois certains segments
de cette queue rétractile sont remarquables par des prolongements en forme de petites cornes. Parmi ces petites
cornes. toujours situées par paires (les *rotifer* et *philadina*
exceptés, où il y en a trois), les plus postérieures, que
l'animal a souvent la faculté de cacher en les faisant rentrer,
sont pourvues de deux prolongements qui ressemblent à ceux
que l'on rencontre à l'extrémité de la queue bifurquée des rotateurs ; car ces prolongements peuvent exécuter des mouvements de tenailles et sont également pourvus de fossettes en
forme de ventouses.

Chez les *infusoires polygastriques*, la queue manque plus
fréquemment que chez les rotateurs.

Parlons d'abord de cette première classe.

Première classe

POLYGASTRIQUES

Aucun de ces animaux ne surpasse la grandeur d'une
ligne (1) ; les plus petits (Monas, Vibrio, Bodo) n'ont même
que 1/2.000 à 1/3.000 de ligne. Les genres Stentor et Spirostomum présentent des individus de la grandeur des rotatoires,

(1) Cette ancienne mesure, la ligne, représentait 2mm256. C'était le
douzième du pouce.

visibles à l'œil nu. D'autres, agglomérés, en groupes considérables, forment des masses colorées, vertes, rouges, bleues,
brunes et noires.

Les Vorticelles et les Baciliarés forment des polypiers
longs de plusieurs lignes et pouces (1); les genres Gallionnella,
Schizonema et Epistylis grandis, des masses de la longueur
de plusieurs pieds (2)! Plusieurs polygastriques vivent dans
les eaux douces; d'autres dans la mer; une grande quantité existe dans la terre humide et se trouve souvent em-
portée par les vents. Les espèces fossiles que l'on observe,
attestent, par la carapace qui a résisté à la destruction, l'état
local de la terre pendant leur vie.

Les *organes du mouvement* sont les suivants : *Cils* (cilia).
Ce sont de très petits appendices filiformes qui déterminent
le mouvement de rotation. Ils ont une structure propre, que
l'on ne peut toujours observer à cause de leur délicatesse.
On voit dans les grandes espèces que la base de chaque cil
a la forme d'un bulbe, et il semble qu'une légère pression
du bulbe sur son point d'appui détermine des oscillations cir-
culaires, au moyen desquelles chacun de ces cils décrit une
surface conique dont le sommet est un bulbe. Les uns sont
des appendices filiformes, droits, raides et mobiles, qui déterminent un mouvement de progression, comme les piquants
de l'oursin; les autres sont des espèces de soies épaisses,
droites, très mobiles, mais non susceptibles d'exécuter des
mouvements de rotation; d'autres enfin sont des soies
courtes, courbées, épaisses, tenant lieu de pieds, servant
à la préhension et à l'action de grimper.

Les *muscles* apparaissent chez les vorticelles, les Opercularia et les Stentor. Chez les monades, il existe deux ou plusieurs cils à la bouche en forme de trompe ; chez le Styloni-
chia mytilus, 170; chez le Paramecium aurelia 2.410 organes
de mouvements extérieurs.

Les polygastriques sont toujours hermaphrodites; les
organes sexuels doubles, mâles et femelles, existent dans
chaque individu. On n'a jamais observé là une réunion ou
copulation de deux individus. La propagation se fait au
moyen de la division spontanée transversale ou longitudinale,
quelquefois oblique, ou au moyen de gemmes. Les organes
mâles, simples ou doubles, se présentent sous une forme
globulaire, ovalaire, oblongue, circulaire, en chapelet, sous
l'aspect de vésicules contractiles, etc. Les organes femelles

---

(1) La longueur du pouce était de **27 millimètres**.
(2) Le pied valait 325 millimètres.

sont formés de corpuscules incolores, quelquefois rouges, jaunes, verts, bleus, bruns, qui diminuent périodiquement et finissent par manquer tout à fait; ils forment des réseaux filiformes à travers le corps entier, et peuvent être comparés aux ovaires des insectes. Les œufs ont en général 1/40 de la longueur du corps de la mère; les plus grands ont 1/232 de de ligne, la plupart 1/3.000, les plus petits 1/12.000 de ligne.

Des yeux furent observés chez 48 espèces (dans les 1ʳᵉ, 2ᵉ, 3ᵉ, 6ᵉ, 7ᵉ, 12ᵉ et 20ᵉ familles), qui tous ont le pigment rouge, excepté l'espèce Orphryoglena qui a l'œil noir.

Les *infusoires fossiles* forment des couches de 16 à 27 pieds de profondeur.

Jetons maintenant un coup d'œil sur les familles.

La *première* est celle des **Monadines**, animalcules doués d'un mouvement spontané et privés de pieds, poils, soies et de tous autres appendices extérieurs (les trompes ne figurent pas parmi les appendices), ainsi que de carapaces; ils présentent distinctement ou vraisemblablement des vésicules (estomacs) à l'intérieur, mais jamais un tube intestinal réunissant les estomacs; ces estomacs peuvent être remplis des matières colorées que l'animal absorbe; les animaux ne forment jamais de chaînes; ils sont tout au plus doubles par la division spontanée simple, ou divisés en quatre parties par la division spontanée croisée. Le corps présente toujours la même forme, qu'on observe l'animal à l'état de repos ou pendant la natation.

La *deuxième famille* est celle des **Monades à carapace**. La carapace est un écusson (Cryptomonas. Cryptoglena) ou une coque (Lagenella, Trachelomonas, Prorocentrum). Les organes du mouvement sont connus dans tous les genres; ils consistent en deux prolongements filiformes, très déliés, rétractiles, qui peuvent exercer un mouvement vibratile très énergique et qui sont appelés *trompes*.

On reconnaît facilement les monades à carapace à la raideur de leurs mouvements.

· *Troisième famille*, les **Volvociens**. La carapace est une coque 'Eyges, Chlamidomonas, Syncrypta) que l'animal ne peut quitter, ou c'est un manteau (Eonium, etc.) d'où les animalcules peuvent sortir à moitié ou entièrement; il paraît que dans ce dernier cas il se forme une nouvelle enveloppe gélatineuse. Les agglomérations dans le genre Eonium consistent en autant de coques serrées qu'il y a d'animalcules. Les individus du genre Syncrypta paraissent d'abord entourés d'une coque qui, avec l'animalcule, est contenue dans un manteau. — Tous les genres de cette famille sont pourvus des organes du mouvement. Ils consistent, comme dans les familles précédentes, en une trompe simple et double, très déliée, en forme de fouet, fixée à la bouche. Les agglomérations globuleuses paraissent, par conséquent, ciliées.

Le *Volvox globator*, découvert par Leuwenhoëk le 30 août 1698. a donné l'origine à l'opinion fameuse, soutenue pendant un siècle par des philosophes, que tous les hommes étaient emboîtés l'un dans l'autre, depuis Adam jusqu'à nos jours, de sorte que chacun, avec tous ses enfants, jusqu'à l'avenir le plus lointain, était déjà *enfermé dans Ève*, et que tous avaient le même âge. Voici ce qui a fait naître cette singulière idée. Les anciens observateurs ont pris le polypier entier du Volvox globator pour un individu entier, et les véritables individus internes pour les jeunes, de sorte qu'en observant sur ces derniers la division spontanée, ils ont cru pouvoir apercevoir cinq à six générations à la fois, ce qui a fait naître l'hypothèse des emboîtements.

Les polypiers entiers forment de grands globes, visibles à l'œil nu, qui paraissent hérissés de poils, dans l'intérieur desquels on voit des globes plus petits, et dont la surface paraît couverte de petits corpuscules. Ces derniers sont des individus isolés ; l'aspect de poils est produit par leurs trompes. Quand la division spontanée a lieu sur un individu. elle produit un globule interne plus petit ; c'est le jeune polypier, qui se trouve dans l'intérieur du grand globe qui est l'ancien polypier commun à tous les individus. Quand un des globules intérieurs a pris un accroissement suffisant, il se fait jour à travers les parois du grand globe, et devient à son tour un polypier isolé : mais il est à remarquer que cette transformation n'a pas lieu pour chaque individu.

Quatrième famille, les **Vibrionides**. L'organisation de ces animaux est encore moins connue que celle des monades, ce que l'on doit attribuer à l'extrême petitesse de ces infusoires ; car chaque corps filiforme de Vibrionides n'est pas un individu, mais un ensemble de beaucoup d'individus très petits. disposés les uns contre les autres en chapelet (chaîne filiforme).

Cinquième famille, **Clostériées**. Les raisons qui déterminent à classer ces êtres dans le règne animal sont : 1° le mouvement volontaire ; 2° les ouvertures terminales ; 3° les organes continuellement en mouvement, placés contre les ouvertures, et quelquefois même proéminents ; 4° la division spontanée transversale. Ce sont donc des infusoires et non des plantes.

Sixième famille, les **Astasiées**. Les organes du mouvement se présentent sous forme de trompes distinctes ; les estomacs sont des cellules (vésicules).

Les *eaux* sont quelquefois *colorées en rouge* ou vert, par des plantes (oscillatoria), quelquefois par des infusoires. Le phénomène raconté par Mosé, concernant le sang dans le Nil et dans les rivières d'Egypte, semblerait avoir été provoqué par des êtres organisés vivants. La neige rouge doit son origine à une cause semblable. Les infusoires qui produisent une couleur rouge sont : 1° Euglena sanguinea. Une petite quantité de sel, de cendre ou d'eau-de-vie, mêlée à l'eau, les tue et les précipite au fond du vase. Si les plantes colorent l'eau, ils résistent à l'action de ces substances. 2° Astasia haematodes. 3° Monas vinosa. 4° Monas Okenci. Ces couleurs apparaissent périodiquement dans la journée, selon que les infusoires montent ou descendent dans l'eau. Les algues sont emportées par le développement des gaz. Les phénomènes météoriques (pluie colorée) sont pareillement produits par certaines matières organiques, telles que les excrétions des papillons, des abeilles, etc. — La présence de ces infusoires fait quelquefois mourir les poissons.

Dans la *septième famille* (**Dinolergines**), la carapace est une coque dans laquelle est fixé le corps de l'animal.

Dans la *huitième famille* (**Amoéliées**), le corps pour ainsi dire muqueux de ces animaux peut se prolonger de chaque côté en forme d'appendice ressemblant à une hernie, dans laquelle l'animal peut faire entrer les parties internes du corps.

Neuvième famille, **Arcellines**. La carapace est solide, peu transparente, munie d'une ouverture ou en forme de bouclier. Le corps est très mou, gélatineux, et paraît toujours s'écouler sous différentes formes. Les organes du mouvement sont des prolongements délicats, variables à l'extrémité antérieure du corps, simples ou multiples, rentrés ou proéminents. Ce ne *sont pas des pieds*, mais un appareil particulier.

Dixième famille, **Bacillariés**. L'organisation est difficile à reconnaître, par suite de la dureté et de la réfraction de la carapace. On n'a pas trouvé jusqu'à présent des carapaces calcaires ; mais elles sont ou dures et siliceuses (contenant quelquefois un peu de fer), ou membraneuses, privées de silice. Les différences que l'on remarque dans la forme de la carapace ont servi de caractères pour la division.

Onzième famille, **Cyclidines**. Les organes du mouvement sont les cils ou les soies; on n'observe pas de trompe. Un canal intestinal polygastrique se remarque dans deux espèces du genre Cyclidium (C. glaumeca et magaritaceum); la bouche se trouve sur la face ventrale.

Douzième famille, **Péridinés**. L'organe du mouvement est, dans la plupart des genres, une trompe filiforme ; il existe en outre des cils épars, ou sous la forme d'une ceinture.

A propos de cette famille d'infusoires, c'est ici le lieu d'observer que *la phosphorescence de la mer* est provoquée soit par des akalèphes ou des méduses, soit par des mollusques, le plus souvent par une grande réunion d'infusoires. Les espèces chez lesquelles la phophorescence est constatée de façon à ne laisser aucun doute sont les suivantes : Prorocentrum micans, Peridinium Michaelis, Perid. micans, Perid. fusus, Perid. acuminatum, Sinchaeta baltica, et une espèce de stentor d'après *Backer*. Le développement de lumière même n'est autre chose qu'une fonction organique, qui se manifeste chez les infusoires, sous forme d'une étincelle isolée, momentanée, et qui peut se renouveler après quelques moments de repos. Elle *ressemble* tout à fait à une petite décharge électrique, telle qu'on l'observe sans lumière chez les poissons électriques chez lesquels on est parvenu dernièrement à faire sortir des étincelles. Une quantité innombrable de ces animalcules recouvre la surface de la mer pendant la phosphorescence On peut les isoler à l'aide d'un pinceau.

Treizième famille, **Vorticellines**. Les organes du mouvement sont des cils vibratiles ; chez quelques-uns il existe des muscles (Vorticella, Carchesium, Opercularia). Le canal alimentaire, polygastrique, est visible dans toutes les espèces.

Quatorzième famille, **Ophrydines**. L'organisation ressemble beaucoup à celle des Vorticellines.

Quinzième famille, **Enchéliens**. Les organes du mouvement se présentent partout sous forme de cils,. nulle part sous celle d'une trompe. Le canal alimentaire est visible dans 7 genres, par l'intussusception de matières colorées ; la forme polygastrique est apparente dans tous les genres, excepté le genre arabique Disoma.

Seizième famille, **Colépines**. La carapace est composée de plusieurs anneaux entre lesquels les cils paraissent sortir (estula multipartita).

Dix-septième famille, **Trachéliens**. Les dents se font remarquer dans les genres Chilodon et Nassula, et le suc intestinal violet (bile) dans la Nassula ; il est hyalin dans les autres formes. La bouche est spirale dans le genre Spirostomum. Des œufs (blancs, verts, rouges ou jaunes) sont observés dans toutes les espèces.

Dix-huitième famille, **Ophryocerques**. Le cou, très long, porte la bouche terminale ; on n'a pas encore observé de cils à la surface du corps.

Dix-neuvième famille, **Aspidiscines**. Il existe des soies sur le ventre et des cils autour de la bouche.

Vingtième famille, **Colpodès**. Les organes du mouvement sont des cils disposés en séries longitudinales ; ils attirent les aliments. Le canal alimentaire polygastrique est rendu visible par des matières colorées avalées. L'ovaire entoure et développe tous les autres organes.

La division spontanée, longitudinale et transversale, trois fois répétée dans la journée, suffit pour faire naître d'un seul individu un million d'animalcules dans l'intervalle de 7 jours. La bouche et la langue ont été observées dans 5 espèces, l'anus dans 4 espèces. Les organes sexuels sont plus ou moins connus dans toutes les espèces ; les vésicules, en forme d'é-toiles, furent pour la première fois signalées par Spallanzani qui les croyait des organes de respiration ; mais cette forme n'est pas générale dans ce genre ; elle n'appartient qu'aux plus grandes espèces.

Vingt-unième famille, **Oxytriqués**. La bouche et l'anus sont reconnus dans quatre genres. Les œufs périodiques également ; la division spontanée longitudinale et transver-sale a été observée dans trois genres.

Vingt-deuxième famille. **Euplotés**. Ces animaux peuvent être comparés, à cause de leur carapace, aux *Entromostraca* ou au genre Asellus. Les organes sexuels doubles sont re-connus dans 3 genres.

DEUXIÈME CLASSE.

LES ROTATOIRES

Cette classe contient des animaux qui sont en général plus grands que les polygastriques, mais ne dépassent guère une ligne ; un grand nombre vivent dans la terre humide qui paraît être sèche ; leur organisation, facile à reconnaître à cause de la grande transparence du corps, présente les carac-tères suivants, bien remarquables : Une grande quantité de muscles très distincts, de formes très différentes, destinés aux organes du mouvement externes. Un faux pied, pourvu d'une espèce de ventouse, à son extrémité, sert à la station de l'animal pendant le mouvement des organes rotatoires car l'infusoire serait, sans le secours du pied, entraîné par le mouvement vibratile de ces organes. Ce pied n'est pas une queue, car il n'est pas la continuation du côté dorsal. Les organes rotatoires consistent en cils rangés. dont chacun se tourne sur sa base ; mais tantôt ces organes sont disposés en

une simple série, tantôt ils forment plusieurs rangs de formes différentes; ils offrent un caractère important pour la
classification. Quelques-uns sont ovipares, d'autres périodiquement vivipares. Il n'existe ni gemmes, ni division spontanée. Les organes de la sensation sont des yeux poncti-
formes rouges, au nombre de 1, 2, 3 et 4, rarement plus
nombreux, observés dans 150 espèces.

Première famille, **Icthhydiens.** Le canal intestinal simple,
conique, est pourvu d'un œsophage long et étroit, et d'une
bouche édentée, dans les genres Ichthydiens et Chaotonotus,
de deux dents dans le Glanophora; de trois dents et d'un
estomac dans le genre Ptygura.

Deuxième famille, **Oecistines.** Les organes sexuels mâles
ne sont pas encore connus.

Troisième famille, **Mégalotrochés.** Le genre Mégalotrocha
est pourvu d'un estomac, de deux petits cœca, de deux glandules pancréatiques (Lochogomphium). Les yeux sont très
distincts dans les jeunes individus.

Quatrième famille, **Floscculariés.** Le canal alimentaire est
le plus souvent pourvu d'un estomac et de mâchoires garnies
de dents; le genre Floscularia seul n'a pas d'estomac, et l'estomac du genre Lacinularia est pourvu de deux cœca.

Les glandules pancréatiques existent partout en forme
ovale ou semi-globuleuse. Les ovaires sont courts : ils contiennent quelques œufs développés qui sont déposés dans les
gaines (les fourreaux gélatineux). Des masses en forme de
cerveau, et des nerfs sont observés dans les genres Lacime-
laria, Limnias, Meliarta.

Dans la *cinquième famille* (**Hydatinés**), les cils des organes rotatoires sont disposés en plusieurs séries ou plusieurs groupes.

Un jeune animal forme déjà des germes, deux à trois
heures après la sortie de l'œuf; on peut compter dans l'espace de 11 jours 4 millions d'animalcules produits par un
même individu.

Sixième famille, **Euchlanidés.** La carapace est une coquille ou un écusson. Les appendices sont des soies (Euchla-
nis, Stephanops), ou des crochets (Colurus), de petites
cornes, c'est-à-dire des sortes de pointes charnues.

Septième famille, **Philodinés.** Le corps de ces animalcules
est en général cylindrique, vermiforme, et peut se retirer sur
lui-même à la manière d'un télescope. Les muscles internes
sont observés dans les genres Collédina, Rotifer, Actinurus
et Philodina.

Le mouvement des organes rotatoires a été expliqué de

diverses manières par les observateurs; on les a comparés le plus souvent à des roues qui seraient soumises à un mouvement très vif. Ehrenberg a donné en 1831 une explication de ce phénomène, qui paraît être la véritable. Chacun des organes rotatoires est pourvu de 50 à 60 cils très fins qui forment 12 à 14 groupes pendant la vibration; chaque cil tourne sur sa base, de manière à décrire un cône dont le sommet se trouve à la base du cil et dont la base est déterminée par la rotation et l'extrémité du cil. Deux fils musculaires très fins, horizontaux, suffisent pour produire un mouvement de rotation ressemblant à celui du bras.

La première trace des yeux des infusoires fut découverte par Goeze en 1772 sur le Rotifer vulgaris. Leur structure est encore inconnue; mais Ehrenberg admet un ganglion nerveux, sur lequel les yeux se trouvent placés.

Sur la résurrection des animaux infusoires. Leuwenhoëk avait observé le premier la résurrection, c'est-à-dire le retour à la vie, des animaux infusoires desséchés dans le sable des gouttières sur les toits. Cette observation, maintes fois répétée depuis, a donné naissance aux hypothèses les plus contradictoires sur l'explication de ce phénomène curieux. Fontana et Czermak ont même fait dessécher des rotifères sur des lames de verre, et les ont rappelés pour ainsi dire à la vie après quelques jours; cette expérience n'a pas réussi à Ehrenberg. Cet auteur s'arrête à l'opinion qu'une véritable mort ne s'est pas encore manifestée sur ces individus, qu'ils ne sont pas même complètement desséchés, qu'au contraire le séjour dans le sable les garantit de l'évaporation complète des fluides internes. Il est à remarquer que les matières avalées ne sont pas digérées pendant l'état de dessèchement. Le retour à la vie ne peut pas avoir lieu, ce qui s'explique de soi-même, si le corps est crevé par une évaporation trop rapide. Ehrenberg n'a jamais pu revivifier les rotatoires des mares, etc., qu'il a fait dessécher d'une manière quelconque.

Huitième famille, **Brachionés.** Enfin dans la carapace est partout une coquille, les organes rotatoires paraissent quelquefois composés de cinq parties, et sont placés latéralement; les parties ciliées, raides pendant le mouvement des roues, appartiennent au front. Le pharynx est pourvu de quatre muscles.

Le genre Noteus est privé d'yeux, mais il est pourvu d'un ganglion cervical. Quelques Brachionés rendent, par leur réunion nombreuse, l'eau blanchâtre.

On voit par les pages précédentes que le monde microscopique des infusoires est au moins aussi curieux que celui des grands animaux. Cette immense diversité de formes, d'organes et de fonctions ne fait-elle pas songer aux formes possibles de la vie sur les autres mondes?

(9) P. 67. « La force musculaire des insectes est bien supérieure à la nôtre. »

Un homme de la force du hanneton (relativement à son poids) pourrait trainer un poids de 850 kilogrammes.

Un homme dont le jarret serait relativement aussi fort que celui d'une puce pourrait sauter à 150 fois sa taille, c'est-à-dire facilement à une hauteur de 750 pieds.

On a calculé la somme d'intensité qu'acquerrait la voix de l'homme si le son qu'elle émet était en proportion du volume du corps, comparativement à celui de la timbale de la cigale.

La cigale se fait entendre à une distance de 400 mètres. Un homme ordinaire pèse autant que 6.000 de ces insectes : si son appareil vocal était aussi puissant que celui de la cigale, cet homme pourrait se faire entendre à une distance de 2.400 kilomètres, c'est-à-dire que de Paris, par exemple, sa voix irait au delà de Constantinople, jusque dans l'Asie Mineure.

Quelle concurrence pour la télégraphie électrique !

D'après ces calculs, l'homme assez imprudent pour éternuer chez lui serait immédiatement enseveli sous les décombres de la maison.

(10) P. 71. Certaines espèces se mettent à faire grand bruit au printemps.

Au point de vue des sons que quelques animaux font entendre à certaines époques, nous devons signaler le curieux batracien auquel on a donné le nom de grenouille carillonneuse. C'est le *Bombinator igneus*. On dit que cette espèce fut introduite en Danemark par un nommé Geder Oxe, et dans certaines localités on la connaît encore sous le nom de « la grenouille de Geder Oxe ». Ce qu'il y a de curieux, c'est qu'à l'époque des amours, la note de ces grenouilles ressemble parfaitement au son des cloches. Comme ce son part d'une certaine profondeur au-dessous de la surface de l'eau, il arrive comme de cloches qui sonneraient à une distance assez considérable, quoique en réalité les grenouilles ne soient pas loin de l'observateur. Linné fut plusieurs fois frappé de cette particularité, et, une après-midi, le bruit lui semblait venir de grandes cloches d'église qui auraient sonné à une demi-lieue de distance, tandis que les grenouilles étaient très près de lui dans les étangs. Le bruit était tout à fait comparable au son de plusieurs grandes cloches d'église. Dans l'automne, on voit souvent les *Bombinator igneus* sur le sol, et leurs mouvements sont aussi vifs alors que ceux de la grenouille ordinaire. Cette espèce nous paraît assez curieuse pour qu'on se donne la peine d'en tenter l'acclimatation.

(11) P. 74. *Les trichines*, etc.

On a tant parlé des trichines, qu'il importe de donner ici leur histoire zoologique.

Le naturaliste allemand Virchow a parfaitement expliqué le développement de la trichine et sa transformation quand elle a pénétré à l'intérieur des organes.

La trichine existe dans l'intestin du porc. C'est là qu'elle vit et féconde. Quand le porc contenant ses larves est mangé par l'homme, elles arrivent dans son intestin et s'y fixent pour quelque temps. Ce milieu ne leur convenant pas, elles ont hâte d'en sortir, et perçant la tunique intestinale elles tombent dans les veines. Le sang les entraîne ensuite dans le cœur, après quoi traversant les gros et les petits vaisseaux, elles arrivent enfin dans les muscles, leur lieu de prédilection. Parvenues à l'état complet de développement, les trichines vivent aux dépens des muscles.

Les trichines ne peuvent donc se développer complètement ni se reproduire que dans l'intestin, ce qui n'arrive que quand les muscles d'un animal renfermant des trichines enkystées sont mangés par un autre animal, ou par l'homme. Alors, arrivées dans leur milieu favorable, elles sortent du kyste qui les enferme, et terminent là leurs singulières pérégrinations en donnant naissance à de nouvelles générations.

Ces parasites qui ont choisi pour demeure l'homme, en compagnie du porc et du lapin seuls, se multiplient dans l'intestin avec une rapidité effrayante. Chaque trichine mère peut donner naissance jusqu'à 1.000 embryons; il suffit donc de quelques milliers de femelles pour engendrer un million de jeunes trichines. Cette prodigieuse fécondité explique l'envahissement subit du corps de l'homme et sa destruction par

tous ces infiniment petits, le rongeant avec de grandes douleurs sur toute son étendue.

La première fois que l'existence des trichines a été signalée,
ce fut en 1832 par l'anatomiste Hilton qui, faisant l'autopsie
d'un vieillard mort, trouva dans les chairs un grand nombre
de petits corps blancs d'environ un millimètre de longueur,
qui étaient disséminés dans les fibres musculaires. En 1835,
Owen étudia les corpuscules au microscope, reconnut que
c'étaient des kystes renfermant un ver qu'il nomma *trichine
spirale*. En 1859, une épidémie de ce genre a été observée
par Zeuker, à Dresde. L'origine en était due à un seul porc
tué dans une ferme. Une servante en mourut, et son corps,
examiné au microscope, était complètement envahi par ces
terribles hôtes.

Virchow fit, à Berlin, une série d'expériences sur ces animaux. Il donna des morceaux de viande trichinée à quelques lapins. Ces animaux moururent au bout d'un mois, et
l'on trouva leur corps rempli de trichines.

Une épidémie à Magdebourg, qui dura plusieurs années,
atteignit plus de 300 personnes. A Edersleben, près de Magdebourg, il y avait en 1805 plus de 300 épidémiques dont la
souffrance morale augmentait encore les douleurs. En effet,
le malade atteint de la trichinose a la perspective d'une
mort lente et inévitable, à laquelle il ne peut opposer la
moindre résistance. La panique s'étant mise dans cette ville,
la plupart des personnes atteintes avaient fui en toute hâte
pour échapper à ce qu'elles croyaient être le choléra. Tombant épuisées de force, elles restaient sans secours et trouvaient la mort le long des routes et au bord des fossés.

Tous les remèdes qu'on a essayés contre l'affection tri-
chinale sont restés impuissants. Il n'y a, dans l'état actuel
de la science, qu'à attendre la guérison opérée par la nature :
l'enkystement des trichines. Toute l'attention doit donc se
porter sur les moyens préventifs.

On recommande les moyens suivants, pour empêcher le
développement de la trichine : surveiller la nourriture des
porcs ; faire avec soin l'inspection des viandes, et, si c'est
possible, établir un microscope dans chaque abattoir; cuire
avec un soin particulier toute viande de porc destinée à paraître sur la table.

La maladie des bouchers, premières victimes de la trichinose, dans les épidémies de l'Allemagne, n'a pas empêché
leurs confrères de Berlin de pousser des clameurs furi-
bondes contre Virchow. Afin d'éclaircir la question qui agitait toute la population de Berlin, le syndicat des bouchers

avait convoqué un grand nombre de professeurs de l'Université, des médecins et des journalistes. Il s'agissait de discuter les mesures à prendre pour prévenir le mal. Au milieu de ces débats, un vétérinaire, nommé Urbain, prit la parole contre Virchow. Il contesta, avec violence, tous les faits avancés par les savants, et comme preuve décisive, il se fit fort de manger de la viande remplie de trichines.

Le naturaliste répondit à ce défi en tirant de sa poche un saucisson dans lequel il venait de constater la présence des terribles parasites. Il en offrit une tranche à son adversaire. Celui-ci essaya de s'en défendre, mais l'assemblée se leva en masse, et par ses cris, son insistance, le força de s'exécuter.

Notre vétérinaire, pris au piège, avala de mauvaise grâce une bouchée du saucisson perfide, puis il sortit immédiatement... L'histoire raconte qu'il était allé chez un pharmacien s'administrer en toute hâte un vomitif énergique. Elle va même plus loin; elle ajoute que, malgré l'administration de cet émétique, le malheureux auteur de cette expérience forcée aurait été bientôt après atteint de paralysie et en proie aux ravages de l'ennemi terrible dont il avait nié l'existence.

En France, le gouvernement chargea M. Delpech et M. Reynal, membres de l'Académie de médecine, d'aller étudier en Allemagne la trichinose chez l'homme et chez les animaux. L'opinion de ces professeurs est que la coutume de bien cuire la viande de porc, qui est générale en France, aura toujours pour conséquence d'empêcher la généralisation épidémique de la trichinose. Tout au plus pourra-t-on observer des faits isolés ou restreints.

En Allemagne, au contraire, les ouvriers et les habitants des campagnes mangent encore habituellement de la viande crue, entière ou hachée, ou des préparations qui n'ont subi que pendant quelques instants l'action de la fumée, et dans lesquelles les trichines sont encore vivantes.

(12) P. 74. Les insectes ne se font-ils pas sur la nature une tout autre idée que nous ?

Une des erreurs de l'homme, dit Alphonse Esquiros (*La Vie des animaux*), une des erreurs de l'homme est de rapporter à son mode d'existence la vie de tous les autres animaux qui habitent avec lui à la surface de la Terre. En pourrait-il être autrement ? Pourvu de sens qui lui servent à se mettre en rapport avec le monde extérieur, il se figure aisément que tous les autres êtres créés voient, entendent, flairent, goû-

tent, palpent, en un mot *sentent* de la même manière que lui.
Rien n'est pourtant plus douteux, et, selon toute vraisemblance, rien n'est plus faux que cette méthode d'apprécier
les faits.

Pascal, et, après lui, des physiologistes proprement dits
se sont demandé si tous les hommes voyaient de la même
manière. Des expériences à peu près convaincantes ont démontré que tous les hommes jouissant de la vue, de l'ouïe,
du goût, de l'odorat, du toucher, ne reçoivent pas pour cela.
du monde extérieur, des impressions identiques. Il est certain
que nos organes se comportent d'une manière différente,
selon les individus, la lumière, le bruit, les odeurs, les
saveurs, en un mot les qualités sensibles des corps. Mais
combien vague et problématique devient le fil de nos induc-
tions quand — franchissant l'abîme qui sépare les vertébrés
des invertébrés — nous descendons vers les régions inférieures de la vie, vers les mollusques, les crustacés, les
insectes. Ici, plus de cerveau, plus de moelle épinière, plus
de squelette proprement dit. Nous distinguons encore, il est
vrai, certains organes des sens qui survivent au naufrage
des parties les plus nobles de l'organisation animale; mais
quelles sont les impressions de ces organes ?

Les impressions que fait le monde extérieur sur les insectes nous sont aussi inconnues que le sont les propriétés
mêmes de la nature. Nous avons des sens qu'ils ne possèdent pas; ils en ont, selon toute vraisemblance, qui nous
manquent, etc. Quant à ceux que nous possédons en commun,
le nombre, l'étendue, la nature de ces sens doivent être tellement modifiés que nous ne saurions établir, entre les uns et
les autres, aucun terme de comparaison. Il est aussi impossible de nous faire une idée des peines ou des jouissances,
des actes de vision, en un mot de la sensibilité d'un insecte,
qu'il nous est interdit de connaître les impressions des êtres
qui peuvent habiter Saturne, Mercure ou Vénus.

Ce mystère donne sans contredit un nouveau charme à
l'étude de ces animaux inférieurs. La vie des insectes est *un
autre monde*. Les merveilles de ce monde ne nous seront
jamais révélées entièrement; mais ce que nous en voyons
suffit à ouvrir des horizons nouveaux, dans lesquels notre
curiosité, toujours éveillée, jamais satisfaite, ajoute au secret
de notre existence le secret d'autres existences plus obscures
encore et plus difficiles à définir.

Les formes de la vie, chez les insectes, peuvent se rapporter
à un plan unique d'organisation, bien que ces animaux
inférieurs, quoique très différents sans doute des animaux

supérieurs, ne s'écartent point absolument du type général des êtres organisés. Ces analogies ne détruisent ni n'affaiblissent en rien les réflexions que nous avons faites tout à l'heure sur les barrières impénétrables qui séparent les uns des autres les départements de la vie animale. De ce que tous les êtres présentent, aux divers degrés de l'échelle, des traits qui, après une mûre et attentive observation, révèlent un système d'unité, il n'en résulte pas du tout que les conditions de l'existence physiologique ne soient point changées, bouleversées, inaccessibles même à nos connaissances, — quand nous passons d'une classe à une autre classe.

Quelques philosophes se sont demandé si l'homme connaissait la femme, — si la femme connaissait l'homme. — Plusieurs en ont douté, d'autres ont même affirmé que ces deux êtres, quoique formant l'unité de l'espèce humaine, avaient chacun pour son compte un tour d'intelligence trop différent, des sentiments trop opposés, des goûts trop fertiles en contrastes, des sens trop nuancés, pour qu'il existât, entre les deux sexes, une société complète!

(13) P. 77. L'histoire des procès faits aux animaux malfaisants est des plus curieuses.

La procédure variait suivant la nature de l'animal poursuivi.

S'il pouvait être saisi, appréhendé au corps, il était traduit devant le tribunal criminel ordinaire de la juridiction, et il comparaissait en personne.

S'il s'agissait d'animaux sur lesquels on ne pouvait mettre la main et contre lesquels on ne possédait aucun moyen efficace de répression, on les traduisait devant le tribunal ecclésiastique, c'est-à-dire devant l'officialité, seule capable de les atteindre en appelant sur eux la justice divine et en les signalant à sa vindicte.

Dans ce dernier cas, l'affaire s'engageait comme un véritable procès, ayant d'un côté pour demandeurs les habitants de la localité ravagée, de l'autre pour défendeurs les insectes accusés. On suivait avec le plus grand soin les formes les plus minutieuses des actions intentées en justice, et, la cause entendue, l'official prononçait sa sentence.

C'était presque toujours, sous forme d'adjuration et d'exorcisme, un ordre donné aux délinquants de sortir du canton qu'ils ravageaient et de se réfugier dans un district inculte et parfois nominativement désigné. Voici, du reste, la formule

d'une de ces sentences, que M. Ernest Duplessis a rééditée :
« Rats, limaces, chenilles, et vous tous, animaux immondes,
qui détruisez les récoltes de nos frères, sortez des cantons
que vous désolez et réfugiez-vous dans ceux où vous ne
pouvez nuire à personne. »

Quelquefois, lorsqu'on supposait que les déprédateurs
étaient suscités par le démon, à cet ordre s'ajoutaient des
paroles d'anathème. On fixait en outre l'époque à laquelle la
sentence devait être exécutée. Dans les cas urgents, on condamnait les insectes à vider les lieux immédiatement, mais
d'ordinaire on leur accordait un délai variant de trois heures
à trois jours.

Souvent aussi la sentence était précédée de monitions,
d'avertissements d'avoir à cesser les dégâts ou de quitter le
canton, et *pour que les coupables n'en ignorassent*, avertissements et sentences étaient dans tout le pays proclamés à son
de trompe par le crieur public.

Ces procès ont été fréquents du quatorzième au dix-huitième siècle, et il y en a dans le nombre de fort curieux ; tel
est, par exemple, celui qui fut fait à des mouches cantha-
rides qui avaient pullulé outre mesure dans certains districts
de l'électorat de Mayence.

Le juge du lieu, *attendu l'exiguité de leur corps et en considération de leur jeune âge*, leur avait donné à la fois un
curateur et un défenseur. Ce dernier plaida chaleureusement
leur cause. Il ne nia point les dégâts ; mais les rejetant sur
la nécessité, il demanda qu'on assignât à *ses clientes* un territoire où elles pussent se retirer et vivre en honnêtes personnes, sans nuire à autrui.

De semblables procès furent intentés à des moineaux qui
avaient élu domicile sur le toit d'une église, et y menaient
un tel tapage qu'ils troublaient les fidèles ; — à des sangsues
qui corrompaient les eaux du lac de Genève et faisaient
mourir les poissons ; — à des tourterelles qui désolaient
certains districts du Canada ; — aux termites du Brésil et du
Pérou.

Mais les animaux le plus souvent condamnés furent les
chenilles, les mouches, les sauterelles, les limaces, et les insectes qui s'attaquaient spécialement à la vigne. Du quinzième au dix-septième siècle les sentences se succèdent,
surtout dans certaines localités de la Bourgogne, qui paraissent avoir été tout particulièrement infestées par ces
insectes.

La dernière que l'on connaisse fut portée dans les premières
années du dix-huitième siècle ; contre des chenilles qui

dévoraient le territoire de la petite ville de Pont-Château, en Auvergne, et, comme toujours, il leur fut enjoint de se retirer dans un district inculte, qui leur était désigné.

Quant aux procès intentés devant des tribunaux criminels aux animaux qu'on pouvait appréhender au corps, ils furent faits principalement à des porcs et à des truies coupables d'avoir dévoré des enfants. Comme on laissait alors dans toute la France ces animaux errer en liberté dans les rues des villages et même des villes, les accidents de cette nature étaient assez fréquents.

Après l'audition des témoins et vu leurs dépositions affirmatives, le promoteur prenait ses conclusions, sur lesquelles le juge du lieu rendait une sentence déclarant l'animal coupable d'homicide et le condamnait invariablement à être étranglé et pendu par les deux pattes de derrière à un chêne ou aux fourches patibulaires, suivant la coutume du pays.

Quelques-unes de ces sentences sont également fort curieuses, une entre autres où nous relevons ce considérant, d'une loyauté contestable : « En présence dudit défendeur présent *et non contredisant.* »

L'exécution était publique et solennelle. Quelquefois l'animal était conduit au supplice habillé en homme. Ainsi, en 1386, le juge de Falaise avait condamné une truie à être mutilée à la jambe et à la tête et seulement ensuite pendue, pour avoir déchiré au bras et au visage, puis tué un enfant. C'était, on le voit, la peine du talion dans toute sa rigueur. La bête fut exécutée sur la place de la ville, *en habit d'homme,* et l'exécution coûta dix sous dix deniers, plus un gant neuf octroyé au *carnacier* (bourreau).

L'octroi de ce gant est caractéristique. Il était très probablement fait au bourreau afin que ses mains sortissent pures du supplice d'une *bête brute,* et pussent se porter, sans les dégrader, sur les créatures raisonnables qu'il aurait ensuite à justicier.

Des taureaux, des chevaux, des ânes, coupables de meurtre, furent aussi condamnés et mis à mort de la même manière. Quant à l'animal accusé d'avoir suivi son maître au sabbat (bouc, chèvre, chat, etc.), il était brûlé sur le même bûcher que lui. Mais d'habitude on l'étranglait avant de le livrer aux flammes, faveur que le sorcier n'obtenait presque jamais.

En Suisse, on a aussi brûlé des coqs. C'était une croyance populaire que certains de ces animaux pondaient des œufs, et que de ces œufs maudits sortait un serpent, quelquefois même un basilic. Aussi, toutes les fois que la chose était soupçonnée, s'empressait-on de les détruire.

Ainsi, à Bâle, en 1774, un coq, accusé de ce méfait, fut condamné à mort et brûlé publiquement (avec son œuf) au milieu d'un grand concours de bourgeois et de paysans.

On voit, comme nous le disions en terminant l'étude à laquelle cette note se rattache, que l'esprit humain sait bien divaguer quand il s'y met.

(14) P. 106. L'intelligence des fourmis...

L'observation des mœurs des fourmis est certainement l'une de celles qui offrent le plus vif intérêt au naturaliste. Un écrivain contemporain, mon ami JULES LEVALLOIS, a fait sur ce sujet des observations peu connues et qui intéresseront certainement nos lecteurs. Elles ont été faites personnellement par lui, dans les bois des environs de Paris, et ont été publiées dans un charmant petit volume intitulé *l'Année d'un Ermite.* Dans le temps que mon ami regretté FERD. HOEFER se qualifiait de l'Ermite de la forêt de Sénart, Levallois était, de son côté, l'ermite des bois de Saint-Cloud. L'un et l'autre ont publié de simples et profondes études de la nature, l'un dans l'ouvrage dont nous venons de rappeler le titre, l'autre dans *les Saisons.* Mais écoutons J. Levallois.

LES ESCLAVES CHEZ LES FOURMIS.

Que font, à l'intérieur de ce phalanstère, ces étranges serviteurs ? On le sait seulement depuis Huber. Ses belles expériences nous ont appris que, sans eux, la *formica rufescens* ne saurait vivre. Le savant observateur en ayant enfermé trente, séparées de leurs esclaves, mais avec de la nourriture en abondance, avec leurs larves et leurs nymphes pour les stimuler au travail, elles ne firent rien, ne surent pas même manger, et la plupart périrent de faim. Huber alors introduisit une esclave, qui se mit aussitôt à l'œuvre, nourrit et sauva les survivantes ; elle construisit quelques cellules, y plaça les larves et mit tout en ordre. Il en est, à ce que je crois, exactement de même des sanguines. A plusieurs reprises, il m'est arrivé d'en transporter chez moi un certain nombre sans leurs esclaves (n'ayant pu parvenir à m'en procurer); j'avais beau les établir dans les conditions les plus convenables d'aération, de nourriture, et leur donner du sucre, dont elles sont assez friandes, elles se laissaient mourir de faim.

Moitié charpentières, moitié mineuses, et très guerrières à l'occasion, leur rôle consiste à construire le logis, à le réparer, ce dont il a constamment besoin, et à le défendre avec

un courage indomptable lorsqu'un péril se présente. D'après
ce que l'on peut conjecturer, les esclaves veillent au développement des nymphes et sont chargées exclusivement du soin
de nourrir les maîtres. Ce ne doit pas être une petite besogne, car ceux-ci sont infiniment plus nombreux. Il est bien
difficile d'assigner une proportion, même approximative,
mais il me semble qu'il doit y avoir au moins dix maîtres
pour une esclave. Celles-ci doivent être singulièrement nécessaires et influentes. J'ai voulu tenter une expérience. Si je
rendais la liberté à quelques-unes de ces esclaves, me suis-
je dit, quel usage en feraient-elles? Essayons et voyons.
Plein de ce beau projet, je viens de dégager, le plus délicatement possible, plusieurs captives. La chose n'est pas aussi
facile qu'on pourrait le croire. Le porteur résiste bravement,
il se cramponne à son vivant paquet; mais enfin la prisonnière est en liberté, que va-t-elle faire? Hélas! rien du tout.
Frappée d'une sorte de folie ou d'hébétement, elle tourne,
effarée, dépaysée, dans un espace très restreint. Si elle s'arrête, c'est pour se cacher sous une feuille morte, où elle demeure assez longtemps. Tout à coup, un maître vient à
passer, l'avise et, après un colloque vif et animé, l'enlève,
l'emporte au plus profond de la fourmilière. Le vieil Homère
a dit :

> Le même jour qui met un homme libre aux fers
> Lui ravit la moitié de sa vertu première.

Ce qui est vrai des hommes le serait-il des insectes? Je le
crains. Toujours est-il que je n'ai jamais constaté chez les
fourmis jaunes réduites en servitude de sérieuses tentatives
de révolte. Quelquefois, avant de se laisser enlever, elles se
défendent un peu, mais fort peu.

J'en ai vu tout à l'heure une qui s'était risquée à l'entrée
de la fourmilière pour recevoir sa part d'un rayon de soleil.
Une grande diablesse de sanguine à l'air tout à fait rébarbatif
s'est précipitée vers elle et a tâché, avec force coups d'antennes, de lui persuader que ce n'était pas là sa place. L'esclave paraissait se refuser à comprendre; la maîtresse indi-
gnée et sans doute à bout de raisons, l'a saisie fortement par
la tête, après quoi, sans prendre même la peine de la rouler
(sans jouer sur le mot), elle l'a entraînée dans l'intérieur, où
la récalcitrante n'aura peut-être pas échappé à une sévère
correction.

J'avais dépassé, depuis environ un quart d'heure, une fourmilière rouge assez considérable, située au milieu des
rochers, et je commençais à ne plus apercevoir les ouvrières

ou les chasseresses répandues çà et là, lorsque mes yeux tombèrent sur une sanguine qui gravissait péniblement le sentier sableux et qui me parut d'une taille relativement énorme. Au premier moment, je crus que j'avais la chance de rencontrer une de ces fourmis hercules que l'on voit si rarement dans nos régions ; mais, en me baissant pour la saisir, je reconnus que c'était une sanguine portant un individu de son espèce.

Etait-ce une esclave, un prisonnier, un blessé ou un mort? Voilà ce qu'il m'importait de savoir. Je pris le plus délicatement possible les deux fourmis et les séparai, non sans peine ; puis je déposai la porteuse à terre, pour mieux examiner son fardeau. Ce fardeau n'était autre que le cadavre d'une sanguine. Très évidemment, sa camarade la rapportait, peut-être de fort loin, à la fourmilière mère, pour la dérober aux insultes ou à la férocité de quelque tribu ennemie. Elle n'emportait point une proie, comme on pourrait le croire ; car les fourmis, qui d'une espèce à l'autre se traitent avec une cruauté incroyable, inventent des tortures raffinées et luttent à outrance, jusqu'à ce que mort s'ensuive, quand elles viennent à se rencontrer, les fourmis d'une même tribu, dis-je, ne se mangent pas entre elles.

Il est probable que ma sanguine n'avait pas conscience du devoir qu'elle remplissait; et cependant, instinctivement, elle en accomplissait un. D'habitude, lorsqu'il m'arrive de séparer une fourmi porteuse de la charge qu'elle traîne avec elle, que cette charge soit une esclave, un fétu ou une aile de mouche — cela m'arrive souvent, soit au printemps, soit à l'automne, au moment où elles changent d'habitation — la porteuse se sauve à toute vitesse. L'esclave abasourdie ou le faix abandonné est repris et ramené au logis par quelque autre individu. Ici, rien de pareil. La porteuse ne songea point à s'éloigner de, l'endroit où je l'avais déposée. Elle tournait sur elle-même, très inquiète et pourtant très résolue, ne comprenant rien à la puissance prodigieuse qui avait fait disparaître sa compagne morte, mais n'ayant l'air de rien craindre pour elle-même et ne renonçant point à la chercher.

Dès que j'eus reposé à terre sa camarade, en ayant soin de la placer devant elle, l'héroïque sanguine, sans manifester, en présence de ce nouveau prodige, ni étonnement ni frayeur, reprit, tant bien que mal, sa précieuse charge et recommença de plus belle sa difficile ascension. J'aurais voulu pouvoir la suivre jusqu'à la fourmilière, mais elle s'engagea sous de jolies bruyères roses, qui fleurissent au bord du chemin, et je la perdis de vue.

J'avais déjà été témoin de quelques faits de ce genre, mais pas aussi accentués, pas aussi caractérisés. Celui-ci m'a semblé très curieux. Quelle source de surprises et d'ébahissements que la nature ! Avec elle et à propos d'elle, est-il rien d'incroyable, rien qui puisse être absolument révoqué en doute ou rejeté ? Lorsque les voyageurs nous racontent des histoires étonnantes, en dehors de nos coutumes, de nos prévisions, de nos idées, nous sommes toujours tentés de les prendre pour des mystificateurs, de crier au mensonge ou du moins à l'exagération. Eh bien ! nous avons tort.

Pourquoi, il y a deux ans, lorsque L... m'a parlé des cimetières de fourmis qu'il avait vus en Algérie, ai-je secoué la tête comme quelqu'un qui dit intérieurement : Je vous écoute par politesse, mais je ne me dissimule pas que vous voulez simplement m'étonner. Maintenant que j'ai observé davantage et avec plus de précision, que j'ai vu, de mes yeux vu, les fourmis sanguines, à la suite de combats terribles avec les noires, porter leurs morts à quelques pas de l'arbre où elles sont établies, je trouve beaucoup moins invraisemblable qu'en certains pays, à deux pas des fourmilières, il puisse y avoir des nécropoles.

Comme tout s'enchaîne cependant ! Si les contemporains de La Fontaine, au lieu de n'étudier que leurs livres de scolastique ou de théologie, avaient daigné regarder devant eux, à leurs pieds, tenir un peu compte de la nature et ne la pas considérer comme inutile ou dangereuse, ils auraient moins ri aux dépens du Bonhomme, lorsqu'il s'excusa, un jour, d'arriver tard à un dîner d'apparat, parce qu'il avait assisté à l'enterrement d'une fourmi. « Je suis allé, dit-il, jusqu'au cimetière, puis j'ai reconduit la famille au domicile. Tout cela, vous concevez, m'a pris du temps. »

Cette solidarité — et c'est là ce qui confond, ce qui attriste le penseur — s'arrête à l'espèce, à la nuance. Pour la fourmi rouge, la fuligineuse n'est pas une semblable; elle est une ennemie dont il faut se débarrasser à tout prix, que l'on doit exterminer sans pitié. Ces luttes entre les noires et les sanguines ont un étrange caractère d'acharnement. Les adversaires se saisissent, s'empoignent comme des hommes qui se collètent : il s'agit de faire fléchir l'antagoniste et *de lui casser les reins*. L'acide formique aussi joue un grand rôle dans ces batailles; il y remplace avantageusement la poudre, les balles, les revolvers, les canons rayés et autres engins destructeurs, dont le monopole appartient au genre humain ou plutôt inhumain. Les décharges réitérées de ce fluide commencent par étourdir l'ennemi et finissent par l'asphyxier.

En général, casser les reins est la méthode la plus employée. Cela, sans doute, paraît plus noble, plus moyen âge, plus homérique.

Ce qu'il y a de sûr, c'est qu'il n'y a rien pour le vaincu de plus atrocement douloureux. Nombre de fourmis restent sur le champ de bataille, la croupe à peu près séparée de la partie antérieure du corps, agitant leurs pattes de devant et leurs antennes, ne pouvant ni s'enfuir, ni s'aider les unes les autres; elles gisent là, misérables, quelquefois tout un jour toute une nuit; elles expirent lentement.

Le vainqueur n'en a cure. Après avoir porté ses morts à quelque distance et rentré ses blessés, il ferme ses portes si la bataille a eu lieu le soir; sinon, il se remet au travail, et l'on voit des milliers d'individus aller et venir, traînant leurs petites brindilles de bois ou de paille, et foulant, sans la moindre cérémonie, le corps de leurs ennemis morts ou mourants.

Si la fourmi « n'est pas prêteuse », elle n'est pas endurante non plus. Gare à qui lui déplaît ou la trouble! Malheur à l'insecte imprudent, étourdi, malavisé, qui pénètre au cœur de la fourmilière! Il est immédiatement saisi, soumis aux plus cruelles tortures. Il y a surtout un supplice que les éthiopiennes, aussi bien que les sanguines, infligent volontiers aux indiscrets et aux importuns; ce supplice consiste à *arracher les pattes* du visiteur supposé malveillant. Après quoi, très souvent, on le laisse là comme si de rien n'était, et qu'il dût se trouver fort à son aise; puis, on juge la punition suffisante, on l'emporte au fond de la fourmilière, où, sans doute, on l'achève.

Deux de ces exécutions m'ont particulièrement frappé. Chez les fuligineuses, j'ai vu traiter ainsi un coléoptère inoffensif, un chevalier du guet, qui, par je ne sais quelle maladresse, était venu tomber au milieu de ce peuple en effervescence. Ordinairement, les fourmis se montrent très tolérantes à l'égard de ces coléoptères, dont les nombreux clans sont agglomérés sur les arbres où elles logent. Tant qu'on reste aux environs ou au seuil de leur demeure, elles ne se fâchent point. Il n'est pas rare de voir grouiller près d'une fourmilière des cloportes, des araignées de terre et même des fourmis noires cendrées envers lesquelles les autres espèces usent d'une indulgence exceptionnelle.

Il n'en est pas de même des débris infortunés de la tribu des hercules. Je n'oublierai jamais comment fut reçu, chez les sanguines de l'allée de Port-Royal, un membre égaré et visiblement affolé de cette espèce en décadence. Il vint se

jeter, en quelque sorte, sur la place d'armes. Ce fut un bou-
leversement, un émoi, une frayeur d'abord, ensuite une
colère dont on n'a pas d'idée. Tout le monde accourut, jusqu'aux esclaves. En un clin d'œil, il disparut sous les assaillants furieux. J'essayai, non sans me faire fortement pincer,
de l'arracher à ses bourreaux. Peine inutile! Déjà il n'avait
plus de pattes. On aurait dit un de ces personnages que les
mercenaires et les Carthaginois accommodent si bien dans
Salammbô.

D'espèce à espèce, la guerre; envers l'étranger, méfiance
et malveillance souvent, presque toujours hostilité active :
ainsi se comportent, se gouvernent ces rudes amazones.
Entre les variétés d'une même espèce, au contraire, lorsqu'une rencontre fortuite vient à se produire, alliance, fusion
possible. Je me souviens à ce propos d'un fait curieux à
plusieurs points de vue, dont j'ai pu suivre et constater
les moindres détails.

En 1863, vers le milieu de l'été — j'étais alors dans le
premier feu de ces études — je formai le projet de fonder
plusieurs colonies de fourmis à une assez grande distance
des fourmilières mères. Ma raison déterminante était exactement celle des enfants : je voulais voir ce qui arriverait. Les
essais que je tentai furent d'abord malheureux.

Les fourmis, transplantées à grand'peine, se dispersèrent
effarées; les tribus voisines ou ennemies en firent aussi disparaître un certain nombre. Sur ces entrefaites, j'avisai à
une trentaine de pas de la fourmilière de *Saint-Cyran* un
chêne dont la base évidée semblait destinée à recevoir dans
d'excellentes conditions l'établissement que je rêvais. Sans
perdre de temps, je me munis d'une grande boîte et je courus
à la fourmilière *Antonia,* dont l'immense population pouvait
aisément me permettre un emprunt de ce genre. Je mis
quatre ou cinq cents fuligineuses dans ma boîte, je les ap-
portai jusqu'au chêne en question, puis je m'en allai très
content de ce que je venais de faire, me promettant de revenir, dès le lendemain matin, voir comment iraient les
choses. C'est à quoi je me gardai de manquer.

Pendant deux jours, il ne se passa rien d'extraordinaire.
La colonie avait l'air languissant, mais elle marchait tant
bien que mal. Les nouveaux débarqués n'avaient pas éprouvé
de terreur panique, ils ne s'étaient pas sauvés à la débandade,
à travers les herbes et les mousses; c'était déjà un point de
gagné. Je me félicitai de ma hardiesse, et j'osai concevoir des
espérances. Félicitations prématurées, espérances vaines! Le
troisième jour, je m'aperçus que la colonie diminuait sensi-

blement et fondait, pour ainsi dire, à vue d'œil. En cherchant la trace des fugitives, je ne tardai pas à découvrir une
longue file noire qui, descendant processionnellement du
pied de l'arbre situé sur un rebord assez élevé, jusqu'au
chemin même, se dirigeait vers *Saint-Cyran*.

Je fus saisi d'effroi. Il est vrai que *Saint-Cyran* était
occupé par des fuligineuses, mais qui différaient un peu des
habitants de la colonie. La croupe noire de ces dernières était
rayée de petits filets dorés qui les rendaient facilement
reconnaissables et leur donnaient tout à fait bonne apparence, je ne sais quel air de toilette. A *Saint-Cyran*, la robe
n'était pas si agrémentée, pas la moindre raie de couleur,
pas le moindre filet d'or : du reste, même structure, mêmes
allures. Je m'attendais à un conflit, tout au moins à un
accueil discourtois, à des rebuffades. Point du tout. Mes
petites éthiopiennes si revêches, si dures habituellement,
faisaient fête aux émigrantes : elles les caressaient avec
leurs petites pattes ; c'étaient des mouvements d'antennes
continuels, des conversations infinies. Loin de s'arrêter, la
procession allait toujours croissant, je la voyais peu à peu
pénétrer, s'engouffrer dans les profondeurs de la fourmilière noire. Bientôt il ne resta plus un seul des colons qui
m'avaient inspiré tant d'espoir et donné tant de soucis. Ils
s'étaient tous et très spontanément annexés.

Ce qui est digne de remarque et ce que j'ai pu vérifier à
mon aise, c'est que l'alliance dura, que la fusion s'opéra.
Pendant deux ans, j'ai vu les fourmis rayées prendre part,
sur un pied complet d'égalité, et non comme esclaves, aux
travaux de leurs camarades. En 1866, elles étaient en très
petit nombre, et l'année suivante, à peine en ai-je aperçu
quelques unes. Cela tient évidemment à une question de reproduction. Qui dit alliance, hospitalité, fraternité, ne dit pas
nécessairement mariage. S'il y a eu reproduction, l'élément
le plus nombreux l'aura probablement emporté. Peut-être le
nombre des émigrants primitifs n'a-t-il pas diminué autant
que je me l'imagine, mais s'ils ne se sont pas reproduits,
s'ils sont restés stationnaires, ils auront été en quelque sorte
noyés dans l'accroissement ininterrompu de la population.

Les fourmis se portent fréquemment les unes les autres. Le
hasard m'a mis à même de voir, et un peu de persévérance
m'a permis de m'assurer : 1° que cette habitude n'est pas
commune à toutes les espèces de fourmis et qu'on ne la
trouve que dans la tribu des fauves ; 2° qu'elles ont recours à
ce mode de transport non pas indifféremment et n'importe à
quelle époque de l'année, mais seulement au printemps et à

l'automne; 3° que ce sont toujours les neutres qui portent les femelles et les mâles? Est-ce tout? Non. J'ai remarqué également, en suivant ces migrations régulières, que chez les fauves il existe invariablement deux fourmilières placées en regard l'une de l'autre. Celle-ci s'élevant au-dessus du sol et affectant la forme conique (c'est la maison d'été); celle-là située sous terre et consistant en une infinité de petits corridors (c'est le refuge hivernal).

J'assiste tous les ans, en mars et en octobre, à ce déménagement, qu'on peut, sans crainte de se tromper, annoncer d'avance, et jamais sa parfaite régularité ne met mes prévisions en défaut.

(15) P. 118. L'intelligence seule du chien a souvent prévenu de graves accidents en de curieuses circonstances.

Voici plusieurs exemples vérifiés sur cet ordre spécial de faits :

Le premier a été observé à Paris au mois d'avril 1865.

Un voyageur de commerce, demeurant rue des Francs-Bourgeois, se promenait au bord de la Seine, du côté du Bas-Meudon, vers huit heures et demie du soir, lorsque son oreille fut frappée d'une sorte de hurlement tellement plaintif que, quoique persuadé que cette lamentation provenait d'un chien, il pressentit un malheur et se dirigea rapidement du côté d'où elle partait. Bientôt un chien noir s'élança vers lui, changeant en un aboiement précipité son cri lamentable, et le tirant avec force par les pans de son paletot dans la direction de la rivière.

Après avoir marché quelques instants en obéissant à cette traction, M. Hulot (c'est le voyageur) aperçut un cheval couché dans l'eau, peu profonde en cet endroit. Il s'approcha et distingua un homme renversé sous le cheval, dont il ne pouvait dégager ses jambes et qui s'efforçait d'élever sa tête, pour respirer, jusqu'à la surface de la rivière, qu'il ne parvenait à dépasser que pendant un court instant, la rétraction de ses muscles l'obligeant à quitter cette position anormale. Il ne pouvait crier, et il eût incontestablement péri par asphyxie, si M. Hulot ne fût venu à son secours et n'eût fait lever le cheval.

Cet homme était un palefrenier, qui, un peu pris de vin, avait voulu faire baigner à cet endroit un cheval qu'il ramenait. L'heure choisie pour ce bain ne convenait pas sans doute à l'animal fatigué. Il avait témoigné sa désapprobation en se couchant et en renversant sous lui le malavisé cavalier, qui doit la vie à un de ses semblables, mais avant tout à son chien

Un exemple absolument pareil a été observé au mois de juillet 1868 à Bordeaux.

Dût l'ombre de Descartes en frémir dans sa tombe, ce trait prouve une fois de plus qu'il y a chez les êtres inférieurs plus qu'un pur automatisme.

C'est d'un témoin oculaire, d'une personne digne de foi que nous tenons le fait. — Un domestique en livrée conduisait par la bride un cheval de selle, sur le boulevard de l'Impératrice. Pris d'un mal subit, ce jeune homme, arrivé près de l'usine à gaz, s'affaisse sur lui-même, et le voilà étendu sans connaissance sur le sol, bavant et râlant comme un épileptique, tandis que des mouvements convulsifs agitent son corps.

En tombant, ce malheureux n'avait pas lâché la bride du cheval, passée à son bras. Que fait l'animal? Vous croyez qu'il s'éloigne? Nullement; il se rapproche au contraire de son maître, il le flaire, le lèche, en poussant de petits hennissements plaintifs qui sont tout un langage; il s'agite autour de lui autant que le permet la longueur de sa bride; bref, il révèle, par l'expression attristée de son regard, par les fouettements saccadés et secs de sa queue, qu'il comprend et qu'il souffre.

Cependant le malade ne revient pas à lui; alors, comme dans le tableau fameux : *le Cheval de trompette*, l'animal saisit avec les dents les vêtements de son maître, et, chose inouïe, il cherche à l'entraîner! Il y serait parvenu, en effet, si les assistants, jusque-là témoins impassibles de cette scène aussi touchante qu'originale, n'avaient songé enfin à secourir le pauvre domestique.

Il semble qu'ils auraient dû commencer par là.

On a pu lire dans le *Moniteur* du 21 juillet 1867 un exemple de mutuel dévouement qui met sous le même jour l'intelligence du chien dans une circonstance imprévue.

Près du pont du chemin de fer de Genève, un homme lançait dans le Rhône divers objets que son chien, un beau danois, s'empressait d'aller quérir et rapportait à son maître, à la grande joie d'une foule de promeneurs que ce spectacle intéressait. Mais tant va le chien à l'eau qu'à la fin il se lasse. Dans l'un de ses exploits nautiques, l'animal, vaincu par les flots, s'en allait à la dérive. C'en était fait de lui. Son maître, qui le voit dans ce péril extrême, ne l'abandonne pas; il se jette à la nage et, après de vigoureux efforts, il atteint, à un demi-kilomètre plus bas, le pauvre animal, qui le saisit par une jambe et se laisse tranquillement traîner jusqu'au rivage, où l'on débarque sans encombre. Mais l'homme épuisé s'affaisse et tombe évanoui. A cette vue, l'intelligent animal, comprenant que lui seul est la cause de tout le mal, se jette sur son maître, lui lèche les mains et le visage, l'accable de caresses, sans permettre à personne d'approcher; enfin, il fait tant et si bien qu'au bout de quelques minutes il l'avait rappelé à la vie.

Voici un autre fait observé en Belgique au mois de janvier 1867.

Après une forte chute de neige, un enfant de six ans qui se trouvait dans la campagne de Voorschoten, près de Bréda, fut enseveli sous ce linceul glacé. Après plusieurs heures inutiles, on désespérait de découvrir le pauvre petit, lorsque le chien de la maison, imitant l'exemple de l'un de ses confrères du Saint-Bernard, se mit à son tour en campagne. L'intelligent animal fit si bien, qu'en peu de temps il trouva l'endroit où gisait son jeune maître, il appela les gens par ses aboiements réitérés, gratta vigoureusement la neige amoncelée, et découvrit enfin l'enfant égaré, transi de froid et mourant de faim, mais plein de vie, et qu'un bon feu, un bon souper, un bon lit, et surtout les caresses maternelles eurent bientôt rendu aussi vif, aussi gai que jamais.

On a pu lire aussi dans l'*Illustrated London News* du 8 juin 1867 qu'un jour de la semaine précédente un petit garçon nommé Hargreaves, âgé de onze ans, jouait sur le bord du canal de Couldon, près de Hanley, lorsqu'il tomba dans l'eau. Il s'enfonçait pour la deuxième fois, lorsqu'un gros barbet appartenant à M. Elijah Boulton s'élança à son secours, saisit le dos de son gilet et l'amena à terre. Le pauvre petit reprit bientôt connaissance et revint à la maison ; le chien marcha à son côté jusqu'à ce qu'il fût arrivé à la porte de son père, et alors avec un signe de joie, il repartit pour revenir chez lui.

Nous rapportons dans notre texte le fait d'un incendie prévenu par un chien. On en a d'autres exemples.

Un incendie qui éclata à Alcobaço (Espagne) l'année dernière eût pu faire de très grands ravages s'il n'eût été prévenu de la sorte. A la maison où le feu se déclara, il ne se trouvait qu'une domestique et un chien terrier appartenant à M. Monteiro. A peine le chien eut-il senti la fumée qu'il se mit à aboyer. La domestique ne faisant pas d'abord attention à ses aboiements, l'animal commença à grogner et se mit à gratter le lit.

La domestique, pensant alors qu'il devait y avoir quelque chose d'extraordinaire, fit attention et sentit la fumée qui épaississait. M. Monteiro, propriétaire de la maison, a toujours, par mesure de précaution, une échelle que la domestique s'empressa de disposer, et elle descendit en tenant le chien sous son bras et en appelant au secours. Sans la vigilance de ce bon animal, l'incendie aurait pu avoir des conséquences funestes.

Le 4 juillet 1867, un incendie a été également prévenu par un chat, à Nesles.

Le locataire d'une maison sise à Nesles, faubourg Saint-Léonard, était sur le point de se rendre à son travail en ville, lorsqu'il entra pour prendre un objet qu'il avait oublié dans une pièce où se trouvait son poêle éteint depuis plus d'une heure. Au moment où il allait sortir de chez lui, son attention fut attirée par l'attitude effrayée de son chat, qui fixait avec persistance l'endroit du plafond traversé par le tuyau du poêle.

Étonné de cet incident, le locataire examina à son tour le plafond sans rien remarquer d'extraordinaire ; mais tout à coup il entendit un bruissement au même endroit ; il démonta le poêle et s'aperçut que le feu était dans la cheminée et dans le plancher de l'étage supérieur. Quelques instants de plus et un incendie important eût été inévitable.

L'éveil fut donné à temps.

(16) P. 120. On a plusieurs exemples des révélations faites par des chiens à la justice, comme dans l'histoire du fameux chien de Montargis.

L'histoire du chien de Montargis, traitée de fable fort à tort, est peu connue et mérite d'être racontée.

Sous le règne de Charles V, en 1371, le 8 octobre, Aubry de Montdidier, passant seul dans la forêt de Bondy, est assassiné et enterré au pied d'un arbre. Son chien reste plusieurs jours sur sa fosse, et ne la quitte que pressé par la faim. Il vient à Paris chez un ami intime du malheureux Aubry, et par ses tristes hurlements, semble vouloir lui annoncer la perte qu'ils ont faite. Après avoir mangé, il recommence ses cris plaintifs, va à la porte, tourne la tête pour voir si on le suit, revient à cet ami de son maître, et le tire par son habit comme pour le forcer à venir. La singularité de tous les mouvements de ce chien, sa venue sans son maître qu'il ne quittait jamais, ce maître qui tout d'un coup a disparu, tout cela fût qu'on suivit ce chien. Dès qu'il fut au pied de l'arbre, l'animal redoubla ses plaintes en grattant la terre comme pour faire signe de chercher en cet endroit; on y chercha, en effet, et l'on trouva le corps du malheureux Aubry.

Quelque temps après, le chien aperçoit par hasard l'assassin, que tous les historiens nomment le chevalier Macaire; il lui saute à la gorge, et l'on a beaucoup de peine à lui faire lâcher prise. Chaque fois qu'il le rencontre, il l'attaque et le poursuit avec la même fureur. L'acharnement de ce chien qui n'en veut qu'à cet homme, commence à paraître extraordinaire : on se rappelle la vive affection qu'il avait toujours montrée pour son maître, et en même temps plusieurs occasions où ce chevalier Macaire avait donné des preuves de sa haine et de son envie contre Aubry de Montdidier. Quelques autres circonstances augmentent les soupçons. Le roi, instruit de tous les discours que l'on tenait là-dessus, fait venir le chien, qui se tient tranquille jusqu'au moment où apercevant Macaire au milieu d'une vingtaine de courtisans, il tourne, aboie et cherche à se jeter sur lui. Le roi, frappé de tous les indices réunis contre Macaire, jugea qu'*il échéait gage de bataille*, c'est-à-dire qu'il ordonna le duel entre ce chevalier et ce chien, selon l'usage du temps d'ordonner le combat entre l'accusateur et l'accusé, lorsque les preuves du crime n'étaient pas évidentes. On nommait ces sortes de combat *jugements de Dieu*, parce qu'on était persuadé que le ciel aurait plutôt fait un miracle, que de laisser succomber l'innocent. Le champ clos fut marqué dans l'île Notre-Dame, aujourd'hui île Saint-Louis, qui n'était alors qu'un terrain vague et inhabité. Macaire était armé d'un gros bâton; le chien avait un tonneau percé pour sa retraite et ses relancements. On le lâche; aussitôt il court, tourne autour de son adversaire, évite ses coups, le menace tantôt d'un côté, tantôt de l'autre, le fatigue, et enfin s'élance, le saisit à la gorge, le renverse et l'oblige à faire l'aveu de son crime en présence du roi et de toute la cour.

Cette accusation du chien, cette condamnation par un si singulier duel, sont devenus un fait historique, qui est resté connu sous le nom du « Chien de Montargis » quoique la ville de Montargis ne soit pour rien dans l'histoire, si ce n'est que le fait, ou un autre combat du même genre, figurait en monument de pierre sur la cheminée de la grande salle du château de Montargis.

Lors de la première rédaction de cet ouvrage (1869), j'ai

relevé plusieurs faits du même genre. Voici l'un d'entre eux, observé au mois de novembre 1864.

A une distance peu éloignée du petit village du Gassin (Var), un chien sortait de temps à autre, du milieu des bois, venant sur la route au-devant des voyageurs en aboyant vainement d'une manière plus ou moins expressive. Quelques personnes y avaient donné une attention passagère, puis elles avaient continué leur chemin.

La semaine dernière, Mme X... ayant été deux fois chez Mme veuve Raymond, âgée de soixante-dix ans, qui habitait seule sa maison de campagne, ne l'ayant jamais trouvée et voyant toujours les portes fermées s'empressa à sa dernière visite, de faire appeler les deux fils Raymond qui habitaient à quelques kilomètres de là, et qui se rendirent immédiatement à l'habitation de leur mère. Un singulier spectacle s'offrit à leur vue. Dans la basse-cour, les pigeons, les poules et les lapins étaient tous étendus, morts d'inanition.

Le bruit des personnes qui en ce moment se trouvaient à la maison déserte depuis quelques temps y attira le chien, qui s'avança triste et abattu. Après avoir prodigué ses caresses aux enfants de son infortunée maîtresse, il fit mine de vouloir retourner à l'endroit d'où il était venu, et en effet il se mit en marche.

Tout le monde suivit le chien. Quand il eut parcouru une distance d'environ 150 mètres, il prit un petit sentier, et bientôt se glissa à travers un buisson pour aller reprendre le poste qu'il occupait depuis cinq jours, probablement sans manger.

Ce buisson cachait un ravin au fond duquel un navrant spectacle s'offrit aux yeux de tous les assistants : une femme et un cheval, morts à peu près simultanément depuis plusieurs jours, et un chien qui n'avait point abandonné ni le cheval ni sa maîtresse, auprès de laquelle il était venu reprendre sa place.

Alors on s'expliqua l'acharnement de ce pauvre animal à courir au-devant des passants pour les amener sur le lieu du sinistre.

On suppose que Mme veuve Raymond, voulant relever elle-même son cheval qui était tombé dans le ravin, a reçu un coup qui la tua sur-le-champ.

Voici un exemple, plus curieux peut-être encore, observé vers le 15 novembre 1867.

Des sergents de ville, faisant une ronde dans le quartier Montmartre, près de la butte, aperçurent un individu qui, chargé d'un sac volumineux, sortait furtivement de la rue d'Aubervilliers. Ce personnage leur ayant paru suspect, ils se dirigèrent vers lui dans le but de connaître le contenu de son énorme besace; mais, à leur approche, il laissa tomber son fardeau et s'enfuit.

Les agents le poursuivirent; mais, doué d'une grande agilité, il parvint à leur échapper. On put seulement s'emparer d'un chien-loup qui trottinait sur les talons de son maître.

Se rappelant les ruses dont jadis faisait usage le malin Ulysse, les sergents de ville attachèrent au cou de l'animal une longue corde et le laissèrent courir en le suivant.

Il les conduisit rue du Bon-Puits, et le concierge de la maison dans laquelle il entra, questionné au sujet de ce chien, répondit qu'il le reconnaissait pour appartenir à un locataire du quatrième étage, le sieur F..., âgé de vingt-huit ans, conducteur de bestiaux.

On monta, et dans le logement indiqué, on trouva F... Il avoua que c'était lui qui s'était débarrassé du sac et qu'on avait poursuivi. Ce sac fut ouvert. Il contenait quinze poules et sept poulets fraîchement égorgés. F... prétendit qu'il était innocent de tous ces meurtres et qu'il avait simplement ramassé le sac abandonné dans la rue. Incrédules par état, les agents crurent, malgré ses assertions, devoir s'emparer de sa personne.

Pendant ce temps, un sergent de ville resté en observation près de la maison de la rue d'Aubervilliers, d'où étaient sorties les victimes emplumées, aperçut un autre individu qui, couché tout de son long sur le toit, cherchait à se dissimuler derrière une tête de cheminée. Il fut traqué; on le saisit et on trouva sur lui un large coutelas maculé de sang et de duvet. C'était le complice de F... dans le saccagement du poulailler et l'égorgement de ses habitants. Il a été arrêté et, après constatations, envoyé avec son ami à la préfecture.

Ceci nous remet en mémoire un fait déjà connu.

Un personnage qui a laissé un nom célèbre à la Préfecture de police, et plus encore dans le peuple de Paris, un des plus fins limiers de la justice, le fameux Vidocq, quand il avait à découvrir les auteurs de quelque méfait, ne cherchait pas seulement la femme du criminel; il cherchait aussi le chien

Quand on tenait le chien, il y avait des chances pour arriver jusqu'à l'homme.

Même sans le vouloir, le chien conduit le chasseur au gibier.

Une fois, Vidocq et ses agents avaient sans succès demandé à tous les repaires de la capitale, d'ordinaire les mieux approvisionnés en scélérats, la proie sur laquelle l'intérêt de la société leur ordonnait de mettre la main; leurs efforts avaient été vains; on savait seulement que telle femme demeurant telle rue, tel numéro, avait avec le coupable vainement cherché des relations intimes qui ne permettaient pas de supposer qu'elle pût ignorer le lieu de sa retraite et ne pas l'y visiter.

Une surveillance active fut établie autour de la maison où demeurait cette femme. C'était élémentaire, et on n'avait pas besoin de Vidocq pour cela.

Mais sans doute la créature se sentait épiée; elle ne bougeait pas de chez elle; les gens apostés pour la suivre dès qu'elle aurait mis le pied dehors, faisaient le pied de grue sans résultat.

Il devait pourtant arriver un jour où cette femme se lasserait de sa claustration. Vidocq interrogea la concierge de la maison sur la façon dont cette locataire suspectée passait le temps chez elle.

La portière, bien qu'on lui eût délié la langue par des moyens à la portée de tous ceux qui ont un écu dans leur poche, affirma ne rien savoir sinon, que cette dame ou demoiselle ne sortait pas et ne recevait personne.

— A quoi passe-t-elle son temps, alors? Elle doit bien s'ennuyer!

— Oh que non ! Elle a un petit chien, un amour de caniche qu'elle a l'air d'adorer et avec lequel elle joue toute la journée.

Vidocq était à peine instruit de cette particularité, que son siège fut fait.

Il fallait s'emparer du chien.

La perte du chien — ainsi raisonnait l'homme célèbre qui a posé pour Vautrin devant les pinceaux de Balzac — aurait la conséquence probable de rendre les journées terriblement longues pour la prisonnière et de l'induire en véhémente tentation de violer la consigne que son ami le voleur lui avait sans doute donnée par prudence ; de plus, en tenant le chien, il y avait toutes les chances possibles pour ne pas perdre les traces de sa maîtresse : où elle serait allée, il vous conduirait pour la rejoindre.

L'événement donna complètement raison à ce raisonnement.

Le moins aisé fut de mettre la main sur le petit quadrupède enrôlé, sans qu'il s'en doutât, parmi les agents de la police de sûreté.

On le prit.

Deux jours se passent ; enfin, pareille au loup que la faim chasse du bois, la demoiselle, qui n'avait plus son chien pour la distraire de la perte de son ami, ne tenant plus apparemment à son régime cellulaire, descend un beau matin dans la rue.

Les agents la suivent de loin, pour ne pas lui donner l'éveil, et tenant le chien en laisse. Celui-ci n'aurait pas demandé mieux que de courir à toutes jambes retrouver sa maîtresse. Mais ce n'était pas là ce qu'on lui demandait.; son zèle fut contenu ; on se laissa seulement conduire par l'affectueux quadrupède sur les traces de la maîtresse qu'il regrettait, et que, sans lui, on eût pu perdre au milieu des embarras des rues de Paris.

Il fallut marcher longtemps, passer la barrière, gagner Vanves, et dans une carrière abandonnée, les voltigeurs de Vidocq trouvèrent le monsieur qu'ils cherchaient en train de deviser avec sa dame.

(17) P. 121. La fidélité, la religion du souvenir dans l'âme du chien.

Mon érudit confrère espagnol, Alberto Mar, m'a raconté un fait bien curieux que je l'ai prié de vouloir bien rédiger pour ces notes. Le voici :

Très amateur des chiens de race et de taille, j'ai acheté, aux premiers mois de l'année 1901, au Jardin d'Acclimatation du Bois de Boulogne, un *setter* irlandais, acajou uni, né le 24 décembre 1900, que j'ai nommé *Globe*, en souvenir d'un journal dont j'étais rédacteur.

La fidélité de cette bête s'est manifestée dès le premier moment, car malgré son jeune âge quand je l'eus achetée, il fut nécessaire de *la traîner* pour la faire sortir du Jardin d'Acclimatation.

On lui avait préparé une bonne couchette dans la cuisine Il fit semblant de s'y accommoder, mais dès que la lampe fut éteinte il commença à crier ; je me suis levé, l'ai grondé, fouetté — Oh ! très légèrement ! — et enfin caressé : le lendemain mon chien, intimidé, dépaysé, contrarié, avait une diarrhée terrible!

Mais nous étions trois personnes pour le rassurer, le caresser, et bientôt Globe se montra content. Il était d'une rare intelligence.

Mon domestique le brossait et le sortait deux fois par jour. Mais il ne connaissait que moi, se moquait de lui, lui montrait les dents quand il n'était pas d'humeur à se laisser brosser ; alors je me présentais, grondais, fouettais si besoin était, et la soumission se faisait.

Globe avait son matelas remisé dans une chambre noire; à l'heure du coucher, il avait vu porter sa couchette dans ma chambre, bientôt il la chercha lui-même et sans qu'on le lui apprît, la traîna jusqu'à ma chambre, l'arrangea de ses pattes et s'y coucha. Quand je rentrais vers minuit, Globe me *sentait* dès mon arrivée au pied de l'escalier et venait à ma rencontre; tout en donnant signes de son grand sommeil, il cherchait sous la toilette mes pantoufles qu'il m'apportait, emportait mes souliers, et, ces devoirs accomplis, il se jetait sur son matelas, en poussant un grand soupir de satisfaction.

Ces devoirs, personne ne les lui avait ni appris, ni imposés, pourtant il mettait tant de sérieux et de régularité en tout ce qu'il faisait, que nous avons fini par lui donner le sobriquet de *Don Metodo*.

On m'avait fait cadeau d'un petit chat noir qui jouait avec lui et qui finit par passer ses nuits blotti entre ses pattes.

Globe était devenu un chien superbe, connu, admiré dans tout le quartier de la rue Hamelin où j'habitais.

Le 1ᵉʳ octobre 1901, je partis passer un mois à la campagne, dans le Loiret. J'emmenai avec moi le chien et le chat. Une fois installés dans le train, Globe allait et venait de l'une à l'autre portière, comme un enfant joyeux qui fait son premier voyage; il regardait le chemin, la campagne, s'intéressait au monde des gares, poussait de petits cris d'allégresse, et en passant près de son ami le chat, lui envoyait des petits coups de langue comme pour lui enlever la peur bleue témoignée par *Loutre*.

Les 108 kilomètres parcourus, nous avons quitté le train: Globe sautait gaiement dans la campagne, faisait des courses folles, poussait de petits cris joyeux!... Il me regardait de son petit œil étincelant, me caressait et repartait comme une flèche pour revenir comme une trombe!...

Je décidai de laisser ce chien à la campagne, car ce n'était plus une bête d'appartement parisien. Mon domestique faisait avec lui très bon ménage, ils s'aimaient bien; mais mon chien voyait toujours dans son maître l'idole qui passe avant tout.

Un jour du commencement de novembre, j'envoyai le jardinier promener Globe: une fois partis, nous avons quitté la propriété, pris le train et disparu pour la pauvre bête...

J'étais rentré à Paris le cœur gros, mais enfin je me suis fait une raison.

Or Globe n'ayant pas de raison pour s'en faire une m'a cherché partout, *a pleuré*, et a dès lors cessé de prendre aucune nourriture. Tous les matins, aussitôt la maison ouverte, il s'installait en haut de la côte et regardait, regardait en attendant son maître, sans que Pierre pût réussir à le faire rentrer.

Les journées étaient devenues froides, les pluies avaient commencé, puis les gelées, le frcid, la neige!... Globe attendait, attendait toujours en haut de la côte!... Il gagna une fluxion de poitrine et tomba malade!...

Je fus prévenu; ne pouvant pas y aller moi-même, j'envoyai immédiatement mon domestique avec l'ordre de me ramener Globe le même jour. Il faut croire que la bête *devina* quelque chose, car on m'a rapporté qu'en descendant la route conduisant à la gare il sautait de joie, malgré son état pitoyable.

Arrivé le soir à la maison, fatigué, très pris, il monta très dificilement les quatre étages : quand il pénétra dans l'appartement et qu'il m'eut aperçu, il se mit à trembler, s'approcha de moi, me regarda, et ses yeux se sont ternis... Nous l'avons pris et porté sur un canapé où il s'est étendu angoissé, la mâchoire agitée, me regardant toujours avec un hoquet de joie larmoyante... Il pleurait, et, je l'avoue, je pleurais avec lui.

Je l'ai caressé, lui ai donné des petites friandises de son choix; il les prenait très lentement, très difficilement... et les laissait tomber pour me lécher les doigts avec délices!...

Je croyais mon chien perdu. Mais une demi-heure après, il est descendu du canapé, remis de son émotion, et il est allé chercher son matelas qu'il a traîné jusqu'au coin de ma chambre pour se coucher, j'ai compris que je venais de sauver mon Globe!...

Il fallut le traiter pendant plusieurs semaines, lui faire des pansements fastidieux, lui administrer des drogues fort désagréables : il a été doux et bon, il se laissait faire, prenait tout, et enfin fut guéri. Mais dans ses premières sorties de convalescent, il a eu une patte cassée et il fallut lui appppliquer un pansement plâtre, durant *40 jours*. 40 jours de veille pour lui comme pour moi, car il guettait mon sommeil pour s'arracher très silencieusement son pansement, et je guettais sa manœuvre pour le rappeler à l'ordre!...

En octobre 1902, je l'ai ramené complètement guéri à la campagne, où il a fini par s'habituer avec la famille. J'y allais de temps à autre en prévenant de mon arrivée. Au reçu de ma lettre on ouvrait mon bureau, on préparait ma chambre; alors le chien entrait dans une joie folle jusqu'à mon arrivée... Quel bonheur exubérant en me voyant!...

Je restais deux, quatre, six jours : Globe ne me quittait point, *même aux moments de ses préoccupations reproduc-*

trices : il couchait à côté de mon lit et se levait parfois pour venir s'assurer que j'étais là ; le jour il tenait tout le monde en respect, personnes et bêtes : impossible d'entrer dans mon bureau ni d'approcher de moi pour me serrer la main. Il me considérait comme sa propriété, il croyait pouvoir ainsi me garder avec lui indéfiniment !

Assez souvent, je fus obligé de le corriger très sévèrement, car il était excessivement têtu : il supportait les plus rudes coups à mes pieds, sans bouger, pour me caresser gentiment une fois la correction finie ; mais il n'a jamais permis à *personne* de faire le moindre geste pour le frapper.

Quand je partais, le chien devenait triste, morne, méfiant, rancunier ; il *pensait* que mon départ était la faute des autres, tout au moins protégé par eux, et par moments il devenait redoutable.

Il était d'une beauté superbe, d'une force inouïe, d'un entêtement féroce : il s'imposait !...

Mais finalement, sa volonté dominatrice, son entêtement, sa conviction que je lui appartenais ont rendu sa vie impossible à la campagne, et il a fini par mordre cruellement une personne de ma famille... On me tint au courant de cette situation critique, on réclama sa suppression : j'ai dû signer, les larmes aux yeux, sa sentence de mort, et le 12 juillet 1907 Globe fut tué par une piqûre de morphine et enterré par le jardinier, qu'il n'aimait pas, mais qui pleurait amèrement.

Globe n'était point enragé : il m'aimait démesurément !...

! Pauvre ami !

A. MAR.

(18) P. 129. Chiens morts de douleur.

Le célèbre voyageur Mac Dowal Stuart, qui a succombé à une maladie d'épuisement, dont il avait contracté le germe dans ses expéditions au continent australien, avait eu pour compagnon fidèle et intelligent un chien enlevé par lui de la bauge d'une chienne sauvage appartenant à l'espèce particulière à l'Australie, et dont M. Jules Verreaux a rapporté en Europe une paire que l'on a pu voir à la ménagerie du muséum de Paris.

Quoique élevé avec beaucoup de soin, ce chien, qui portait le nom de Hopp, conservait encore une partie du caractère farouche de sa race ; il ne se montrait docile et tendre que pour son maître. Il repoussait les caresses des autres membres de l'expédition, et ne s'éloignait jamais de Mac Dowal Stuart. A un signe de ce dernier, il se mettait aussitôt à la poursuite des kangourous et ne tardait point à les atteindre et à rapporter un ou deux de ces grands animaux si alertes, que rendent si redoutables les ongles tranchants qui ornent leurs pattes de devant et qui fournissent un gibier si exquis.

La nuit, au lieu de dormir, Hopp veillait près de son maître endormi. L'oreille et les narines aux aguets, il épiait les moindres bruits, et toutefois il ne donnait jamais le signal d'alarme qu'aux approches d'un péril réel. Les indigènes, dont les armes et les provisions des voyageurs éveillaient la cupidité, recouraient en vain à toutes les ruses pour mettre en défaut la surveillance de Hopp ; celui-ci éventait toujours leurs approches, éveillant silencieusement Mac Dowal Stuart en lui frottant doucement la tête avec son museau ; puis celui-ci et ses compagnons, mis sur la défensive, le brave chien se jetait sur les sauvages, surpris à l'improviste, en étranglait deux ou trois, et savait éviter avec une adresse merveilleuse leurs flèches et leurs bomœrings. Mac Dowal Stuart lui dut plusieurs fois la vie et lui témoignait une affection qu'on s'explique sans peine.

Hopp, pendant la maladie de son maître, qui pouvait à peine, surtout pendant les derniers mois, se traîner de son lit à son fauteuil, ne le quitta pas un seul instant. Toujours couché à ses pieds, il s'y assoupissait parfois, mais à chaque instant il interrompait son sommeil pour regarder avec sollicitude le malade et s'assurer qu'il ne désirait rien. Au moindre signe et même au moindre désir exprimé par le regard éteint de l'agonisant, il se levait, et, devinant sa pensée, il exécutait des ordres souvent compliqués qu'il comprenait ou plutôt qu'il devinait, sans que celui qu'il chérissait tant lui adressât une seule parole.

Le jour de la mort de Mac Dowal Stuart, Hopp, avec l'inexplicable prescience qui caractérise certains individus de la race canine, redoubla de sollicitude pour son maître. A chaque instant, il s'approchait du chevet où reposait la tête du célèbre voyageur, et poussait de petits gémissements. Tout à coup ces gémissements devinrent des hurlements désespérés ; Mac Dowal Stuart venait de rendre le dernier soupir.

A dater de ce moment, Hopp se coucha silencieusement aux pieds du lit de son maître, dont n'approchèrent qu'avec terreur les personnes chargées d'ensevelir ce dernier, car elles connaissaient l'humeur farouche, la force et la violence du chien. A leur grande surprise, il ne remua point, il était mort.

On lit dans les journaux anglais des 17 et 18 janvier 1867 :
L'affreuse catastrophe de Regent's Park a produit dans le

public une émotion qui n'est pas près de ·s'effacer. Que
quarante personnes aient été noyées, en plein jour, dans un
bassin d'ornementation, en présence de 2.000 spectateurs,
c'est là un événement sans précédent. Les victimes appartenaient pour la plupart aux classes supérieures de la société.

Un grand chien noir, de Terre-Neuve, qui accompagnait
son maître sur la glace, et cherchait à regagner la rive, n'a
jamais quitté le terrain qui borde l'eau, et la police n'a pu
l'en chasser. Le sergent Heal a trois fois acheté de la nourriture pour le faire manger, le pauvre chien l'a refusée.

Le chien, pendant plusieurs jours et plusieurs nuits après
l'accident de Regent's Park, n'a pas quitté les bords du canal
où il avait vu disparaître son maître. Rien n'a été négligé
dans son intérêt : bon nombre de personnes, même haut
placées, ont écrit au bureau de police de Marylebone, demandant la faveur de lui donner asile. Le malheureux animal a
dû beaucoup souffrir, nonobstant la bonté d'un policeman
qui lui a apporté de la nourriture qu'il a d'abord refusé de
toucher. Il a été emmené par un homme qui l'a trouvé sur
les bords du canal, et qui n'avait pas le droit ni l'autorisation
de s'en emparer. Cet homme l'aurait, dit-on, perdu ensuite au
cabaret. En tout cas, le chien est parvenu à recouvrer sa
liberté ; on l'a revu sur les bords du canal cherchant encore
et appelant toujours son maître.

La crue de la Seine a donné lieu, à Elbeuf, à un incident
qui prouve, une fois de plus, en faveur de fidélité de l'espèce
canine. Dimanche, écrit-on au *Nouvelliste de Rouen*, depuis neuf
heures du matin jusqu'à quatre heures de l'après-midi, un
jeune chien n'a pas cessé de se jeter à l'eau et de faire des
recherches depuis l'île de l'Epinette jusqu'à l'abreuvoir. Lorsque cet animal remontait sur la berge, il grattait la terre
avec ses pattes, et se rejetait ensuite dans le fleuve, toujours
au même endroit. On suppose que son maître a dû tomber là
dans la Seine. A diverses reprises on a cherché, mais en vain,
à s'emparer du pauvre animal ; il parvenait toujours à
s'échapper et il recommençait ses recherches. Brisé par la
fatigue, il s'est enfin laissé emmener. Ce chien portait au cou
un collier avec plaque en cuivre sur laquelle un nom avait
été gravé ; mais ce nom n'est plus lisible

A ces deux faits, nous ajouterons le suivant observé au commencement de septembre 1867 :

Dans la dernière quinzaine de juillet, écrit-on, à la *Gironde*
de Bordeaux, les habitués d'un des principaux cafés de la
place de la Comédie admiraient l'intelligence d'un chien

anglais allant chercher des cigares pour son maître, frappant sur la table pour appeler le garçon, entrant dans la voiture du chemin de fer, puis revenant, la tête basse, se placer aux pieds de son maître. Un beau jour l'un et l'autre disparurent, on les avait même oubliés, lorsqu'un incident est venu fournir à un des rares consommateurs auxquels parlait M X... les renseignements suivants :

Ce mystérieux personnage voyageait sous un nom d'emprunt ; il devait appartenir à une grande famille, si on en juge par sa mise, sa distinction et l'argent qu'il dépensait. Il était atteint d'une affection grave, et le médecin qu'il consulta l'engagea à aller passer quelque temps dans les Pyrénées.

Vers le 1er août, il partit pour Cadéac-les-Bains, où, pendant quinze jours, Love fit l'admiration des baigneurs ; c'est lui qui portait les serviettes à son maître, c'est lui qui appelait la bonne Grande fut donc la peine quand on apprit que X..., après la réception d'une lettre venant de l'étranger, abrégeait son traitement et quittait l'établissement. Cinq jours après, à onze heures du soir, des aboiements et des coups frappés à la porte éveillèrent le directeur des bains. On ouvrit ; c'était Love, suant et couvert de poussière, portant, suspendue à son cou, par un ruban noir, une lettre adressée au docteur La... On voulut faire la toilette à ce vaillant courrier ; on lui présenta du pain, on essaya de le faire coucher sur son ancien lit, mais il refusa tout ; ses grands yeux inquiets semblaient solliciter avec instance une réponse.

On dut donc appeler le docteur. Love alors se laissa mouiller la tête, but largement et repartit à onze heures et demie, emportant quelques mots suspendus au ruban noir. Des promeneurs de Bagnères-de-Bigorre assurent avoir vu Love traverser les allées le dimanche soir, 25 août, et un voiturier le revit passer le 26 de grand matin. On ne doit pas oublier que 45 kilomètres séparent Cadéac-les-Bains de Bagnères-de-Bigorre. Où allait cet intrépide chien, qu'est-il devenu ? C'est ce qu'on n'a pu savoir.

Voici ce que contenait en partie la lettre adressée au docteur La... :

« Les eaux et vos soins ont complètement guéri mes jambes, merci ; mais pourquoi ne me guérissez-vous pas le cœur ?... Caressez le pauvre Love, embrassez-le, il est fidèle lui ! Faites-le boire et laissez-le partir. C'est lui qui gardera ma tombe. »

L'*Echo de la Frontière* nous a donné, le même mois, un nouvel exemple de l'intelligence extraordinaire du chien pour retrouver son maître :

« Le directeur d'une baraque de saltimbanques, le sieur R...,
qui a exploité cette année la fête communale d'Orchies, avait
vendu au mois de mars dernier, alors qu'il se trouvait à
Amiens, un chien de chaîne qu'il possédait depuis cinq ans, et
qui avait accompagné la troupe dans ses diverses pérégrinations.

« L'acquéreur se rendait en Belgique et il emmena l'animal
dans ce pays, tandis que le vendeur se dirigeait vers le centre
de la France.

« Près de sept mois s'étaient écoulés, lorsqu'un jour ce dernier fut fort surpris de retrouver son chien, effroyablement
maigri, couché dans l'une de ses voitures destinée au transport du matériel, place qui lui était toujours réservée. »

(19) P. 130. Nous pouvons enregistrer des exemples
incontestables de *suicides* de chiens.

Tous les journaux d'avril 1866 ont rapporté avec commen-
taires le fait qu'un magnifique chien, appartenant à une personne de Rochester, s'est donné la mort en se jetant dans le
Medway. Ce chien, nommé Brace, soupçonné, depuis peu,
d'avoir les premiers symptômes de l'hydrophobie, était tenu
à l'écart de la maison et presque abandonné à lui-même.
Aussi était-il devenu triste et morose. Un matin, il sortit de la maison et se dirigea vers la demeure d'un ami de
son maître, à Hposi, et, arrivé à la porte, il poussa un cri
pour se faire ouvrir. La porte resta close. Après avoir attendu
quelque temps, la pauvre bête se dirigea en courant vers la
rivière, qui n'était pas fort éloignée. Arrivée sur le bord, elle
se retourna vers la maison inhospitalière, poussa un long
hurlement d'adieu, et se précipita résolument dans l'eau, où
elle plongea immédiatement la tête, qu'elle maintint dans
cette position jusqu'au moment où elle fut suffoquée. Plusieurs
personnes ont été témoins du fait, qui est d'autant plus significatif que le genre de mort choisi par le chien indiquait assez
qu'il n'avait pas à redouter la maladie qu'on lui supposait.

Le *Droit* fait à ce sujet les remarques suivantes (mai 1866) :

« Le fait rapporté par notre confrère d'outre-Manche est
assurément fort extraordinaire, mais il n'est pas sans précédents. L'histoire nous a conservé le souvenir des chiens
fidèles qui se sont voués à une mort volontaire pour ne pas
survivre à leurs maîtres. Montaigne en cite deux exemples
empruntés à l'antiquité : « Hyrcanus, le chien du roy Lysimachus, son maistre mort, demeura obstiné sur son lict,

sans vouloir boire ni manger, et le iour qu'on en brusla le corps, il print sa course et se iecta dans le feu, où il feut bruslé ; comme feit aussi le chien d'un nommé Pyrrhus, car il ne bougea de dessus le lict de son maistre depuis qu'il feut mort; et quand on l'emporta, il se laissa enlever quand et luy, et finalement se lança dans le buchier où bruslait le corps de son maistre. » (*Essais*, liv. II, chap. xii.) Nous avons nous-même enregistré, il y a quelques années, la fin tragique d'un chien qui, ayant encouru la disgrâce de son maître, et ne pouvant s'en consoler, s'était précipité du haut d'une passerelle dans le canal Saint-Martin. Le récit très circonstancié que nous fîmes alors de cet événement n'a jamais été contredit et n'a donné lieu à aucune réclamation des parties intéressées. »

(20) P. 130. Certains animaux sont rancuniers, comme les hommes.

Voici, par exemple, un fait observé au mois de mai 1866 :

Un propriétaire, M P.... demeurant depuis quelque temps à sa maison de campagne, près d'Arcueil, avait un cheval fort vif, qu'un jour, dans un moment d'emportement, il avait maltraité. L'animal lui en gardait rancune et cherchait toutes les occasions de le jeter à terre ou de lui détacher quelque ruade. Mais, excellent cavalier, M. P... se riait des hostilités de l'animal, qu'il parvenait toujours à maîtriser.

Un jour, le propriétaire voulut mener son cheval à l'abreuvoir; celui-ci refusa d'avancer Une lutte s'engagea entre eux ; elle fut longue et acharnée ; mais cette fois, malgré toute sa science hippique, M. P... eut le dessous ; il fut désarçonné et renversé ; l'animal piétina sur lui avec fureur, le mordit, et finit par lui briser la colonne vertébrale. Les personnes accourues aux cris du blessé eurent beaucoup de peine à le dégager et, malgré les soins qu'on lui prodigua, il ne tarda pas à succomber.

Autre fait :

Au mois de septembre 1868, à Poitiers, des jeunes gens se baignaient et avaient jeté à l'eau, pour le faire baigner également, un magnifique terre-neuve.

Un des jeunes gens, saisissant le chien sur le cou, lui tint la tête dans l'eau pour le faire boire. Mal lui en prit. Si le chien est soumis à son maître, il a aussi ses rancunes et n'aime point qu'on le maltraite sans raison.

A peine le jeune homme eut-il lâché le chien, qu'il se sentit comme un poids sur la tête et s'enfonça sous l'eau. C'était

le terre-neuve qui se vengeait du mauvais tour qu'on venait
de lui jouer et qui, à son tour, avait posé ses deux pattes de
devant sur la tête du jeune homme. Sans l'intervention de
ses amis, il est probable que celui-ci aurait payé de la vie sa
mauvaise plaisanterie.

Voici encore un exemple qui pourra être utile :

Les hiboux et les chouettes rendent de très grands services
à l'agriculture ; ils détruisent des quantités considérables de
rats et d'insectes nuisibles. Ces utiles animaux n'en sont pas
moins l'objet d'une haine stupide. Les paysans éprouvent
toujours le besoin de tuer les hiboux comme les chauves-
souris, ces destructeurs des phalènes et des chenilles.

Un paysan des environs d'Avranches, qui avait obéi à ce
préjugé, a appris à ses dépens que ces oiseaux, ordinairement
inoffensifs, trouvent dans le sentiment paternel assez de courage et de force pour défendre et venger leurs petits. Voici
le trait curieux que j'ai extrait du journal l'*Avranchin* :

A la fin de juin 1866, une commune voisine d'Avranches a
été le théâtre d'une vengeance terrible d'un oiseau de proie
dont on avait tué les petits.

Un hibou avait fait son nid assez près d'une ferme, dans
un vieux *têtard* de chêne ; la femelle avait paisiblement couvé
les œufs, qui étaient devenus deux petits hiboux.

Un garçon de ferme avisa le nid, et cédant à l'antipathie
et à la répulsion qu'inspirent dans les campagnes les hiboux
et les chouettes, il massacra les petits, déjà forts et prêts à
prendre leur vol. Le père et la mère en conçurent une peine
violente et résolurent de se venger de l'imprudent qui les
privait ainsi de leur famille.

Les soirs qui suivirent, quand le jeune paysan rentrait des
champs, on ne manquait pas d'apercevoir le mâle volant tout
autour de la maison, mais on n'y prenait pas garde. Il paraissait naturel qu'il revînt voltiger autour de son ancien nid.
Mais il était guidé par un autre instinct : il guettait le des-
tructeur de ses petits. Pendant quatre jours, il fit le même
manège sans oser attaquer ; enfin le cinquième, le garçon
sortait de la ferme, quand du haut d'un arbre s'élança le
hibou qui fondit sur lui, et d'un coup de griffe lui arracha
presque l'œil gauche.

Le paysan, fou de douleur, poussa un cri de désespoir et
tomba sans connaissance ; l'oiseau de proie était déjà loin.
On porta secours au blessé, dont le visage était dans un état
pitoyable.

Le lendemain, il fut visité par un médecin qui constata
que la griffe du hibou avait déchiré l'iris dans toute sa lar-

geur. Si la serre eût porté un peu plus avant, le globe de l'œil
aurait été arraché tout entier. L'œil fut, d'ailleurs, complètement perdu.

Mais ce n'est pas seulement contre les hommes que les
animaux peuvent garder de fortes rancunes, c'est encore
entre eux.

On lit dans le *New York World :*

Tout près d'un grenier d'abondance, sur le bord de la
rivière, à Midkanwel (Wisconsin), s'étaient établis des milliers de rats, toujours prêts à se régaler des grains qui
s'étaient échappés des sacs quand on les apportait au grenier.
Il y a quelques jours, un terrier noir attaqua résolûment
deux rats qui s'étaient mis en quête du grain tombé. Ayant
saisi le rat par le cou, il le secouait vigoureusement. Le rat
jetait des cris déchirants. Douze camarades accoururent, et
ceux-ci se mirent à appeler le reste de la tribu. Bientôt la
terre en fut couverte. Des milliers de rats accouraient de tous
les côtés. Le terrier, après avoir achevé la première victime,
aborda avec courage ces innombrables ennemis. Mais bientôt
il se trouva cerné, traqué, environné par des milliers de rats
désireux de venger sur lui leur camarade mort. Un combat
terrible, une lutte à mort s'engagea. Les rats sautant au cou,
au museau, aux pattes, sur le dos du chien, se mirent à le
mordre et à le dévorer. Le chien, couvert de blessures, luttait
avec l'énergie du désespoir, cherchant à vendre chèrement sa
vie, mais il avait affaire à trop forte partie ; après avoir lutté
cinq minutes, il tomba pour ne plus se relever. Son corps
fut en un instant dévoré par les rats qui s'acharnèrent avec
rage sur le cadavre du fléau de leur race. C'est à peine s'il
resta vestige du pauvre terrier.

(21) P. 131. Le chien a prouvé de toutes façons son
intelligence. On n'a que l'embarras du choix.

Par une singularité curieuse, plusieurs sources minérales
ont été découvertes grâce à des animaux. (L'homme
semble s'être toujours plus particulièrement occupé du vin.)
—On raconte que la source de Carlsbad se révéla en échaudant
un chien de la meute de l'empereur Charles IV, qui y serait
tombé par mégarde ; la source de Barèges fut indiquée par une
brebis qui se frayait un chemin à travers la neige pour y aller
boire ; des chèvres allaient s'abreuver avec délices aux sources
de Salies, en Béarn, et on y mena boire ensuite les porcs qui
fournirent les premiers jambons de Bayonne.

Ce fut aussi un porc qui découvrit les sources salées de Lunébourg, en Hanovre. Ces sources, d'où l'on tire par évaporation des quantités considérables de sel, firent la fortune du pays, qui, dans sa reconnaissance, érigea à l'inventeur, dans l'hôtel-de-ville, une espèce de mausolée.

Une caisse de verre, dans l'intérieur de ce bizarre monument, renferme un jambon très-bien conservé, et, sur une tablette de marbre noir, se lit l'inscription suivante en latin et en lettres d'or :

« Passant, contemple ici les restes mortels du porc qui s'est acquis une gloire impérissable par la découverte des sources salées de Lunébourg. »

* * *

Dans une communauté de religieux établie dans le 7ᵉ arrondissement de Paris, il existait un chien de forte taille, au poil long et crépu, comme celui des chiens griffons. Il s'appelait *Gueule-Noire*, et on le laissait libre dans la cour et dans les jardins du couvent. Ce chien de garde, fort intelligent, donnait la chasse aux chats, aux rats, aux mulots, aux fouines, et guettait tous ceux qui, sans être revêtus du costume de la communauté, sonnaient, entraient et circulaient dans les dépendances de l'établissement.

La pitance qui lui était allouée étant, paraît-il, fort maigre, et peu en rapport avec les services fatigants qu'on exigeait de lui, *Gueule-Noire*, aux yeux duquel rien n'échappait de ce qui se fait dans le couvent, avait remarqué que tous les moines qui arrivaient après le repas commun tiraient une petite corde donnant le mouvement à une sonnette, au tintement de laquelle le cuisinier passait au retardataire une portion par le moyen d'une boîte tournante qu'on appelle *tour*.

Le chien donc, attentif à ces mouvements, trouva chose toute naturelle d'imiter les bons moines, et se mit un beau jour à agiter la sonnette, dont il tira le cordon avec les dents. Le garçon de cuisine, croyant que c'était une personne de la communauté, fit glisser une portion qui était parfaitement du goût de *Gueule-Noire*, et qui fut avalée en un moment.

Le jeu parut agréable au quadrupède, qui recommença le lendemain, le surlendemain et les jours suivants; mais le drôle, enhardi par le succès, eut l'ambition de se traiter de la sorte plusieurs fois par jour, et cet excès de gastronomie le perdit. On s'aperçut du stratagème, et le malheureux a été mis à la chaine et à la ration.

*
* *

Voici un chien qui avait la bonne habitude d'aller à la poste prendre les lettres adressées à son maître. La *South eastern Gazette* (octobre 1867) nous apprend que le fameux chien de Terre-Neuve, Sailor, appartenant à M. Nash, vient de mourir. Tous les matins, Sailor attendait régulièrement le facteur de poste, venant de Sevenaaks, dans le village. Il le suivait jusqu'à la boutique de M. Troughton ou était établi le bureau de poste. Là, il attendait patiemment que l'on fît la distribution des correspondances, et quand les lettres adressées à M. Nash étaient prêtes, Sailor s'approchait du bureau et prenait délicatement à la gueule la correspondance de son maître à qui il allait la porter fidèlement. Ce chien avait dix ans.

*
* *

Si les uns agissent par suite de l'éducation, d'autres ne manquent pas de spontanéité.

Un cultivateur des environs de Dieppe possède un chien, *Loulou*, qui de lui-même, ayant vu l'empressement de tous à détruire les mans, s'est mis vaillamment à cette besogne; dès que le charretier part pour aller labourer, il le suit, marche derrière la charrue dans le champ et tue de la gueule et des pattes tous les mans qu'il aperçoit. Voilà assurément un genre de service qu'on n'eût guère cru pouvoir demander au chien; mais nous ne savons encore que très imparfaitement ce que l'on peut attendre des animaux. La plupart ne demandent qu'à entrer en mutualité avec l'homme. Espérons qu'un jour on saura mieux les comprendre.

*
* *

Voici un exemple d'un autre ordre, qu'on pourrait intituler : le chat aéronaute.

Dans une fête populaire, on avait lancé plusieurs petits ballons, dont plusieurs furent lestés d'un panier portant un chat.

Ces pauvres bêtes jetaient, dans les montgolfières, des cris désespérés; mais la plupart avaient fini par se perdre, emportées dans l'espace.

Un seul ballon restait en vue, et, chose singulière, ne montait pas, tandis que les autres disparaissaient peu à peu dans le ciel. On eût dit qu'il obéissait à une véritable manœuvre et qu'il tendait visiblement de se rapprocher de la terre.

En effet, l'animal qui s'y trouvait était, paraît-il, un maître chat ; il était parvenu à faire glisser peu à peu ses pattes hors des liens qui les attachaient, et doucement, avec sa griffe, absolument comme s'il eût soupçonné le jeu des soupapes, il brisait tantôt d'ici, tantôt de là, le papier gommé qui supportait la nacelle, de manière à ménager l'entrée de l'air à l'intérieur pour amortir la chute.

Ses efforts furent enfin couronnés de succès, et il toucha terre non loin d'une troupe de quelques gamins que ce spectacle merveilleux avait suffisamment ahuris pour les empêcher de poursuivre à coups de pierres l'intelligent animal.

*
* *

Mais rien n'égale à coup sûr celui-ci, qui a fait trop de bruit un instant à Paris (septembre 1868) pour ne pas être authentique.

Une dame d'un certain âge, ayant un perroquet au brillant plumage et la langue bien pendue posé sur son épaule, vint s'asseoir sur un banc du boulevard Sébastopol, en face du chevet de l'église Saint-Leu ; puis sortant de sa poche des noix, noisettes et autres gourmandises du même genre, elle les présenta à son favori, qui se mit à les dévorer gaillardement, en disant de temps en temps :

— Merci, maîtresse.

Un groupe de curieux se forma autour de la bonne femme et de son perroquet, ce que voyant, celui-ci se mit à ajouter incontinent :

— Eh bien ! tas de badauds !

Rire prolongé de la foule qui va grossissant.

— Tas de fainéants !

Et les spectateurs groupés de rire de plus en plus.

— Tas de curieux, d'imbéciles !

Le cercle se restreint.

— Tas de voleurs... eh là-bas, voleur ! voleur !

Et soit hasard, soit instinct, l'oiseau, abandonnant son perchoir, alla se poser sur les épaules d'un curieux qui avait égaré sa main dans la poche de son voisin et qui fut trouvé muni d'un porte-monnaie ne lui appartenant point.

.*.

M. le professeur Sée, de Strasbourg, m'a adressé (1868) deux charmantes anecdotes sur l'intelligence des chiens.

« Mirette, écrit-il, était une chienne, appartenant à une maîtresse presque entièrement privée de l'ouïe. Lorsque cette dame était au logis et que la sonnette se faisait entendre, Mirette, qui ne pouvait ouvrir la porte et qui comprenait bien que si elle eût aboyé, elle aurait aboyé en pure perte, tirait sa maîtresse par la robe pour avertir que quelqu'un demandait à entrer. Ce n'est pas tout : quand on était dans la rue ou à la promenade, qu'une voiture ou un cavalier s'approchait, Mirette donnait le même avis, en usant d'un semblable moyen; aussitôt la pauvre sourde se tenait sur ses gardes. Les yeux de l'aveugle sont ceux de son chien, comme les oreilles de la sourde étaient celles de Mirette. »

La seconde anecdote n'est pas moins curieuse que la première.

Le chien et le cheval sont d'ordinaire bons amis, et se plaisent à vivre ensemble dans la plus parfaite intelligence. S'il habite une écurie où se trouvent des chevaux appartenant à plusieurs personnes, le chien ne donne son affection qu'au cheval de son maître. A Strasbourg, deux frères avaient leurs chevaux dans la même écurie, et deux palefreniers différents pour les soigner ; un chien vivait avec eux en très bonne harmonie. L'un des chevaux recevait, comme supplément de nourriture, de succulentes carottes qu'il aimait beaucoup, et un gros tas de ces racines était là, tout proche, comme approvisionnement. On s'aperçut que ce tas diminuait rapidement; et, après surveillance, il fut reconnu que le chien était l'auteur de cette soustraction. Il tirait les carottes par le collet et les portait au cheval de son maître, lequel était privé de la pitance quotidienne dont jouissait son camarade.

L'attachement que des animaux d'espèces différentes ont parfois éprouvé les uns pour les autres, est parfois extraordinaire, comme on va le voir par les quatre exemples suivants.

(22) P. 132. « L'attachement singulier que des animaux d'espèces différentes se sont porté. »

La ménagerie du parc de la Tête-d'Or, à Lyon, possédait une hyène rayée, plus féroce que ne le sont d'ordinaire ces carnassiers, dont la lâcheté est proverbiale. Elle s'évada

un jour de sa cage, et fut assez difficile à reprendre, car
elle n'hésitait pas à faire tête, en hérissant sa crinière et dé-
couvrant ses crocs formidables, contre ceux qui voulaient
s'emparer de sa personne. Un des employés du parc dut,
pour s'en rendre maître, monter à cheval et lui lancer au cou
un nœud coulant à l'instar du lasso des Mexicains.

Malgré son caractère farouche, cette hyène s'affectionna
très vivement à une chienne griffonne qu'on avait placée
dans sa cage, et comme il arrive d'ordinaire dans les cas où
les sentiments affectueux, chez les carnassiers en captivité,
l'emportent sur l'instinct sanguinaire, la chienne ne tarda
pas à devenir la maîtresse du logis et à soumettre la hyène
à ses caprices égoïstes et à son humeur acariâtre.

Cette chienne est morte dernièrement, et voici ce qui se
passa à sa mort. La hyène entoura son agonie des soins les
plus affectueux, la réchauffant entre ses pattes et la léchant
avec tendresse. Depuis vingt-quatre heures déjà la chienne
avait cessé de donner signe de vie, et l'animal féroce continuait à se presser contre sa dépouille, blotti dans le coin le
plus obscur de sa cellule. Craignant que la décomposition de
ce cadavre n'infectât l'air, on se décida à l'enlever à l'affection
posthume de la hyène, et au moyen d'un croc on le tira hors
de la cage

On s'aperçut alors que l'amitié du carnassier pour son défunt compagnon de captivité avait pris un caractère d'intimité tel, que la séparation était complètement impossible. La
hyène avait mangé sa bonne amie, sans doute pour que, désormais, elle reposât aussi près que possible de son cœur, et
ce que le croc ramena au dehors n'était que la peau à longs
poils de la chienne, aussi soigneusement écorchée que si elle
eût passé par les mains d'un naturaliste.

Autres exemples.

M. Jean-Célestin Lapluie, photographe à Neuvic (Dordogne), était possesseur d'une chatte qui nourrissait trois
chats et trois rats. Immédiatement après qu'elle eut mis bas,
M. Lapluie voulut s'assurer du nombre de ses petits, et à son
grand étonnement il s'aperçut qu'elle allaitait indistinctement deux chats jaunes et un pommelé et deux rats jaunes
et un noir.

Les chats et les rats avaient pris assez de force pour sortir
plusieurs fois du nid. Mais ils y rentraient pour se livrer
aux plus joyeux ébats. Cette anomalie piqua la curiosité d'un
grand nombre de personnes, fort étonnées de voir la paix
conclue désormais entre la gent féline et la gent trotte-menu.

Reste à savoir si cette paix fut de longue durée. Quoi qu'il en soit, ce fait, qui a été signalé et attesté par plus de vingt témoins, serait un des plus merveilleux en ce genre qu'il eût été jusqu'à présent possible de recueillir. C'est à ce titre que nous le signalons à notre tour.

L'exactitude de celui qui suit nous a été également attestée par des personnes dignes de foi ; il a été constaté au mois de mai 1868 dans une ferme située aux environs de Montluel (Ain).

La chatte de la maison avait mis bas depuis peu de jours et avait perdu ses petits par accident ou par toute autre cause. Sur ces entrefaites, des faucheurs trouvèrent dans une prairie trois jeunes levrauts que leur mère avait abandonnés à l'approche de l'homme et les rapportèrent vivants à la ferme. La chatte les vit, se les appropria, les transporta dans le grenier en les prenant avec la gueule, comme s'ils eussent été sa propre progéniture, les installa dans sa couche déserte et les allaita.

La férocité native de cet ingrat carnassier domestique n'a-t-elle pas plus tard repris le dessus, et la chatte n'a-t-elle pas fini par dévorer les levrauts adultes qu'elle avait nourris de son lait, après que ces innocents herbivores lui auront rendu le service de l'en débarrasser ?

C'est ce que nous ignorons. Mais le fait de l'éducation de lièvres par une chatte est assez curieux en lui-même pour être consigné.

Un dernier exemple encore.

Un berger de Seine-et-Marne avait sous sa houlette cent moutons et deux chiens. Un jour, en rentrant au bercail, il lui manquait une brebis et un chien.

Le lendemain, chien et brebis n'avaient pas donné signe de vie. Que leur était-il arrivé ?

La brebis, qui était dans une position intéressante, avait mis bas deux agneaux. La chose n'est pas très commune, mais elle se présente de temps à autre.

Le chien avait cherché à ramener la mère et les enfants à la ferme ; mais, comme aucun n'était en état de marcher, il s'était couché auprès de la petite famille et était resté deux jours à veiller sur la brebis et les agneaux.

Pendant ces quarante-huit heures, les petits avaient tété la mère, la mère avait brouté l'herbe, et le pauvre chien était resté sans boire ni manger à son poste.

(23) P. 115, 123 et 132. A propos de l'intelligence
du chien.

Les nombreux exemples que nous avons déjà cités nous
obligent à nous limiter ici, malgré l'intérêt et la richesse du
sujet.

DUPONT DE NEMOURS raconte, relativement à l'intelligence
du chien, quatre histoires authentiques que nous nous faisons
un plaisir de donner en commentaire à notre texte. La première a pour héros *Sultan*, une connaissance du philosophe,
la seconde a été observée par ses condisciples du Plessis, la
troisième a été attestée par ses collègues de l'Institut, il a été
témoin oculaire de la quatrième qui s'est passée à l'hôtel du
duc de Nivernais et qui avait laissé des souvenirs chez les
habitants de la rue de Tournon.

I

On remarquait au commencement du siècle dernier, parmi
les habitués du Luxembourg, un certain abbé, dit *Trente-mille-
hommes*, nouvelliste intrépide, dont personne n'a jamais su
le véritable nom, et qui avait acquis celui-là par la fermeté
avec laquelle il décidait des droits et des intérêts de tous les
souverains de l'Europe, moyennant *trente mille hommes*,
d'une nation ou d'une autre, qui passaient les rivières,
gravissaient les montagnes, prenaient les villes, gagnaient
les batailles à sa volonté. — Disciple de Turenne, il n'était
pas pour les grandes armées ; trente mille hommes suffisaient
à tout.

L'ardeur guerrière de cet abbé ne pouvait le laisser en repos. Il arrivait au jardin de bonne heure, y déjeunait, buvait
le soir une bouteille de bière et mangeait conjointement avec
son chien six échaudés à la porte d'Enfer. Il ne quittait la
place que lorsque les Suisses l'en avaient plusieurs fois prié.
Les jours de pluie, il se tenait chez l'un des trois Suisses,
occupé à lire, relire et commenter la gazette, adressant la
parole à son chien lorsqu'il n'y avait pas d'autre compagnie.

Il mourut. Ce chien-loup, de moyenne taille, nommé
Sultan, dédaigna de prendre un autre maître, quoique plusieurs amis de l'abbé lui eussent offert un asile. Depuis
longtemps son domicile habituel était le jardin. Il y resta :
couchant sur les chaises quand il faisait beau, et dessous
dans les mauvais temps.

Il conservait de l'affection pour le groupe des nouvellistes, les suivait dans leurs promenades, s'arrêtait avec eux, obtenait aisément de côté et d'autre des morceaux de pain, des échaudés qu'il saisissait en l'air à merveille, et d'autres débris. Il ne tenait cependant pas si fortement au Luxembourg qu'il ne se montrât très joyeux quand on l'invitait à dîner en ville : ce qui devint assez fréquent lorsqu'on eut remarqué combien il était sensible à cette politesse.

La formule était: « Sultan, veux-tu venir dîner chez moi ? » Quelques-uns encore plus civils lui disaient : « Veux-tu me faire l'honneur de dîner avec moi ? » Il acceptait avec caresses, s'il n'était point engagé. Au contraire, s'il avait déjà promis, après un petit signe de reconnaissance, il allait se ranger à côté de son premier invitateur. Il l'accompagnait pas à pas, dînait de grand appétit, et faisait mille gentillesses tant que durait le festin. — La nappe enlevée, il attendait quelques moments, témoignant de la satisfaction. Ensuite il demandait poliment à sortir ; et si l'on tardait à ouvrir la porte, il gémissait, puis se courrouçait.

On a souvent essayé de le retenir. Il s'échappait, et ne se rapprochait plus de ceux qui avaient voulu transformer une marque de bienveillance en un titre d'esclavage.

Un maladroit, qui peut-être l'aimait, mais qui n'était pas assez délicat pour sentir qu'on ne peut conquérir par la force une âme élevée, osa le faire attacher. — *Sultan* fut dans l'indignation, mordit l'exécuteur, rongea la corde, s'enfuit au galop, et n'a jamais rencontré ce faux et perfide ami sans lui reprocher sa trahison par de violents aboiements, ni sans terminer la querelle par un geste méprisant...

II

Il y avait au collège du Plessis deux chiens tournebroches qui depuis longtemps faisaient cette fonction. Ils connaissaient bien leur métier, jamais ne laissaient brûler le rôti et, lorsque l'odeur les avertissait qu'il était cuit à point, ils en prévenaient le cuisinier.

Leur condition était assez douce. Ils travaillaient chacun à leur tour ; et, s'ils eussent vécu du temps de la décade, on aurait pu établir entre eux une égalité parfaite ; mais comme il existe deux jours maigres dans la semaine, le nombre des jours étant impairs, il y avait lieu à quelque préférence.

Le favori du cuisinier ne tournait que le lundi et le mercredi. Son compagnon faisait la tâche le dimanche, le mardi et le jeudi. — Le vendredi et le samedi étaient jours de congé pour tous deux.

Cet arrangement consolidé par l'usage ne faisait aucune difficulté. Quand la loi est établie, on s'y soumet : on la respecte. Mais il ne faut pas que l'autorité la viole.

Un mercredi, le cuisinier ne voyant point sous sa main le chien de journée, veut mettre dans la roue l'autre qui avait fait le devoir la veille. Celui-ci le trouve injuste. grogne, va se cacher dans un coin. L'homme le poursuit. Le chien menace et montre les dents. Le cuisinier montre un bâton. Le chien s'élance par-dessus la demi-porte de la cuisine, enfile celle du collège qui était ouverte, court à la place de Cambrai où son camarade jouait avec les compagnons du quartier, le bouscule, le lance, le pousse en le mordillant sans relâche, et le ramenant aux pieds du cuisinier, se tranquillise, en semblant dire : *Le voilà ; c'est son tour.* .

(On a vu, dans le texte, p. 115, un sentiment de justice analogue observé par Arago sur un chien tournebroche.)

III

Un chirurgien célèbre, Pibrac, qui vivait encore peu avant la Révolution, trouva un soir près de sa porte un très beau chien, qui avait la patte cassée, et que la douleur accablait. — Il le fait ramasser, lui remet la patte, le panse et le guérit. Pendant et après ce traitement, le chien lui manifestait une extrême reconnaissance ; son sauveteur croyait se l'être attaché pour jamais.

Mais ce chien avait un autre maître, et chez eux la première affection est toujours prédominante ; elle dure toute la vie. — Lorsque le convalescent commence à pouvoir courir, il sort et ne revient plus. Le chirurgien regrettait presque sa bonne action. Qui aurait cru, disait-il, qu'un chien pût devenir ingrat !

Cinq à six mois s'étaient écoulés, quand le chien reparaît à la même porte et y couvre des plus vives caresses M. Pibrac, qui le revoit avec plaisir et veut le faire entrer. Au lieu d'entrer, le chien alternativement lui léchait les mains et le tirait par son habit comme pour lui montrer quelque chose... C'était une brave chienne dont la patte était cassée, et qu'il amenait à son bienfaiteur pour être guérie comme il l'avait été !

(Observation analogue, également, pour le chien du peintre Doyen, p. 122.)

IV

La quatrième histoire racontée par Dupont de Nemours est celle du *Crotteur*.

A la porte de l'hôtel de Nivernais vivait un petit décrotteur, maître d'un grand barbet noir dont le talent particulier était de lui procurer de l'ouvrage

Il allait tremper dans le ruisseau ses grosses pattes velues, et venait les poser sur les souliers du premier passant. Le décrotteur empressé de réparer le délit présentait la selle : *Monsieur, décrottez-la.*

Tant qu'il était occupé, le chien s'asseyait paisiblement à côté de lui. Il aurait été inutile alors d'aller crotter un autre passant. — Mais dès que la sellette était libre, ce petit jeu recommençait.

L'esprit du chien, et la gentillesse de son jeune maître, qui se rendait serviable aux domestiques, donnèrent à l'un et à l'autre dans la cour de l'hôtel, et dans la cuisine une utile célébrité qui de bouche en bouche remonta jusqu'au salon.

Un Anglais illustre y était présent. Il demande à voir le maître et le chien, on les fait monter. Il se passionne pour l'animal, veut l'acheter, en offre 10 louis, 15 louis. Les 15 louis tentent l'enfant, ébloui d'ailleurs par tant de grands personnages. Le chien est vendu, livré, enchaîné, mis le lendemain dans une chaise de poste, embarqué à Calais, et il arrive à Londres.

Son maître le pleurait avec une tendresse mêlée de remords...

Joie inespérée! Le quinzième jour, le chien arrive à la porte de l'hôtel de Nivernais, plus crotté que jamais et crottant mieux ses pratiques.

Il avait observé, pendant la route, qu'on s'éloignait de Paris dans une voiture, suivant une certaine direction; qu'on s'embarquait ensuite sur un paquebot, et qu'une troisième voiture menait de Douvres à Londres. La plupart étaient des chaises de renvoi. Le chien, retourné de chez son acquéreur au bureau de départ, en avait suivi une, peut-être la même; elle l'avait conduit à Douvres. Il avait attendu le même paquebot sur lequel il avait déjà passé ; et, descendu à Calais, il avait suivi pareillement la même voiture qui l'avait amené. Toutes ses promenades précédentes lui avaient appris qu'après avoir bien marché pour aller quelque part, il fallait retourner sur ses pas pour revenir au gîte; et ce gîte était à côté de son jeune maître, rue de Tournon.

*
* *

L'un de mes collègues à l'Association-polytechnique, M. Fouché, me transmet (1668) quelques observations dignes d'être ajoutées aux précédentes.

Il y a dix ou quinze ans, on a pu voir sur la place de l'Ecole de médecine, en face de la Clinique, et au marché de la place Maubert, un homme avec deux chiens d'une espèce intermédiaire entre le chien courant et le mâtin.

Ces chiens étaient dressés à de certains exercices qui nous ont surpris, autant par leur étrangeté que par la persistante éducation qu'ils faisaient apparaître.

L'homme, propriétaire et éducateur de ses chiens, s'arrêtait sur la place, les chiens se couchaient à ses pieds, et lui, armé d'un fouet à petit manche, sans geste significatif, sans indication manifeste, disait : Phonor! va te mettre sur la borne de gauche. Alors un des deux chiens, obéissant à cette injonction, se levait et allait se placer immobile sur la borne indiquée. — Puis ensuite : Rassemble tes pattes ! — et le chien se mettait debout sur la calotte supérieure de la borne, les quatre pattes ramassées sur le plus petit espace qu'elles puissent occuper. — Change de position ! — et le chien se mettait sur son séant. — Descends! viens vers moi! — Fais trois fois le tour ! — et tous ces commandements étaient littéralement exécutés sans que le maître ait eu besoin de commander par gestes ou par indications matérielles ; sa parole simple et calme suffisait. — Puis venaient ensuite les exercices de l'autre chien, exercices semblables, mais qui se combinaient avec ceux du premier; comme par exemple : Changez de place! Descendez! Montez! Venez vers moi, etc. — Témoin de ces remarquables exercices de l'autre chien, j'ai cru à une succession régulière des indications données à ces intelligents animaux, et, m'approchant de leur maître, je l'ai prié de les faire obéir dans un autre ordre; il y consentit, et mes demandes fidèlement et simplement transmises par sa parole furent toujours très exactement comprises et suivies d'exécution.

Il y a environ vingt ans, un parent de M. de Croës, alors propriétaire du café qui fait l'angle de la rue du Faubourg-du-Temple et du canal, était allé à Chartres pour des affaires qui nécessitaient sa présence en cette ville. Il avait emmené avec lui un petit chien de l'espèce dite chien de cour ou chien de maison. Après vingt-quatre heures de séjour en cette ville,

il dut repartir pour Paris, et s'aperçut alors que son chien
avait disparu. Dans l'impossibilité de se mettre à sa recherche, il partit ; et *six semaines après* le chien se précipitait
chez lui amaigri, efflanqué, crotté — en tenue de vagabond.

(24) P. 145. L'intelligence de l'éléphant.

Aux exemples précédents nous pouvons ajouter deux observations bien curieuses rapportées par Dupont de Nemours :

« L'éléphant du Jardin des Plantes était accoutumé à recevoir du public quelques friandises qu'on se plaisait à lui voir
prendre dans la main, du pain, des gâteaux, du sucre et des
fruits. Il pouvait en résulter des inconvénients pour sa santé.
Un jour on défendit aux curieux de lui rien donner, et on
posa une sentinelle dont la consigne était d'empêcher que la
défense fût enfreinte.

» L'éléphant remarqua très bien que c'était cet homme
armé qui s'opposait à la bonne intention de ceux qui appor-
taient du pain et les repoussait. Il jugea encore que c'était
son arme qui faisait respecter ses ordres. Il approche doucement de la sentinelle, saisit le fusil, le lui enlève, le brise et
le foule aux pieds. »

— « A Pondichéry, on charge un éléphant de porter chez le
chaudronnier une chaudière percée. C'est un amusement,
quand on leur a bien fait comprendre ce dont il est question,
de les employer ainsi à de petits messages sur leur bonne
foi et sans conducteur.

« L'éléphant s'acquitte de la commission, attend que l'ouvrier ait fait son travail, et rapporte la chaudière. Mais le
raccommodage était mal fait, et la chaudière coulait encore.
On la montre à l'éléphant, qui reprend la chaudière et retourne chez l'ouvrier maladroit. Pour lui faire sentir sa faute
et avant d'arriver, il remplit la chaudière d'eau à une fontaine voisine, et la trompe haute, il la porte au-dessus de la
tête du chaudronnier, de façon que le filet d'eau lui arrose
le visage. »

(25) P. 156. La sagacité, l'affection à toute épreuve, des oiseaux pour leurs petits.

Parmi un grand choix d'exemples, nous citerons les suivants :
Sur une ligne du chemin de fer du Nord, en visitant un
wagon de troisième classe depuis longtemps en dehors du
service, on remarqua qu'un petit oiseau, un rouge-queue,
avait construit son nid, renfermant cinq œufs, tout près des

ressorts d'attache. Le wagon, reconnu en bon état, fit ce jour-là même partie d'un train de marchandises expédié à 50 kilomètres, ou il stationna trente-six heures, et fit ensuite divers circuits pour revenir à son point de départ.

Le wagon avait été ainsi en route quatre jours et quatre nuits, et pendant ce temps le nid ne fut pas abandonné, au moins par la mère, car au retour, au lieu de cinq œufs, on y trouva cinq petits.

Le conducteur du train avait été surpris de voir à chaque station un petit rouge-queue sortir de l'un des wagons pour repartir bientôt et revenir encore. La grande vitesse, le bruit du train ne l'effarouchaient pas, et le devoir paternel lui faisait tout affronter. Ces petits avaient besoin de chaleur, d'abri, de nourriture, il les leur prodiguait à travers les espaces inconnus, sans se laisser arrêter par aucun obstacle.

Touché de cette histoire, le chef de gare ordonna qu'on détachât le wagon et qu'on le mît en lieu sûr; il le visitait de temps en temps, et voyait avec un vif plaisir le père et la mère apportant la becquée à leurs petits.

Au commencement de mai 1868, en traversant les Halles centrales (section des légumes), un flâneur resta tout surpris de voir un rouge-gorge qui volait de çà et de là sous l'immense armature de fer du marché. Sans s'effrayer le moins du monde du mouvement et du bruit qui se faisaient autour de lui, l'oiseau fouillait de son bec fin et acéré dans les tas de détritus végétaux de toutes sortes amoncelés partout. Il ne s'effaroucha en aucune façon de la présence du curieux, tout entier qu'il était à la rude besogne de saisir une de ces grosses chenilles qui hantent les choux, et qui lui opposa une résistance désespérée en se tordant sur elle-même et en se laissant tomber au plus profond de l amas de feuilles.

Enfin le petit chasseur saisit sa proie, s'envola à tire-d'aile, se dirigea vers une voiture de maraîcher qui stationnait à cent pas de là, et s'abattit sur un panier rempli de paille et du milieu duquel s'élevèrent des pépiements d'oiseaux. C'était à n'en point croire ses yeux ! Un nid de rouge-gorge se trouvait installé au fond de ce panier, beaucoup plus large que profond, et une jolie femelle s'y tenait, occupée à couver comme elle l'eût fait en plein bois.

L'observateur s'informa alors près d'une femme d'une trentaine d'années, assise sur le brancard de la voiture dont elle semblait la propriétaire, et en train de tricoter une paire de bas, comment on était parvenu à apprivoiser ces oiseaux ?

— Ma fine ! répondit l'excellente femme avec un sourire

franc et en quittant son tricot, ils y sont venus d'eux-mêmes et tout seuls. Il y a de cela deux ans. Un matin que' mon mari allait charger sa voiture de légumes pour les amener à la ville, il vit, dans le panier que voilà, les deux oiseaux en train de construire leur nid, et, bien entendu, il ne se sentit point le courage de les déranger. Et puis il voulait connaître ce qu'il en adviendrait quand la voiture se mettrait en marche pour Paris; car, voyez-vous, notre homme, non seulement aime les bêtes et ne ferait pas de mal à la plus petite, mais encore il est curieux, et je ne saurais vous dire tout ce qu'il s'amusait à observer dans notre jardin. Il chargea donc la voiture sans déranger le panier au nid autrement que pour le fixer avec une ficelle à la place où il est encore. Fidèle, notre gros chien, qui se chauffe là au soleil, sauta comme d'habitude sur le tas de paille qui couvrait les légumes, et puis en route, et fouette cocher! Il faisait à peine jour; mon mari et moi nous ne tardâmes pas à nous endormir, car notre jument Cocotte connaît aussi bien que nous le chemin, qu'elle fait deux fois chaque jour, la pauvre bête! et puis avec Fidèle, il n'y a pas de voleur à craindre! Vous voyez comme le gaillard est membré, et en deux coups de dents il jetterait à bas celui qui tenterait de dévaliser ses maîtres et de s'approvisionner de légumes à nos dépens. En dehors de ça, un véritable mouton et se laissant tripoter comme ils veulent par nos enfants, qui jouent avec lui toute la journée; des amours, dont l'aîné atteint ses six ans. Arrivé aux Halles, Cocotte s'arrêta. Ne nous sentant plus ballottés, ainsi qu'il nous arrive toujours, nous nous réveillâmes et nous sautâmes en bas de la voiture; Fidèle en fit autant et se coucha par terre entre les deux roues. Ce fut seulement en déménageant nos légumes que nous nous rappelâmes les oiseaux. Le nid achevé se trouvait vide.

— Pauvre bêtes! dit mon mari tout en déchargeant la voiture, j'ai eu une mauvaise idée d'amener avec nous le panier où ils ont fait leur nid. J'aurais dû l'ôter de la charrette et le mettre dans le coin d'une haie.

Tandis qu'il parlait ainsi, nous vîmes, à notre grande surprise, les deux oiseaux qui, le bec plein de petits morceaux de foin et de plumes, revenaient à la voiture; ils se mirent à travailler à leur nid, et à lui donner les derniers coups de perfection, comme s'ils se fussent trouvés en pleine campagne. Vers dix heures, quand nous repartîmes, ils firent la route avec nous, tantôt dans leur nid, tantôt volant d'arbre en arbre, tantôt picotant dans le crotin de cheval semé le long de la route. C'était curieux de les voir souvent au milieu d'une bande de moineaux dont la présence ne les effrayait pas, et arrachant du bec de ceux-ci, qui pourtant ne sont point commodes, les meilleurs grains d'avoine et les petits vers. Quand, repus et fatigués, ils revenaient au nid, la femelle s'y couchait, tandis que le mâle, perché sur le rebord du panier, s'en donnait à cœur joie à chanter ses plus beaux airs. Or, monsieur, je ne sais pas si vous le savez, mais le rouge-gorge chante quasiment aussi bien qu'un rossignol, et je vous assure que, à moins de s'y connaître beaucoup, on pourrait s'y tromper.

La paire d'oiseaux prit donc l'habitude de venir tous les jours à Paris avec nous et de retourner ensuite à notre jardin. La femelle ne tarda point à rester dans son nid, où elle pondit quatre jolis petits œufs qu'elle se mit à couver, tandis que le mâle allait, de tous côtés, lui chercher des mouches et des chenilles qu'elle lui prenait dans le bec de la façon la plus gentille et avec des mouvements de tête si coquets que nous ne pouvions point nous lasser de la regarder. Fidèle semblait y trouver autant de plaisir que nous, car allongé sur la paille de la voiture, il plaçait tout près du nid son gros nez noir comme une truffe; jamais ni le mâle ni la femelle ne s'en inquiétèrent. Le premier même ne se gênait pas pour aller prendre les mouches qui se posaient sur le dos, et même entre les oreilles du chien.

Des quatre œufs sortirent un matin quatre petits, et ils se firent sans peine au cahot de la voiture, comme leurs père et mère, car ils grossirent à plaisir, et jamais je n'en ai vu de plus beaux, avec leur bec jaune qui s'ouvrait comme une paire de ciseaux, avec leur corps couvert d'un duvet blanc et leurs cris d'affamés qui ne se montraient jamais rassasiés. Mon mari compta qu'à eux quatre, avec la mère, ils mangeaient de cinq à six cents chenilles par jour, et il fallait que le père les leur trouvât et les leur apportât; sans cela, c'étaient des cris à n'en plus finir. Le brave oiseau remplissait sa besogne en mari et en père exemplaire. Bien souvent, harassé de fatigue et haletant, il venait se reposer près de son nid; mais on y criait famine, et il retournait aux provisions en traînant de l'aile.

Vers la fin de septembre, les petits prirent leur volée, et un matin nous trouvâmes le nid complètement vide. Le père et la mère s'en étaient allés sans doute chercher des insectes dans les pays où il y en avait.

L'année suivante, au mois d'avril, mon mari me dit : « Je crois que voici le moment où nos rouges-gorges vont revenir. M'est avis qu'il faut remettre leur panier sur la voiture. » Il le remit en effet, et on avait si bien veillé au nid, qu'il n'y manquait pas une plume et que pas un seul brin de paille ne s'en trouvait dérangé.

Le soleil et la chaleur retardèrent, s'il vous en souvient, cette année-là. Ce ne fut guère que dans les premiers jours de mai que le froid cessa, que l'on vit des mouches voler et que les chenilles commencèrent à manger les feuilles. Un matin, comme le soleil allait se lever, nous entendîmes chanter un oiseau, et nous reconnûmes la voix de notre ami le rouge-gorge mâle. C'était bien lui avec sa femelle. Déjà ils s'étaient installés dans leur nid sur la voiture remisée dans le hangar.

Cette année-ci également, ce fut la même histoire que l'année précédente; seulement nous devînmes, bêtes et gens, tous encore plus amis que nous ne l'étions. Les deux oiseaux prennent non seulement des mouches dans nos doigts, mais encore dans les doigts des enfants qui ne se privent pas, vous le pensez bien, de leur en donner du matin au soir. Cependant je dois vous dire que si les rouges-gorges se montrent doux envers nous, il n'en est pas de même à l'égard des autres oiseaux. Ils ne souffrent point qu'un seul vienne s'établir dans les haies ou sur les arbres de notre jardin; ils détruisent à coups de bec tous les nids qui s'y construisent, et ils poursuivent les nouveaux venus avec acharnement, jusqu'à ce que ceux-ci quittent le terrain. Les moineaux et même les rouges-gorges que tentent la tranquillité de notre maison, doivent forcément en prendre leur parti et aller quérir autre part un logement. Dame, après tout, dit-elle en guise de conclusion, quand on aime bien on est jaloux! et je connais bien des hommes, voire des femmes, ajouta-t-elle en riant, qui feraient de même que nos oiseaux. Mais voici mon mari qui revient, et il nous faut partir!

En effet, le maraîcher remit la bride à la jument, et monta sur la voiture, tandis que sa femme et son chien prenaient place à ses côtés; le rouge-gorge mâle, en voyant ces symptômes de départ, accourut à tire-d'aile et se percha au bord du panier; puis homme, femme, chien et oiseaux s'éloignèrent.

⁎⁎⁎

Un voyageur italien, qui a parcouru une grande partie de la région montagneuse du Pérou, cite un trait de l'amour du condor pour ses petits.

Un pauvre Indien, voulant s'emparer d'une nichée de petits

condors qui se trouvait sur la cime d'une roche très élevée, entreprit la périlleuse ascension un matin, pendant que le condor était parti. Ses compagnons, qui l'attendaient au fond de la vallée, le virent escalader péniblement le sommet, pénétrer dans une anfractuosité du rocher, en ressortir avec les petits condors dans un sac, et reprendre la périlleuse descente.

Tout à coup, une tache à peine visible apparut sur l'azur du ciel et, presque aussitôt, rapide comme l'éclair, un énorme condor se précipita sur la tête de l'Indien ; le malheureux, vaincu par le choc et par la douleur, tomba d'une hauteur énorme dans le fond du précipice.

Quand ses compagnons épouvantés accoururent, ils ne trouvèrent qu'un cadavre ayant l'orbite des yeux vide et sanglant, la tête horriblement brisée à coups de becs et d'ongles ; le féroce oiseau s'envolait cependant dans l'air, tenant dans ses serres le sac dans lequel étaient enfermés ses petits.

(26) P. 156. Le sentiment chez le cheval.

L'instinct et l'intelligence du cheval ont été observés en certaines circonstances dignes de remarque par l'un de nos peintres contemporains, M. Brasseur Wirtgen, dans ses études d'animaux.

Il m'a raconté, à ce propos, l'histoire dramatique d'un cheval nommé l'Enragé et d'un jeune garçon nommé Ditz, qu'il eut l'occasion d'apprécier en de nombreuses séances de dessin faites en compagnie du peintre Dedreux dans les écuries de l'ancienne administration des omnibus *Hirondelles*, à la Chapelle, rue Marcadet.

Au fond de l'une des écuries, on avait relégué depuis peu un cheval jeune encore, destiné à la réforme, et que l'on nommait l'Enragé. L'action continuelle des jambes sur les voies pavées avait produit le résultat ordinaire, il était devenu fourbu. Ce cheval de poil roux mêlé de blanc et de gris était de ceux qu'on appelle *rouans*. Il s'était montré au travail le plus résistant de ses congénères. Indomptable d'abord, pendant plus d'une année on doubla son service en vue de le soumettre ; rentré à l'écurie après la rude tâche du jour, il fallait encore user de précautions pour s'en approcher. Seul, un malheureux petit garçon souffreteux, d'une douzaine d'années, nommé Ditz, n'en avait aucune à prendre. Il venait près de lui sans crainte, passait les mains sur son poitrail, sur ses jambes, lui prenait la tête et collait sa bouche sur ses naseaux en lui donnant de longs baisers.

L'animal les lui rendait en passant avec sollicitude sa langue sur le visage de l'enfant; on devinait là plus qu'un simple désir de rendre des caresses reçues ; le cheval l'avait par ce moyen tout naturel guéri d'une sorte de gourme qui s'était répandue sur son visage et que les remèdes des hommes n'avaient pu faire disparaître. Ditz, fils d'un ivrogne palefrenier de l'établissement, s'efforçait de se rendre utile, et prêtait volontiers son assistance aux chevaux en ce qui touchait leur bien-être ; il ramenait une litière éparpillée, ou rassemblait à la portée d'une bouche qui ne pouvait les atteindre des restes épars de foin ou d'avoine. Les commissions à faire en ville lui permettaient de voir quelquefois son ami à une station sous le harnais du service. Alors il allait à lui, et l'Enragé en le voyant piétinait d'aise et tournait la tête en tous sens pour ne pas perdre de vue son protégé. Aux jours caniculaires, quand il le pouvait, le petit garçon trempait une éponge et en abreuvait les naseaux de l'animal, et celui-ci baissait la tête pour faciliter ce travail. Quelquefois le cocher ou le receveur de la voiture chassait l'enfant en lui disant : Mais, petit malheureux, tu veux donc te faire dévorer? Un œil attentif n'eût pas vu là cependant l'ombre d'un danger pour l'enfant.

Dans l'espoir de rendre ce cheval encore propre au service, le vétérinaire pratiqua des brûlures sur les jambes; ces plaies vives attiraient les mouches que Ditz chassait en lançant de l'eau fraîche d'une écuelle. L'Enragé témoignait le bonheur qu'il ressentait de ses soins par de petits mouvements de sa tête qu'il rapprochait de celle de l'enfant, et par de faibles hennissements, comme s'il lui eût parlé bas.

Quelquefois le gamin en belle humeur se fourrait sous le ventre du cheval, puis entre les jambes de devant on voyait sa tête apparaître; il faisait mine de le soulever; le cheval regardait le bambin et relevait un pied, et puis l'autre, en vue, l'on eût dit, de le lui faire croire.

Ce fut un jour le tour de ce cheval à servir de modèle à Alfred Dedreux. Satisfait du parti qu'il en avait tiré, il l'en récompense en lui offrant un petit pain; l'animal le saisit et le laisse retomber dans sa mangeoire. Dedreux, voyant cela, veut le reprendre pour le donner à un autre. Mais comme il avançait la main, le cheval couche les oreilles et montre les dents. Un moment après, Ditz s'approche, et grande fut la surprise de l'artiste de voir le cheval prendre le petit pain et le lui remettre. Croyant à quelque hasard, Dedreux recommence l'expérience et voit se renouveler les marques d'une sollicitude qu'il ne soupçonnait guère. — Mais, pauvre en-

ant, s'écria-t-il, que deviendras-tu quand ton ami te sera
enlevé pour l'abattoir? Ditz ne répondit pas, et se mit essuyer
les larmes qui lui venaient aux yeux.

Du plus loin qu'il sentait venir l'enfant, et quand son
absence avait été longue, le cheval témoignait sa joie par
ses hennissements; un frémissement semblait parcourir ses
membres, et quand enfin le petit était près de lui, c'était un
curieux spectacle de voir la démonstration folle manifestée
par cette bête et l'attention qu'elle mettait à ce qu'elle n'offrît
pas de danger pour son favori.

Parfois Ditz s'endormait sous la mangeoire; l'Enragé s'efforçait alors, à l'aide de ses sabots et de sa bouche, de
ramener vers lui le foin ou la paille et l'en couvrait tant bien
que mal. Un jour, une limousine à sa portée attire son attention; sa longe n'ayant pas l'étendue suffisante pour l'atteindre,
il y ajoute la longueur de son corps, il se tourne et, avec ses
pieds de derrière l'ayant ramenée à la porté de sa bouche,
il la pose sur le corps de l'enfant et s'efforce de l'en couvrir.

Tant d'intelligence fit éprouver à Dedreux l'envie d'avoir
ce cheval en propriété, pour lui ménager une retraite dans
une habitation qu'on achevait de lui bâtir à Montmartre. Il
comptait aussi sur l'adhésion du père pour n'en pas séparer
l'enfant; mais ce projet ne devait point aboutir.

Un jour Ditz, envoyé en commission, rentrait le soir par
un sentier à travers champs; il approchait de l'administration
quand un misérable lui barre le chemin avec l'intention de
s'emparer d'un panier qu'il avait au bras. L'enfant essaye de
résister mais il est aussitôt renversé par terre, où il n'ose
bouger. Néanmoins ses cris de détresse durent être entendus
du cheval; le danger que courait son pupille lui fut sans
doute révélé, car aussitôt il rompt sa longe, et, sourd à la
voix des palefreniers qui ne savent à quoi attribuer cette
fureur soudaine, il s'élance en bondissant hors de l'écurie;
il troue une palissade en planches qui entoure l'établissement,
et le voilà, comme un cheval fabuleux, ayant bientôt franchi
l'espace qui le sépare de son protégé. Puis il se met à la
poursuite du voleur qui s'éloignait à grands pas.

Ce misérable, à l'arrivée subite de cette bête dont les yeux
flamboyaient, s'arrête court, le panier lui échappe des mains,
et ses jambes se paralysent. Saisi par le milieu du corps et
renversé, l'animal furieux le trépigne sous ses pieds de devant
et l'abandonne. Puis il revient vers l'enfant, le lèche, donne
de la tête en l'air en enlevant ses jambes de devant comme
pour l'engager à se mettre en joie et à partager avec lui le
bonheur de se retrouver. L'enfant aperçoit des taches de sang

à la tête et aux jambes du cheval; les cris qu'il a entendus lui font penser qu'une scène affreuse a dû avoir lieu. Saisi de crainte, ce malheureux avançait difficilement et se laissait guider par son terrible compagnon qui marchait côte à côte avec lui. A sa rentrée à l'établissement, il lui fallut quelque temps encore pour remettre sa mémoire troublée et faire le récit de ce qui venait d'avoir lieu.

Il ressortit de l'enquête faite au sujet de ce singulier événement que le voleur, dont les blessures étaient mortelles, n'en était pas à son coup d'essai; on reconnut également en lui l'auteur d'un assassinat dont la recherche était demeurée vaine.

L'instinct de ce cheval frappa d'étonnement les personnes appelées au sujet de cette affaire, le bruit s'en répandit, et pendant assez longtemps des curieux vinrent à l'administration des Hirondelles demander à voir le fameux cheval rouan.

Malgré sa rare intelligence, l'Enragé ne tarda pas à être envisagé par le personnel des écuries comme un animal dangereux qu'on aurait dû faire abattre. Il devint insensiblement l'objet d'une animosité qui réagit même sur l'enfant regardé en quelque sorte comme complice de la mort d'un homme. Cet état de choses ne fit que rapprocher les deux persécutés, et ce rapprochement semblait à ces gens comme un témoignage de leur culpabilité. On frappait donc cette bête en toute occasion, sachant que l'enfant lui aussi avait sa part de douleur.

J'étais seul, au fond de l'écurie en train de travailler près du cheval rouan. Un palefrenier entre, et, pressé de se rendre en ville, met son déjeuner, composé d'un morceau de pain et d'une tranche de lard fixée au milieu, dans la mangeoire, à une assez grande distance de l'Enragé. Dix minutes s'étaient à peine écoulées que le cheval manifeste l'envie d'avoir ce déjeuner en sa possession. Trop éloigné pour l'atteindre, il y parvint en tirant à lui avec sa bouche une poignée de paille sur laquelle le pain reposait. Une fois en possession de l'objet convoité, il le tint à sa portée après l'avoir dissimulé sous un peu de foin. J'avais l'intention de renseigner à son retour le palefrenier sur la disparition de son déjeuner, auquel le cheval semblait ne vouloir pas toucher, quand l'arrivée d'une remonte de chevaux m'attira dans l'écurie voisine. Une demi-heure s'était à peine écoulée qu'un grand tapage, des cris et des jurements me ramenèrent au lieu où je travaillais. Il était arrivé que Ditz. qui sans doute avait faim, avait accepté le pain et le lard que son protecteur lui tenait en réserve, pensant que quelqu'un de l'établissement l'avait mis là à son intention. Il mangeait donc en toute quiétude quand le palefrenier, l'appétit aiguisé par la course qu'il venait de faire, entre et cherche son déjeuner. Il le voit aux mains de l'enfant et entre dans une grande colère. Le père de ce dernier accourt, et arrache son fils au poitrail du cheval rouan, auquel il s'était attaché comme à l'autel d'un dieu sauveur. Le cheval pousse un cri terrible, et se dresse de toute sa hauteur : ses deux jambes de devant, après avoir battu l'air d'une façon menaçante, retombent dans la mangeoire qu'il effondre en partie.

— Ah! gueux d'enfant, tu déshonores ton père! s'écria l'ivrogne.

J'essayai vainement alors de faire comprendre à cet homme comment le fait avait dû se passer, puisque la sollicitude du cheval pour l'enfant était connue de tous. Sans vouloir m'écouter, cet imbécile s'empare d'un fouet et en frappe le pauvre Ditz. La vue de cet acte de brutalité rend le cheval furieux; il brise son licou, se précipite sur le fustigateur, le saisit par le dos et le lance à quelques pas à demi nu. Tous nous prîmes la fuite. Ditz alla se blottir sous des gerbes. Mais incontinent le cheval va à lui. Ses caresses ne peuvent néanmoins dissiper chez l'enfant la crainte des suites que cette scène pouvait avoir.

Fort heureusement, l'ivrogne en avait été quitte pour la peur et ses vêtements déchirés. Cet homme, l'œil hagard, les traits bouleversés, le torse nu, s'était empressé de courir vers les garçons d'écurie avec lesquels il était en train de boire. L'état où il était, son récit plein d'épouvante décidèrent ces gens à s'armer de fourches, et à se précipiter sur le cheval.

— Il n'y a pas à ménager une bête pareille, s'écrièrent-ils, autrement elle nous tuera les uns après les autres.

Alors les fourches trouèrent impitoyablement le corps du vaillant animal. N'opposant aucune défense, on l'eût dit résigné à expier courageusement une faute commise ; sa chair semblait douée d'insensibilité, tant il conservait de calme. L'enfant, pour se dérober à l'horreur de cette scène, s'était caché le visage en étouffant ses sanglots. Je fis une tentative inutile pour arrêter cette sauvage cruauté.

Le sang coulait avec abondance, c'était affreux à voir; le cheval bientôt s'affaissa, et l'enfant, qui un instant ôta les mains de ses yeux, se les couvrit de nouveau en poussant des cris navrants. Le père, tournant alors sa colère contre son fils, ramasse le fouet dont il s'était servi pour continuer sa correction interrompue; il se remet à le frapper avec une fureur de brute. Mais aussitôt l'œil à demi fermé du cheval se rouvre. Par un effort désespéré il parvient, quoique trébuchant, à se remettre debout. C'était un effrayant tableau que de voir tenir sur ses jambes vacillantes ce brave animal tout dégouttant de sang, à demi mort, et dont l'œil brillait d'un feu étrange. Un instant tous ces hommes eurent peur. L'ivrogne s'enfuit, abandonnant son fouet. Mais aussitôt le cheval, masse inerte, retomba comme foudroyé.

Dedreux entre au même instant, et se précipite au milieu de ces hommes qui s'étaient remis à frapper. Il rejette violemment les fourches qui s'enfonçaient lâchement dans une chair morte. La colère, la menace qui étincelaient dans ses yeux, continrent tous ces hommes.

L'enfant suffoquant d'une façon alarmante, Dedreux lui porta secours, et l'ayant pris par la main, l'emmena sans que le père y mît d'obstacle. — Il y a lieu de pleurer, pauvre garçon, lui dit-il. Ce n'est guère chez les hommes qu'une telle amitié se retrouve.

*
* *

A cette curieuse relation nous ajouterons celle des faits et gestes d'un pauvre chien de saltimbanque, due à la même plume de M. Brasseur Wirtgen. C'est par elle que nous terminerons cette déjà trop longue série de notes sur les témoignages de l'intelligence des animaux.

Il y a une trentaine d'années, on voyait à Paris, sur les places publiques, un homme de grande taille appelé Duclos. Hiver comme été, cet industriel, vêtu d'un maillot, gagnait son pain à faire des tours de force et d'adresse qui n'avaient rien de bien curieux. Il avait avec lui deux aides inséparables, un fils d'une douzaine d'années nommé Frédéric, et un grand chien barbet appelé Pantalon. Cette bête, tondue par tout le corps, n'avait de poil qu'aux pattes, ce qui simulait en réalité un pantalon assez convenablement taillé.

Ce chien, dressé à faire de la voltige, était à peu près l'unique mobile qui attirait les passants.

Duclos demandait entre autres choses à son barbet : Comment font les hommes pour arriver aux honneurs et à la fortune? Pantalon, la tête basse, se mettait à faire une suite de génuflexions, à essayer des postures serviles qui divertissaient. Mais sa figure honnête ne laissait rien voir de ces mille reflets de l'hypocrisie qui nous est donnée pour arriver à nos fins.

Les jours où la fortune ne souriait pas à leurs travaux, où les sous ne venaient pas, Pantalon allait et venait de l'un à l'autre de ses maîtres, comme s'il eût craint qu'ils ne s'affligeassent. Puis, sur le lambeau de tapis qui recouvrait le pavé, il venait s'asseoir, et ses regards tournés vers les spectateurs semblaient dire : il vous serait si facile de nous contenter en nous jetant quelque monnaie. Pourquoi donc ne le faites-vous pas? Pour ce chien aux instincts dévoués il y avait là un problème indéchiffrable.

Il arriva un jour que le pauvre saltimbanque tomba d'une pyramide faite de tabourets superposés.

Il résulta de cette chute une fracture des plus dangereuses de la cuisse. Le saltimbanque resta évanoui sur le coup. Frédéric se mit à pousser des cris, et Pantalon tourna autour de son maître avec toutes les marques d'une vive inquiétude; il semblait malheureux de ne pouvoir lui porter secours.

Un instant, les spectateurs crurent voir là une mystification à leur adresse; mais la triste réalité ne fut bientôt que trop évidente.

Deux hommes requis par un agent de police placèrent le pauvre Duclos sur un brancard. Ils allaient se mettre en marche, quand Pantalon saute tout à coup à la hanche d'un homme qui se disposait à s'éloigner. Sa gueule engagée à cet endroit tenait ferme, malgré les coups de pieds que cet acte soudain lui attira. A ce moment Duclos recouvrait ses sens et dit à Frédéric d'une voix émue de chercher sa bourse qui s'était échappée de sa poche. C'était elle que retenait dans sa gueule, à travers l'étoffe, l'intelligent barbet. A la voix du saltimbanque et de Frédéric, on fouilla cet homme, et le pauvre Duclos put, grâce à son chien, rentrer en possession de la petite somme qui constituait toute sa fortune. Puis le blessé, suivi de Frédéric et de Pantalon, fut dirigé vers l'hôpital Saint-Louis. « C'était un navrant spectacle, nous dit un témoin, de voir le petit garçon en pleurs et Pantalon dont la douleur n'était pas moins significative. »

Le docteur Gerdy, de service ce jour-là, s'empressa de donner les premiers soins au blessé, mais il jugea son état des plus graves.

Touché des pleurs de Frédéric, qui ne voulait pas se séparer de son père, le docteur souscrivit à ce désir; le chien lui-même put rester. Le malheur qui frappait ces pauvres gens leur valut ces concessions.

Le lendemain, à l'heure de la visite, Jobert de Lamballe s'étant approché, s'écria, après un court examen :

— Mon ami, cette jambe est à supprimer, nous n'avons pas de moyens de guérison.

Bientôt deux infirmiers s'avancèrent portant un brancard. Jobert de Lamballe, ayant terminé sa visite, attendait dans la salle destinée aux grandes opérations.

— Allons, nous n'avons pas de temps à perdre, dirent les porteurs pour mettre fin aux embrassements qui s'échangeaient.

Frédéric voulut suivre son père, mais on s'y opposa par crainte d'émotions nuisibles pour l'opéré. Pantalon, auquel on ne songea point, fut plus heureux, il put se glisser dans la salle.

En la voyant, Jobert de Lamballe s'écria :

— Mettez donc ce chien dehors !

Mais aussitôt le saltimbanque supplia le docteur de le laisser.

— Sa présence me donnera le courage nécessaire, ajouta-t-il.

Cette demande lui ayant été accordée, on étendit le pauvre Duclos sur la table de souffrance, et quand il vit les apprêts terminés, il appela son chien qui vint se dresser auprès de lui. Le saltimbanque, entourant de l'un de ses bras la tête de son fidèle serviteur, la tint appuyée contre la sienne, et bientôt l'acier se fit sentir.

Les plaintes qu'étouffait l'équilibriste, la contraction de ses membres, allumèrent insensiblement la colère de Pantalon. Ses grondements incessants, sa tête tournée vers l'opérateur malgré la main qui la retenait captive, laissaient voir pour ce dernier d'assez mauvaises dispositions. A ce moment Jobert de Lamballe, tout absorbé par la grave opération à laquelle il se livrait, dit vivement à l'un de ses aides :

— Comprimez donc mieux cette artère !

Mais la perte de sang éprouvée par Duclos lui fit perdre connaissance ; ses bras tournés au cou de son chien se détendirent, et Pantalon, devenu libre, s'élança sur Jobert de Lamballe qu'il mordit au bras.

— Quelle bêtise à moi d'avoir souffert ce chien ici ! s'écria-t-il.

Fort heureusement, l'amputation était terminée. Vingt bras aussitôt s'étaient mis à retenir le barbet. Des infirmiers ne lui ménagèrent pas les coups. L'opérateur arrêta ce zèle de mauvais traitements, et, voyant qu'on étranglait cette bête en la tirant pour la faire sortir, il demanda de la ramener vers son maître. Ce dernier commençait à recouvrer ses sens, et comme s'il avait eu conscience de ce qui s'était passé, ses lèvres pâles et tremblantes articulèrent le nom de Pantalon. Le chien aussitôt revint se dresser contre la table et se mit à lécher avec une ardeur fiévreuse le visage décoloré de son maître. L'attendrissement se lisait sur tous les visages à la vue de cette scène d'attachement si pleine d'effusion.

Dans la salle où était Duclos, il y avait un arracheur de dents, coureur de foires et de marchés, que l'amputation de plusieurs doigts mettait désormais dans l'impossibilité d'exercer son état. Cet industriel, ayant su par Frédéric que Pantalon était leur gagne-pain, eut la pensée de s'emparer de cette bête. Frédéric, ayant été mis en apprentissage par les soins de Jobert de Lamballe, ne pouvait que dans la soirée venir auprès de son père. L'arracheur de dents mit donc le temps à profit pour capter par ses soins et ses caresses la reconnaissance de Duclos et l'attachement de son chien. Il faisait boire le pauvre amputé, arrangeait son oreiller, et flattait sans cesse Pantalon, qu'il s'efforçait d'emmener souvent dans les cours de l'hôpital.

Cet homme se trouvant complètement guéri, et sa sortie de l'hospice lui ayant été signifiée, il lui semblait facile d'emmener le barbet, qui s'était attaché à lui. Il réussit en effet à s'en faire suivre; mais, arrivé à une certaine distance, le chien s'arrête et fixe son regard sur le dentiste, puis vers l'hôpital.

— Maintenant, retournons! semblait-il dire.

Le charlatan vit qu'il devenait urgent d'employer la laisse pour s'en emparer; il lui noue au cou son mouchoir et se met à le tirer à lui. Mais Pantalon résiste.

A ce moment, passait un infirmier de l'hospice.

— Duclos m'a vendu son chien, lui dit le dentiste, mais son entêtement à ne pas me suivre m'oblige à lui démancher la tête. L'attachement à leur maître est bien le plus clair de la bêtise de ces animaux-là.

L'infirmier envoya aussitôt un coup de pied au barbet pour le décider à partir.

En rentrant à l'hôpital, cet infirmier vint au lit du saltimbanque lui parler de la rencontre qu'il venait de faire. Ce fut un coup terrible pour le pauvre Duclos, il resta comme anéanti. Le soir, Frédéric, en approchant de son père, apprit dans les mots entrecoupés qu'il lui adressa le nouveau malheur qui venait de les frapper.

Privé désormais de la vue de son chien, Duclos ne put résister à ce lent écoulement des heures qu'amènent le chagrin et l'immobilité dans un lit d'hôpital. Un érésipèle

s'étendit sur sa plaie dangereuse et mit promptement fin à
son existence. Un soir, Frédéric, en venant selon son habitude, trouva vide le lit que son père occupait.

La veille de la mort de son maître, Pantalon, harassé de
fatigue et tout crotté, errait dès l'aube devant la porte de
l'hôpital en attendant qu'elle s'ouvrît. Mais il fit d'inutiles
tentatives pour entrer. Repoussé par le concierge, il alla se
coucher à quelques pas en attendant un moment favorable.
Bientôt un interne de l'hospice nommé Borne se présente et
Pantalon se dirige vers lui. Cet étudiant, dont l'intelligence
était des plus médiocres, se plaisait à tailler sans cesse dans
la chair vive en vue d'accroître ses connaissances chirurgicales ; aussi les malades n'aimaient guère le voir s'approcher
d'eux. Quant aux animaux qui lui tombaient sous la main,
ils étaient impitoyablement sacrifiés à des expériences sans
résultat utile. La peine du talion, appliquée à ce coupeur
inexorable, lui eût ôté vingt fois la vie.

Le malheureux barbet, qu'il voyait triste et sans maître,
ne lui montra qu'une occasion de s'en emparer pour lui appliquer à l'exercice de son bistouri. Il se fit suivre sans peine
du confiant animal.

A quelques jours de là, Frédéric, le cœur gros, passait le
long du mur latéral de l'hospice où venait de mourir son
père. Il entend de faibles aboiements venir d'une petite porte
donnant sur la rue et reconnaît bientôt la voix de Pantalon.
L'animal avait, par son flair, reconnu l'approche de son
jeune maître. Ses gémissements redoublent, et dans le bas
de la porte Frédéric voit apparaître, toute pleine de sang, la
patte de son chien.

Au nombre des passants qui s'arrêtent se trouve Jobert de
Lamballe. Touché du chagrin de son protégé, il entre avec lui
dans l'hôpital et se dirige vers l'endroit où le chien était dé-
tenu. A ce moment arrivait l'élève Borne, prêt à continuer à supplicier sa victime. Jobert lui reproche d'inutiles
cruautés.

Le réduit où Pantalon était sous clef ayant été ouvert, ce
fut un spectacle navrant de voir cette bête taillée à plusieurs
endroits de son corps, couverte de sang, se traîner vers son
maître et le lécher en poussant des cris de joie.

Jobert de Lamballe s'empressa de donner à ce chien les
soins que réclamait son état.

Mais après quelques heures de repos, Pantalon, resté seul,
se souleva sur ses pattes et sortit de sa retraite : puis le nez
au vent ou ramené vers la terre, il se rendit à l'amphi-
théâtre, où le corps de son maître avait été porté avant d'être

envoyé au-cimetière. Toujours flairant, il parvint à sortir de l'hospice par une porte de service restée entr'ouverte, et continua sa course dans la direction du Père-Lachaise.

Mais la vue de ce chien enveloppé de bandes de toile et trébuchant attira l'attention. On se mit à le poursuivre. Pantalon voulut alors précipiter sa course ; mais il ne tarda pas à tomber pour ne plus se relever.

Tandis que les curieux autour de lui se livraient à leurs conjectures, Frédéric accompagné d'un infirmier se mettait en marche pour se rendre également au cimetière de l'Est. Dix minutes de marche les conduisirent à l'endroit où Pantalon gisait à terre. La vue de ce tableau inattendu le fit fondre en larmes.

Malgré son œil devenu vitreux, le barbet put donner encore des signes de satisfaction à l'approche de son jeune maître, entre les mains duquel il ne tarda pas à mourir.

(27) P. 156. Même les corbeaux : il suffit de les étudier.

Mon érudit confrère, M. Cunisset-Carnot, a fait notamment sur les corbeaux des observations fort curieuses. Écoutons-le.

« Je crois fermement que le corbeau, un de nos grands calomniés, est un des oiseaux les plus intelligents et les plus dignes d'intérêt qui vivent sous notre latitude. Il y a peu de temps encore, je le trouvais disgracieux, mal habillé, l'air violent, brutal et justifiant pleinement ces vilaines apparences par son application à mal faire. Sans cesse occupé de rapines, il assassine les petits oiseaux, il achève les blessés de la plaine ou du bois, et s'acharne sur les faibles tout comme ferait un homme. De plus, je gardais contre lui un souvenir particulièrement odieux.

« C'était en 1876 ; notre armée faisait, pour la première fois depuis la guerre, de grandes manœuvres en Normandie, pays de prédilection des corbeaux. J'étais alors officier au magnifique 115° de ligne, qui étudiait, avec toute l'infanterie, les formations nouvelles des tirailleurs. Des lignes minces se portaient rapidement en avant pour commencer le feu, tandis qu'un soutien compact suivait et s'arrêtait à deux cents mètres en arrière où il se couchait, comme il aurait fait sous le feu, pour éviter les projectiles. Les corbeaux, sur les arbres, sur les haies, suivaient la manœuvre avec un intérêt visible, et toutes les fois qu'un groupe d'hommes s'étendait à terre, nous les voyions arriver, descendre jusqu'à deux mètres du sol d'un vol lent et lourd, afin de nous regarder de tout près, dans la conviction évidente qu'ils allaient trouver à se gorger de cadavres comme ils se souvenaient fort bien d'en avoir si souvent dévoré six ans auparavant. Tous nous comprenions, et c'était sinistre.

« Mais le corbeau ne s'attaque pas qu'aux animaux blessés, il ne se nourrit pas que de chairs mortes ; toutes les fois qu'il se croit assez fort, il attaque les animaux sains, robustes et absolument capables de lui résister. On l'a vu se jeter sur des lièvres, des chats, des agneaux, et l'homme lui-même n'est pas à l'abri de son audace. Dans mon enfance, quand les bandes de corbeaux abondaient en Bourgogne, j'ai entendu conter de terrifiantes anecdotes. L'hiver, lorsque ces redoutables oiseaux étaient affamés, ils se jetaient sur des enfants isolés dans la plaine déserte et cherchaient à leur crever les yeux. Personnellement, il m'est arrivé cette inoubliable aventure. C'était au cœur d'un hiver rigoureux et long, 1864, je crois ; je suivais dans la neige épaisse une piste de renard, à deux ou trois kilomètres de toute habitation, lorsque vint à passer devant moi une bande d'au moins un millier de corbeaux presque à portée utile. Je tirai à toute chance un coup de fusil ; un corbeau tomba en criant ; tous les autres firent volte-face, passèrent et repassèrent un moment sur lui à ras de terre, puis s'élevèrent un peu, et d'un bloc m'arrivèrent dessus à deux mètres de hauteur. J'avais rechargé mon fusil, je lâchai deux coups au plus serré de la troupe, cinq oiseaux tombèrent ; les autres s'enfuirent Je me demande ce qui serait arrivé si j'avais manqué.

« Telle est la physionomie générale, traditionnelle, du corbeau, et c'est bien sous ce pénible aspect que je le voyais moi-même avant de la mieux connaître. Mais aujourd'hui mon opinion a changé sur l'observation de faits nouveaux, et tout d'abord, si je ne puis nier les crimes indiscutables de l'oiseau, je me sens disposé à plaider non coupable : n'est-il pas comme Egisthe, dans la main des dieux ? En revanche, comme il est malin, avisé, réfléchi ! Quelle finesse, quelle habileté à tirer parti de tout pour son nécessaire, son agrément, son confortable ! Et puis, quelle belle compréhension de la solidarité, de l'entr'aide ! Je vous en ai donné un exemple en vous disant comment j'avais été attaqué par une bande de corbeaux. En voici un autre. Au mois d'octobre dernier, je revenais de la chasse, un jour, en longeant une haie fort épaisse à travers laquelle je ne pouvais rien apercevoir ; je ne faisais aucun bruit, car je marchais sur un épais tapis de gazon et un vent violent, qui me soufflait à la figure, agitait les branches. Cette haie était au pied d'une colline qui portait à mi-côte un groupe de noyers énormes sur lesquels étaient perchés une douzaine de corbeaux. Dominant ainsi la plaine, ils voyaient les deux côtés de la haie. Dès qu'ils m'aperçurent, ils se mirent à pousser des cris spéciaux, très forts et très variés, qui ne sont pas dans leur langage habituel et qui attirèrent mon attention, d'autant plus que quelques-uns des oiseaux quittaient les noyers et s'avançaient presque à portée de fusil de mon côté pour crier plus fort que les autres, si c'était possible. Evidemment il se passait quelque chose d'insolite qui animait ainsi les oiseaux. Je fis encore quelques pas, et j'eus l'explication de cette étrange surexcitation. Il y avait, de l'autre côté de la haie, un corbeau tout seul en train de dévorer une taupe. Tout à son affaire, comme il ne pouvait ni me voir venir à cause du feuillage, ni m'entendre à cause du vent, il allait être surpris quand j'arriverais à sa hauteur, et c'est de ce danger que ses amis voulaient l'avertir en le lui criant de toutes leurs forces. Il finit par les comprendre et s'envola à quelques mètres de moi.

« Les corbeaux ont un langage, je n'en fais aucun doute, car bien avant cette rencontre caractéristique j'ai acquis la certitude qu'ils se parlaient et se comprenaient. La variété des notes qu'ils émettent est très grande. Dès lors, pourquoi la nature leur aurait-elle donné cette richesse de mots s'ils n'en tiraient aucun parti? Il faudrait voir là une contradiction unique, l'existence d'un organe compliqué ne correspondant à aucun besoin, ce qui ne saurait être.

« Vous n'imaginez pas tout ce que peut penser, dire et faire un simple corbeau. Je l'ignorais moi-même et je l'eusse ignoré longtemps sans doute si je n'avais eu l'heureuse chance de vivre pendant plus d'un an dans la familiarité d'un de ces oiseaux. »

M. Cunisset-Carnot raconte ici l'histoire d'un corbeau apprivoisé auquel il avait donné le nom de Bajazet.

« Au bout d'un certain temps, dit-il, ses habitudes se fixèrent, il organisa sa vie, faisant presque toujours la même chose aux mêmes heures régulièrement. Il suivait le jardinier, le regardait travailler, et se précipitait sur les insectes que la bêche mettait à jour. Il semblait toujours intéressé par tout ce qu'il voyait faire et le contrôlait à sa façon. Il tirait avec son bec les plantes que l'on venait de mettre en terre comme pour s'assurer si elles étaient solides ; il déterrait les graines non pour les manger, mais « pour voir ». Un jour, après que le jardinier, qui venait de planter cent oignons de

crocus, s'en fut allé, il les sortit tous ; on les replanta le lendemain ; il les déterra encore et l'on fut obligé, après les avoir
enfouis une troisième fois, de faire disparaître les trous en
râtelant la surface du sol pour qu'il ne les retrouvât pas.

« Mais sa grande occupation, sa passion même, dirai-je,
c'était de regarder faire les poules à travers la grille de la
basse-cour. Il passait là de longues heures, passionnément
attentif, puis il s'en allait à l'autre bout du jardin, dans un
coin qu'il préférait, et d'une voix enrouée, changée, cocasse,
il imitait de son mieux les chants des poules et du coq. Vous
n'imaginez pas le comique de cette répétition. Visiblement
les poules étaient pour lui des créatures d'élection, des animaux supérieurs qu'il enviait et dont il aurait voulu être.
Je voulus lui donner la joie de s'en rapprocher et un jour qu'il
contemplait ses modèles, je lui ouvris la porte du poulailler
pour lui permettre de se familiariser avec eux. D'un seul
bond il sauta sur l'augette où les poules gavées avaient laissé
une ample provision de pâtée, et il se bourra abominable-
ment. O esclavage de la matière ! Voilà donc pourquoi Bajazet désirait tant être poule ; quelle désillusion !

« Au coup de sonnette annonçant un visiteur, il quittait tout
et se précipitait vers la porte, se plaçait à quelques pas du
nouvel arrivant, et pendant que celui-ci parlementait avec le
concierge, l'examinait attentivement, clignant de l'œil, pen-
chant la tête pour le mieux voir. Si la physionomie du visiteur lui plaisait, il se mettait à côté de lui, marchait gravement en réglant son pas sur le sien pour traverser la cour,
et digne introducteur des ambassadeurs, le conduisait ainsi
comme en cérémonie jusqu'au seuil de la maison. Si l'examen, au contraire, avait été défavorable au nouveau venu,
la louable franchise de Bajazet ne le lui envoyait pas dire :
il lui lardait les jambes de coups de bec avec une belle
ardeur.

« Après déjeuner il m'attendait exactement, car il savait que
je ne l'oublierais pas. Je me munissais d'un gros morceau
de mie de pain dont je faisais des boulettes qu'il attrapait,
quelque vivement que je les lui lançasse, avec une surprenante
adresse. Il commençait par en avaler cinq ou six, et si je lui
en envoyais d'autres, il les emmagasinait dans son gosier
jusqu'à ce qu'il fût rempli ; alors, il marchait encore un moment à côté de moi, puis me quittait et s'en allait cacher
toutes ses boulettes une à une dans les massifs, fort osten-
siblement. Ensuite il revenait et nous continuions notre promenade. Pas longtemps, car il ne tardait pas à me laisser
pour retourner dans le bosquet, mais sans s'approcher de

ses boulettes, si j'avais l'air de m'occuper de lui. En ce cas
il se mettait à quelque besogne indifférente, sautillant, grattant, hocquetant. Ce manège finit par m'intriguer ; un jour je
rentrai à la maison, me dissimulai derrière un rideau de fenêtre et regardai, avec une jumelle, ce qu'il allait faire, car
il me semblait qu'il avait des projets de derrière la tête dont
il ne se souciait pas que je connusse l'exécution. Ce que je
vis est décontenançant : après s'être encore assuré, en tournant la tête de tous côtés, que personne ne le voyait, l'oiseau alla prendre une de ses boulettes que je lui avais vu
placer entre l'aisselle d'une feuille de rhubarbe et la tige, et
au lieu de la manger, comme je croyais qu'il allait faire, la
transporta, pour la cacher de nouveau, dans une primevère
dont il eut soin d'ouvrir et de refermer les feuilles. Successivement il releva huit boulettes, et fort habilement, leur
donna d'autres cachettes, car les premières n'étaient qu'un
leurre. Ensuite il revint, d'un air indifférent, pour aller con-
empler ses poules, en ayant bien soin de sortir du massif à
'opposite du coin où il avait établi ses trésors, parfaitement
assuré maintenant que personne ne saurait les découvrir.
Vingt fois je l'ai vu exécuter ce prodigieux manège. Si ce
n'est pas là de l'intelligence, du raisonnement, je me demande
quelle signification l'on peut bien attacher à ces mots !

« Dans un parc, les enfants de la maison avaient réussi à
attraper deux jeunes corbeaux sur les cinq que comptait une
couvée. Ils les avaient surpris au moment de leurs premiers
essais de vol à la sortie du nid. Ils les élevèrent, les soi-
gnèrent et les apprivoisèrent si bien que les jeunes corbeaux
ne les quittaient pas, sortant et jouant avec eux. Mais, chose
curieuse que l'on observe tout de suite, la famille des corbeaux, le père, la mère et les trois frères, qui n'avaient pas
quitté le parc, semblaient toujours s'occuper des deux trans-
fuges et accueillaient chacune de leurs apparitions au jardin
par des cris, des croassements, une visible agitation, toutes
démonstrations qui paraissaient plutôt menaçantes que sym-
pathiques. Mais on n'y prenait pas garde.

« Pas assez, car un beau jour que les deux jeunes corbeaux
apprivoisés avaient été laissés seuls par mégarde dans un
large panier ouvert, mais assez profond pour qu'ils n'en pussent aisément sortir, et que les enfants, en jouant, avaient
fait le tour de la maison, voici ce qui arriva : le jardinier
vit les cinq autres membres de la famille se précipiter des
grands arbres, d'où ils semblaient en sentinelle du côté du
panier, mais ne sachant pas que les autres y étaient placés,
et pensant seulement que les arrivants cherchaient quelque

aubaine, il n'intervint pas. Or, quand les enfants rentrèrent, ils trouvèrent leurs deux pauvres oiseaux morts, le crâne ouvert et les yeux crevés à coups de bec. Les parents avaient préféré donner la mort à leurs enfants que de les voir vivre dans l'esclavage, dans un esclavage contraire sans doute, selon leur instinct, à la vigueur de la race ! »

.*.

A ces observations récentes, j'en ajouterai d'anciennes, faites par Dupont de Nemours en 1792 et 1793, alors qu'il avait fui les menaces sanguinaires de la Terreur et s'était réfugié dans la solitude des bois, où il observa de près les corbeaux. « Ces oiseaux, écrit-il, ne se laissent approcher par un homme qui porte un fusil qu'à la distance où le coup ne saurait les atteindre. On ne peut les toucher que par ruse, ou par une savante embuscade. Mais ils ne s'effarouchent point d'un homme qui n'a qu'un bâton ; ils suivent gaie-ment la charrue de très près pour ramasser les vers ou les mulots que le soc a retournés. Cela est connu de tous les chasseurs et de tous les habitants de la campagne. Les uns attribuent cette prudence du corbeau, vis-à-vis de l'homme sans armes, à l'éclat de l'acier ; les autres à l'odeur de la poudre. Soit ; mais la nature n'a produit ni poudre, ni ca-nons ; et dans de vastes parties de la terre très fréquentées des corbeaux, on en ignore entièrement l'usage. Ce ne peut donc pas être par un instinct naturel et inné dans leur race que les corbeaux redoutent la poudre et les fusils. Qu'en faut-il inférer ? Que les corbeaux ont beaucoup de bon sens ; qu'ils savent par expérience, par observation, par tradition, que ces machines font du feu et du bruit, qu'elles blessent, qu'elles peuvent tuer ; qu'ils savent de plus que la puissance de l'homme tient à ses armes, et que celles-ci ont une certaine portée. On reconnaît les îles qui n'ont jamais été décou-vertes, par la tranquillité avec laquelle les oiseaux attendent les premiers coups. Mais ils sont bientôt éclairés par leur effet et s'en souviennent. Où l'homme est connu, les ani-maux le fuient, non par instinct, mais par raison.

« Le corbeau n'attend pas, comme la plupart des autres oiseaux, l'expérience dans son nid, ou aux environs. Il est voyageur, et sa vie est longue :

« Quiconque a beaucoup vu,
« Doit avoir beauco p retenu.

« Il est communicatif avec ses semblables. Même dans ses séjours, il marche par couple, et deux couples ne se rencon-

trent guère sans se parler. Leurs migrations, comme celles
des oies, des canards et des hirondelles, sont précédées d'un
conseil général bruyant. Leur retour est suivi d'une conférence qui se tient avant leur dispersion. Et quand ils volent
en escadres pour leurs grands voyages, ils ne cessent de
chanter en chœur. »

Dupont de Nemours était membre de l'Institut; il blâme
ses collègues de n'étudier les oiseaux que morts et empaillés.
« Je voudrais ajoute-t-il, les mener dans les champs, bien
immobiles, bien silencieux, l'œil au guet, l'oreille attentive,
un crayon et un petit livre blanc à la main (les corbeaux,
ni les autres animaux n'ont pas peur des livres.) Là j'invite-
rais mes dignes amis à étudier la *Nature vivante*, et à noter
leurs remarques sous son auguste et correcte dictée. Ils
apprendraient beaucoup de mots du dictionnaire de plusieurs
espèces. C'est un travail long. Les corbeaux m'ont coûté deux
hivers, et grand froid aux pieds et aux mains. Voici ce que
j'ai recueilli de leur cri qu'on croit toujours le même, parce
qu'on l'écoute rarement et avec distraction :

Cra	Cré	Cro	Crou	Crouou
Grass	Gress	Gross	Grouss	Grououss
Craé	Créa	Croa	Croua	Grouass
Crao	Créé	Croé	Croué	Grouess
Craon	Créo	Croo	Crouo	Grouoss

« Ce sont vingt-cinq mots. Leur analogie est très gramma-
ticale. Et si nous pensons qu'avec nos dix chiffres arabes qui
sont dix lettres ou dix mots, en les combinant deux à deux,
trois à trois, quatre à quatre, on forme et l'on varie à volonté
les trois chiffres diplomatiques de cent, de mille, de dix mille
caractères; et que si on les combinait cinq à cinq, on ferait
un chiffre de cent mille caractères, de beaucoup plus de mots
que n'en a aucune langue connue, on aura moins de peine à
comprendre que les corbeaux puissent se communiquer leurs
idées. Au reste, je suis loin de penser qu'ils fassent tant de
combinaisons, ni même aucune combinaison de leur dictionnaire. Leurs vingt-cinq mots suffisent bien pour exprimer
ici, là, droite, gauche, en avant, halte, pâture, garde à vous,
l'homme armé, froid, chaud, partie, je t'aime, moi de même,
un nid, et une dizaine d'autres avis qu'ils ont à se donner
selon leurs besoins.

« Ils sont très raisonnables, et très instruits de ce qui les
concerne. »

Ces remarques curieuses sont extraites de l'ouvrage de

Dupont de Nemours. *Philosophie de l'univers*, 4° édition. J'ignore si cette édition a jamais été imprimée. L'exemplaire que je possède me paraît avoir été préparé par l'auteur lui-même pour l'impression, avec la date de 1814. L'édition précédente était de fructidor an X.

J'ajouterai que j'étudie depuis quarante ans, chaque printemps, les ménages de moineaux qui font leurs nids dans mes persiennes, avenue de l'Observatoire à Paris, et que leur langage n'est pas douteux, quoiqu'il se borne, pour nos oreilles, à des *tui-tui*, des *tien-tien*, — ou des *terrr* pour la terreur. Mais on finit par comprendre ce qu'ils se disent.

(28) P. 195. « La femme est une propriété en Australie. »

Voici, sur le mariage chez les naturels de l'Australie, des détails que nous fournit une revue anglaise, l'*Athæneum* :

Le mariage, parmi les naturels de l'Australie, est une véritable transaction commerciale. Une femme coûte une certaine quantité de peaux de kangourous ou de sarigues ; aux riches la polygamie est permise.

Si l'on ne possède pas de peaux de sarigues ou de kangourous, il est un autre moyen fort simple de se marier. Ce moyen si simple et fort en vogue, dit-on, consiste... à chercher querelle à un mari quelconque. Insultez-le et battez-vous avec lui ; mais soyez le plus fort : si vous sortez victorieux de la lutte, la femme du battu vous appartient.

Voici en quoi consiste la cérémonie du mariage chez les indigènes de la Nouvelle-Zélande. La jeune fille est amenée devant le prétendu par le père lui-même, qui d'une main tient une lance et de l'autre une hache d'armes. La pauvre enfant, les yeux en larmes, la tête baissée et les sanglots dans la voix, fait quelques difficultés. Le père lui assène un coup de bâton sur la tête, la jeune fille pousse un cri et la mère en fait autant. Le jeune homme veut emmener de force sa fiancée, elle résiste, et celui-ci a recours au même expédient que le père. Alors éclate souvent un complot concerté et arrêté d'avance par des jeunes gens dévoués à la jeune fille et qui avaient ambitionné sa main.

Le mari va au-devant de ses rivaux et leur jette un défi. Un combat opiniâtre est livré ; et il arrive quelquefois que le prétendu est tué d'un coup de lance... Les vieillards, qui seuls ont le droit de commander, interviennent ordinairement. Pendant la mêlée, la jeune fille se hâte de retourner chez sa mère ; mais, une fois la lutte terminée, le père retourne la chercher, et, la saisissant par les cheveux, il la traîne jusqu'à la cabane de l'époux. Enfin, à force de mauvais traitements, la malheureuse victime finit par se rendre, et devient à la longue une excellente femme de ménage — ou plutôt une esclave très soumise...

Les indigènes disparaîtront bientôt de l'Australie, et nos lectrices trouveront peut-être que ce ne sera pas un grand malheur.

(29) P. 196. « Il y a, moins de différence entre un chimpanzé et un nègre qu'entre celui-ci et Newton. »

Quand on compare l'espèce humaine à l'espèce simienne, ce ne sont pas nos races supérieures, et parmi celles-ci nos individualités les plus remarquables, qu'il faut prendre pour termes de comparaison. Prenez un indigène de la Nouvelle-Guinée ou un Hottentot, et vous le trouverez plus rapproché d'un chimpanzé ou d'un orang, que d'un Laplace ou d'un Newton. « Je ne vois pas de raisons, a dit M. Renan, pour qu'un Papou soit immortel. »

En réfléchissant que tant d'espèces animales nous sont supérieures à quelques égards et par certains côtés ; en voyant le chien plus constant que nous dans ses amitiés, la colombe plus fidèle dans ses amours, la fourmi plus prévoyante, l'abeille plus gouvernable et moins révolutionnaire, le chameau plus sobre ; en voyant d'autres espèces nous surpasser par la force physique, la vitesse, la délicatesse des sens, ou bien nous offrir des chefs-d'œuvre d'architecture ou de tissage, des modèles de constitution sociale ; en songeant avec tristesse que les nations animales sont moins sujettes que nous à des cataclysmes politiques périodiques, et que si elles connaissent la guerre et le meurtre, on rencontre rarement chez elles ces crimes épouvantables et ces luttes perpétuelles et terribles dont nous sommes témoins ; en reconnaissant que s'il y a eu dans notre espèce des anthropophages, il n'y a jamais eu chez les loups de lycophages ; en voyant dans l'homme tant de turpitudes, tant de férocité, tant de bassesse, on serait presque tenté de trouver Darwin bien présomptueux, et, renversant les termes de sa formule, de hasarder timidement cette définition moins paradoxale qu'elle n'en a l'air : « L'homme est un singe dégénéré. »

L'homme moderne est un singe perfectionné. Soit! Mais l'homme sauvage se montre souvent inférieur à bien des animaux.

(30) P. 197. « C'est ainsi que s'est formée la zone intellectuelle, qui seule représente vraiment l'humanité
pensante. »

De même que l'Astronomie moderne a remis chaque chose
à sa place et chaque monde à son rang, la physiologie contemporaine est occupée à découronner l'homme d'une divinité usurpée, à le rappeler à la modestie de sa situation
réelle ; à lui arracher une généalogie mensongère; à lui
apprendre qu'il n'est, tout au plus, que le premier entre ses
égaux ; à lui prouver qu'il avait pris à tort pour un trône
ce qui n'était qu'un échelon — supérieur, si l'on veut, mais
enfin un échelon !

Simple rouage dans le grand mécanisme de l'univers, il
doit renoncer désormais au rôle ambitieux de premier mo-
teur. Les frontières s'abaissent entre les êtres comme entre
les peuples ; les castes zoologiques disparaissent comme ont
disparu les castes sociales : au lieu d'être un roi, l'homme
n'est plus que le premier dans l'ordre des *primates*.

Alexandre Dumas avait eu pour père le général Dumas, né
à Saint-Domingue, fils naturel du marquis Alexandre Davy
de la Pailleterie et d'une négresse. C'était donc un métis, et il
en avait la couleur. Un jour un interlocuteur en désaccord
avec lui l'accusa d'avoir eu pour grand'mère une négresse !
— Oui, monsieur. — Mais on dit que les nègres descendent
des singes. — Oui, monsieur : ma famille a commencé par où
la vôtre a fini.

Dans une conférence faite, il y a quelque temps, à la salle
de la Société d'encouragement, M. de Pressensé a cru porter
un coup terrible à la théorie de Lamarck et de ses disciples
en déclarant qu'elle n'est pas aussi récente qu'on se l'imagine, en la faisant remonter à seize siècles en arrière, en
nous la montrant en germe dans les écrits d'un philosophe
très éminent, d'un médecin célèbre, d'un polémiste vigoureux, d'un incomparable et charmant esprit, de Celse en un
mot, l'ami de Lucien de Samosate, l'adversaire d'Origène.

Celse ne se borne pas à nous mettre sur la même ligne que
l'animal, il nous place presque au-dessous « Si quelqu'un,
dit-il, regardait du ciel sur la terre, il ne verrait aucune différence entre la fourmi et l'homme... » Ailleurs, il nous compare à des grenouilles... Il fulmine contre l'espèce humaine
et se fait l'avocat officieux de l'animalité : « ...Les animaux
vivent à moins de frais que nous. La nature entière est une
table servie pour eux. Ils nous surpassent souvent par leur
industrie, leur architecture, par leurs mœurs, leurs vertus...

Voyez les abeilles, les fourmis. Elles ne se contentent pas d'édifier des palais, de construire des villes ; elles élisent des magistrats... Elles savent ce que c'est que la moralité, la piété... Les fourmis ont de véritables lieux de sépulture où elles conduisent leurs morts avec solennité... Les éléphants connaissent la religion du serment... »

On le voit, il n'y a pas de problème scientifique qui soit absolument neuf. L'intéressant débat qui naguère occupa pendant toute une année la Société d'Anthropologie agitait les esprits il y a seize cents ans.

(31) P. 204. « L'examen du crâne confirme la théorie. »

Le crâne n'est que le moule protecteur du cerveau, dont ordinairement il reflète fidèlement les formes générales. Mais cette substance nerveuse qui remplit le crâne n'est pas, comme le foie ou la rate, une masse homogène dont chaque point répète le point voisin. Il y a dans le cerveau des couches concentriques les unes aux autres, et dans chacune de ces zones des compartiments séparés, auxquels de longs et onduleux circuits conduisent les visiteurs... je veux dire les impressions sensibles.

Perçues par les sens qui sont comme les portes d'entrée, ces impressions courent par d'innombrables canalicules blancs (*substance blanche* du cerveau), qui les conduisent et les distribuent aux nombreux compartiments où siège la *substance grise*, pulpe mystérieuse, dans le sein de laquelle l'impression devient sensation, idée, volonté et pensée !

On peut juger de l'importance relative d'un même compartiment cérébral, chez deux types humains différents, par son développement relatif chez chacun d'eux. Ainsi, si nous constatons que l'écartement des tempes est mesuré par un angle de 98° chez l'Australien, et de 104° chez le crâne parisien, nous en conclurons, au nom des lois ordinaires de l'organisme, que le front enserre une substance nerveuse d'une activité plus grande, plus puissante, plus souvent mise en jeu chez le Parisien que chez l'Australien.

On peut citer encore les résultats aussi imprévus que curieux obtenus par Broca et Bertillon sur les mesures angulaires du frontal dans les crânes parisiens. On avait réuni trois séries de crânes de plus de cent spécimens chacune : la plus ancienne composée de crânes antérieurs au XIIᵉ siècle, la deuxième antérieure au XVIIIᵉ, et la troisième datant du commencement du XIXᵉ. Or, en mesurant la portion de la courbe céphalique antéro-postérieure qu'occupe l'os frontal, on trouve que cette courbe sous-tend un arc de 55° avant le xii° siècle; de 56°,6 avant le xviii° siècle, et de tout près de 58° au xix° siècle. Le même arc n'est que de 54° chez le nègre africain, et seulement de 45 à 50° chez les Australiens ; enfin Bertillon ne l'a trouvé que de 48° chez un assassin. Ainsi, non seulement l'ouverture de cet angle frontal mesurée sur plusieurs types humains se trouve en rapport avec l'élévation relative de ces types, non seulement chez nous le resserrement de cet angle signale le crâne d'un misérable, mais chez nous encore son amplitude croît avec la civilisation. Partout le frontal est en rapport avec la dignité humaine; il diminue ou augmente avec elle.

Quand on compare les crânes sous le rapport de la longueur relative de leurs deux diamètres antero-posterieur et transverse, on arrive à des résultats non moins tranchés, bien que d'une signification psychologique sans doute fort complexe et fort obscure. Ainsi les crânes des nègres africains et encore plus ceux des Australiens sont très allongés et très étroits (forme dite *dolichocéphale*); si, en effet, pour chacun d'eux, on divise la longueur ou diamètre antero-postérieur en 100 parties, on trouve que le diamètre transverse *maximum* comprend de 73 à 74 divisions chez le nègre africain, et seulement 70 à 72 chez l'Australien; tandis que pour les crânes parisiens, qui, comme dans toutes les populations mêlées, offrent de grandes variations, la largeur moyenne est 79. Mais il s'en faut que nous l'emportions toujours sous le rapport de cet *indice cephalique*, car les Kalmouks ont 83 et les Lapons 85 (ces crânes courts et larges sont dits *brachy-céphales*). On voit que cette mensuration qui nous place en un rang moyen est loin d'avoir la nette signification de la mesure du frontal, et cela sans doute parce qu'elle porte sur un trop grand nombre d'éléments cérébraux disparates. Mais elle est un des éléments les plus importants à consulter pour apprécier si une race est pure ou mélangée. Un indice cephalique très variable comme en France, en Allemagne, paraît toujours accuser le mélange de plusieurs types différents. Dans les races pures, au contraire, le rapport des deux diamètres varie peu : tous les Australiens, tous les nègres du centre de l'Afrique équatoriale sont dolichocephales (δολιχος, long); tous les kalmouks, tous les Lapons, brachycephales (βραχυς, court). Cette règle permet de hasarder quelques hypothèses assez probables sur les hommes qui vécurent avant l'histoire.

Si, au lieu de ces grandeurs relatives, on prenait des mesures absolues, les différences seraient aussi tranchées. Ainsi, la capacité moyenne de 8 crânes australiens s'est trouvée de 1.228 centim. cubes (Morton), celle des nègres africains de 1.350 centim. cubes, et celle des crânes parisiens de 1.450 centim. cubes (Broca). L'induction est manifeste; nous laissons au lecteur le soin de la formuler, et s'il ne connaissait pas la position relative du nègre africain et de l'Australien au point de vue intellectuel, ces mensurations lui donneraient, à coup sûr, la place relative de ces deux types inférieurs.

Cette méthode, dit le docteur Bertillon, n'est pas la seule avec laquelle la science contemporaine a pu interroger le cerveau.

En comparant l'anatomie du gorille à celle de l'homme, on voit clairement les nombreuses analogies et les quelques différences qui séparent ces deux organismes. Ces différences sont réelles, et l'on peut même dire profondes quand on compare le gorille *adulte* à l'*Européen adulte*.

Mais elles s'affaiblissent singulièrement quand la comparaison s'exerce entre de jeunes, de très jeunes sujets; elles s'affaiblissent encore quand on rapproche du même gorille les derniers types du genre humain : on voit alors toutes les caractéristiques les plus accentuées s'évanouir. La denture de l'Australien est simienne; chez lui comme chez le singe, c'est la seconde molaire qui est la plus grosse, et la troisième, aussi très volumineuse, a cinq tubercules.

La structure du pouce *opposable* aux autres doigts, qu'on a si longtemps considérée comme exclusive à la race humaine, a été observée chez plusieurs singes anthropomorphes. La science efface de jour en jour les prétendues incompatibilités organiques.

(32) P. 225. « L'homme primitif s'est installé comme il a pu,... sur les lacs, dans les cavernes, et même perché dans les arbres. »

Les observations relatives à la période anté-historique, désignée sous le nom d'*âge de la pierre*, se sont multipliées depuis un demi-siècle sur tous les points de l'Europe. On ne conteste plus l'importance des découvertes de ce genre.

La géologie a tendu la main à l'anthropologie, et l'a fait remonter jusqu'à elle.

Les armes, les poteries et les ustensiles qui caractérisent l'âge de la pierre, ont été découverts dans les tourbières, dans les cavernes, dans les abris naturels placés sous des roches surplombantes, dans les souterrains artificiels, dans les alluvions de la période quaternaire, dans les lacs de la Suisse, de l'Italie et de la Savoie, dans les dépôts des anciens lacs maintenant desséchés.

On a signalé des ustensiles anté-historiques sur une foule de points de l'Europe, en Asie et en Afrique. MM. le duc de Luynes et Lartet fils en ont rapporté de leur voyage en Palestine. Ces restes offrent partout une extrême analogie et constatent sur tous les points du globe un état social identique. Ils consistent en instruments de travail, en objets de toilette, en trophées de chasse. Cette période de l'histoire de l'humanité est caractérisée par l'emploi des instruments de travail en pierre brute et par l'absence des métaux.

Voici surtout les objets qu'on y a retrouvés :

Poinçons en bois de renne ; couteaux, racloirs, haches et petites scies en silex ; casse-têtes et pierres de fronde ; pierre à aiguiser; aiguilles en os dont la longueur varie de 0^m25 à 0^m95, avec leurs pointes parfaitement affilées; dents de ruminants ou de carnassiers percées d'un ou de deux trous; ustensiles en os avec des dessins représentant des animaux ; fragments de poteries grossières exécutées à la main ; sifflets confectionnés à l'aide de petites phalanges de ruminants; coquilles marines renfermant des couleurs minérales destinées probablement au tatouage ; perles de pierres percées pour en former des colliers.

En examinant ces divers objets, et notamment des flèches de petite dimension, à double et à simple barbelure, on ne peut s'empêcher de s'étonner de l'adresse et de la patience que devaient avoir les hommes de cette époque, puisqu'ils n'avaient à leur disposition, pour exécuter de pareils travaux, que de grossiers instruments en silex.

Les dragages exécutés dans les lacs de la Suisse, sur les points où étaient jadis situées les habitations lacustres bâties sur pilotis et qui ne devaient communiquer avec le rivage qu'à l'aide de ponts volants ; ces dragages, disons-nous, ont enrichi les collections d'objets très-curieux, tels que des haches en pierre munies de leurs manches en bois de cerf, des tissus, des corbeilles, des débris d'aliments de tout genre, de petites embarcations, etc.

Certaines stations lacustres ne renferment que des spécimens de l'âge de la pierre; d'autres, au contraire, ont été successivement habitées pendant les époques postérieures, puisqu'on y rencontre des ustensiles en bronze et en fer. Il en a été de même dans les cavernes.

La faune de l'âge de la pierre était principalement composée de carnassiers et de grands pachydermes, de chevaux, de rennes, de bœufs, de cerfs, de chamois, de bouquetins, de sangliers, de plusieurs espèces d'ours, de lièvres, de rats, de lapins, etc. On rencontre également dans les dépôts de cette époque des os d'oiseaux et de poissons, ainsi que des coquilles terrestres comestibles.

Ces monuments, dont la découverte est due au hasard, peuvent être considérés comme les plus anciens de l'Europe. Ils sont antérieurs aux murailles cyclopéennes de Tarragone, aux dolmens de la Bretagne, aux hypogées de l'Etrurie. La caverne de Léojac est creusée dans un sable marneux bleuâtre, légèrement aggluntiné, et que l'on peut facilement désagréger avec les ongles. Elle se compose d'une succession de chambres assez spacieuses, et de galeries qui se coupent à angle droit. La disposition des lieux présente des caractères stratégiques manifestes. Les galeries ont environ deux mètres de hauteur, mais elles s'abaissent brusquement à l'approche des chambres, et ne peuvent donner passage qu'à une seule personne, de telle sorte qu'un seul individu muni d'un casse-tête pouvait facilement arrêter tous les assaillants qui se présentaient forcément par le côté gauche, l'un après l'autre, courbés et sans aucun moyen de défense. Ajoutons que plusieurs galeries étaient encore barrées par des traverses en bois fixées dans les ouvertures latérales. On observe, sur les parois des chambres, les traces parfaitement conservées des instruments en pierre qui ont servi à creuser ces demeures souterraines dans lesquelles on pénétrait par deux ouvertures habilement déguisées. Ces appartements offrent presque toujours de petites niches ou placards à provisions, dans lesquels on a trouvé des glands, des noix, des châtaignes et une espèce de petit millet dont les paysans de l'Ariège et de l'Aveyron se servent encore pour faire du pain. Ces diverses espèces d'aliments ont été carbonisées par le temps. Il est facile de voir que les galeries ont été usées par le passage fréquent des habitants.

Un des premiers besoins de l'homme a été de se garantir contre les attaques des animaux féroces, et de se mettre à l'abri des agents atmosphériques. De tout temps et jusqu'à nos jours, les populations poursuivies par des tribus hostiles se sont réfugiées dans des cavernes et des souterrains artificiels; telle est l'origine des habitations troglodytiques. Tous les anciens auteurs, tous les anciens poètes, Eschyle, Vitruve, Xénophon, Pline, Virgile, etc., constatent que les hommes ont d'abord habité les cavernes, ou bien des demeures creusées sous terre, mais il ne faut pas conclure de ces traditions

que les habitations troglodytiques ne remontent pas au delà
des temps historiques; il en existe, comme nous venons de
le voir, de beaucoup plus anciennes.

L'étude des cavernes à ossements et des dépôts géologiques
de la période quaternaire établit que l'homme a été contemporain de l'*Ursus spelœus* et des grands pachydermes. Les
observations de MM. Christy, Filhol, Larlet, Garrigou, Boucher
de Perthes, etc., ne peuvent laisser aucun doute à cet égard.
Ce fait constate la haute antiquité de l'espèce humaine, puisque l'ours à front bombé est considéré par tous les géologues
comme fossile, puisqu'il a disparu depuis longtemps de la
surface du globe, puisque les espèces animales ne s'éteignent
qu'après de longues suites de siècles.

Quelle date pourrait-on assigner au commencement et à la
durée de l'époque anté-historique? Il est impossible en ce
moment de résoudre cette question. Tout ce qu'il est permis
de dire, c'est que les diverses tribus celtiques rencontrèrent,
à l'époque de leur invasion en Europe, une population abori-
gène, troglodyte, dont nous trouvons les traces sur une foule
de points. Cette population vivait groupée par petites familles
dans un état complet de sauvagerie. Ce que l'on peut affirmer,
c'est que l'âge de la pierre, la période anté-historique, embrasse une longue suite de siècles.

Quant aux habitations des hommes dans les arbres même,
on peut lire dans l'*Edinburg Review* qu'un voyageur anglais,
en arrivant dans l'Afrique australe, chez les Mételébès, a examiné et dessiné une espèce de figuier dont le feuillage toujours vert était parsemé de toits coniques semblant appartenir
à des maisons en miniature. « Je m'en approchai, écrit-il, et
je reconnus que cet arbre était habité par plusieurs familles
de Bakones (aborigènes du pays). J'y montai à l'aide d'en-
tailles pratiquées dans le tronc, et j'y comptai dix-sept de
ces habitations aériennes, sans parler de trois autres qui
n'étaient pas terminées. Arrivé à la plus élevée, qui se trouvait à trente pieds du sol, j'y entrai.

« Du foin qui jonchait le plancher, une lance, une cuiller et
un grand bol plein de sauterelles en formaient tout l'ameu-
blement. Comme je n'avais rien pris de tout le jour, je demandai la permission de manger à une femme qui se tenait
assise à la porte avec un enfant au sein.

« Elle y consentit avec empressement. Plusieurs autres
femmes grimpant de branche en branche arrivèrent des
huttes voisines pour voir l'étranger. Je visitai ensuite différentes cabanes placées sur les branches principales. La cons-

truction de ces maisons est très simple. On commence par établir au moyen de branches juxtaposées un plancher oblong, de sept pieds de large environ. A l'extrémité de cette plate-forme, on élève une petite hutte conique faite de branches et d'herbes entrelacées.

« Elle a six pieds de diamètre, et de hauteur, un peu moins que celle d'un homme. Comme elle est placée à l'extrémité du plancher, il reste un certain espace devant la porte. Ils ont adopté ce mode d'architecture pour se mettre à l'abri des lions qui abondent dans la contrée. Pendant le jour, on descend au pied de l'arbre pour préparer les aliments. Quand le nombre des hôtes d'une cabane vient à augmenter, on soutient avec des pieux la branche surchargée, et quand, au contraire, le poids se trouve allégé, on enlève ces pieux pour s'en servir et en faire du feu. »

(33) P. 233. « Les fragments de baleine fossile trouvés dans une cave de la rue Dauphine. »

En 1779, un marchand de vin de la rue Dauphine, à Paris, en faisant des fouilles dans sa cave, découvrit une pièce osseuse d'une grandeur considérable, enfouie sous une glaise jaunâtre et sablonneuse qui paraît avoir fait partie du sol naturel de cet endroit. Ne voulant pas se livrer aux travaux nécessaires à l'extraction complète de ce morceau, il le brisa et en enleva une portion qui pesait deux cent vingt-sept livres, et qui fut vue d'un grand nombre de curieux ; mais parmi les naturalistes de profession il n'y eut que Lamanon qui se donna la peine de l'étudier. Il fit de cet os mutilé une copie en terre cuite, et en publia un dessin et une description dans le *Journal de physique* du mois de mars 1781, et il conjectura que ce devait être quelque os de la tête d'un cétacé.

Daubenton, excité par ce travail de Lamanon, et ayant sous les yeux un des modèles en terre cuite que ce zélé naturaliste avait fait faire, essaya de déterminer l'espèce de cet os, en le comparant avec les seules têtes de cétacés dont il pût disposer, savoir celle du dauphin vulgaire, celle d'un *globiceps*, qu'il prenait pour un petit cachalot, et celle du grand cachalot d'Audierne.

« D'après ces rapports de grandeur, écrit Cuvier, on pourrait être tenté de croire que ces pièces osseuses trouvées à Paris étaient simplement des fragments de baleines franches, et même qu'elles auraient été autrefois apportées par les hommes ; mais indépendamment de l'état du sol où elles furent déterrées, je ne les trouve pas semblables à la baleine du Groënland, tant par le détail des formes que par la grandeur et par l'ensemble des proportions. Le temporal de la baleine franche est beaucoup plus oblique, la face articulaire pour la mandibule s'y étend davantage, l'angle saillant de son bord externe a au-dessus de lui un arc rentrant très marqué dont il ne reste rien ici. Il y a donc la plus grande apparence que c'est là un fragment de cétacé d'une espèce jusqu'à présent inconnue, même parmi les fossiles, car on n'aura pas l'idée de le rapprocher du rorqual découvert par M. Cortesi, le temporal des rorquals étant encore plus large et d'une tout autre forme. »

(CUVIER, *Recherches sur les ossements fossiles.*)

Dans son *Discours sur les Révolutions du Globe*, Cuvier ajoute qu'à l'époque du dépôt de cette baleine fossile la mer s'étendait encore sur l'emplacement de Paris.

FIN

TABLE DES MATIÈRES

E. GREVIN — IMPRIMERIE DE LAGNY